U0224896

新时代
技术
新未来

Django
Project
Development
Practice

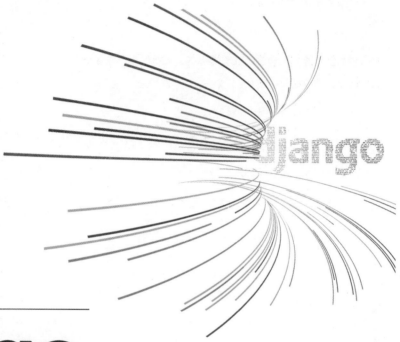

Django
项目开发实战

黄索远———编著

清华大学出版社
北京

内 容 简 介

本书将Django框架的特性和Web开发实战结合在一起，介绍如何使用Django框架进行Web应用的开发，帮助读者构建跨平台的应用程序，节省使用Django框架开发Web的宝贵时间。找到针对这些问题的解决方案，大多数编程难题都会迎刃而解。

本书内容涵盖表单处理、会话管理、数据库交互、安全防护及程序的部署维护等运维方面的知识，并且介绍了高可用的Web应用原理。在本书中，读者可以更加方便地找到各种编程问题的解决方案。

本书实用性强，特别适合使用Python/PHP等进行Web开发的IT从业者和对Web开发感兴趣的读者阅读。

本书封面贴有清华大学出版社防伪标签，无标签者不得销售。

版权所有，侵权必究。举报：010-62782989，beiqinquan@tup.tsinghua.edu.cn。

图书在版编目（CIP）数据

Django 项目开发实战 / 黄索远编著 . —北京：清华大学出版社，2020.6（2021.11重印）
（新时代·技术新未来）
ISBN 978-7-302-55223-9

Ⅰ.①D⋯　Ⅱ.①黄⋯　Ⅲ.①软件工具－程序设计　Ⅳ.① TP311.561

中国版本图书馆 CIP 数据核字（2020）第 046789 号

责任编辑：刘　洋
封面设计：徐　超
版式设计：方加青
责任校对：宋玉莲
责任印制：丛怀宇

出版发行：清华大学出版社
　　　　网　　　址：http://www.tup.com.cn，http://www.wqbook.com
　　　　地　　　址：北京清华大学学研大厦 A 座　　　　邮　　编：100084
　　　　社 总 机：010-62770175　　　　邮　　购：010-62786544
　　　　投稿与读者服务：010-62776969，c-service@tup.tsinghua.edu.cn
　　　　质 量 反 馈：010-62772015，zhiliang@tup.tsinghua.edu.cn
印 装 者：三河市金元印装有限公司
经　　销：全国新华书店
开　　本：187mm×235mm　　印　　张：20.25　　字　　数：389 千字
版　　次：2020 年 6 月第 1 版　　印　　次：2021 年 11 月第 3 次印刷
定　　价：79.00 元

产品编号：085934-01

前 言

为什么要写这本书？

随着技术的发展，计算机及其他硬件越来越大众化。在许多 IT 企业或组织中，人力资源正成为最宝贵的资源。同时，社会信息化程度的提高，加剧了互联网行业的竞争，众多企业都使用 MVP（最小可行产品）模型来开发软件产品。在这样的背景下，程序的开发时间比程序的执行时间更为重要，减少每个项目开发所需的时间和人力可以为企业节省大量的资金。

Django 作为高级的 Python Web 框架，继承了 Python 语言表达力强、开发效率高的优点，正成为越来越多团队的技术选择。Django 除了自带 Web 开发工具外，还有众多开箱即用的第三方 Django 扩展，使工程师能够高效率地解决更多的技术问题。程序员要想学习 Django 开发，除了需要有扎实的 Python 语言基础外，还要学习 Web 应用相关的知识，如 HTTP、缓存、数据库等。

另外，DevOps 的流行，正在打破开发和运维之间的边界。在很多 IT 企业或组织中，开发人员也需要参与项目的部署和运维。这对开发人员提出了新的要求：不仅需要了解和编写业务，而且需要了解高可用的技术架构。当下，云计算已经成为最重要的 IT 基础设施，这种开发加运维的能力正变得越来越重要。

目前图书市场上关于 Django 框架应用的图书不少，但真正从实际应用出发，以用户价值为核心，从提出问题到需求提炼的价值探索，再到构建应用、运行应用、检测应用的快速验证这一研发闭环为主旨的图书却很少。本书便是以实战为主旨，以 Django 为切入点，以全面的视角介绍了 Web 应用的技术架构和常见的应用案例，让读者全面、深入、透彻地理解 Web 开发的各种热门技术，提高实际开发水平和实战能力。

本书有何特色?

1. 涵盖 Django 主要功能和主流 Python 框架的整合使用

本书涵盖 Django 模型、视图、中间件、表单、模板、安全等主要功能,以及 Django 与 Celery、pyredis、django-allauth 等主流框架的整合使用。

2. 对 Python Web 开发的各种技术和框架作了原理上的分析

本书从一开始便对 Web 开发基础和 Python Web 开发的环境配置做了基本介绍,并对各种开发技术和主流框架及其整合进行了原理性分析,便于读者理解书中后面介绍的典型模块开发和项目案例。

3. 涵盖 Python Web 应用常见关联技术栈

本书介绍了数据库 MySQL、Web 服务器 Nginx、缓存服务 Redis、消息队列服务 RabbitMQ 的作用和如何在 Django 中使用这些技术。另外,本书还介绍了 WSGI、uwsgi、Gunicorn、ZooKeeper、Vagrant、Docker 和 Linux 这些常用于部署和运维 Django 应用的工具和服务。

4. 涵盖高可用的 Web 技术架构的原理

本书介绍了 MySQL"主从同步"高可用原理、Redis 的 Redis Cluster 和 Codis 高可用原理、NSQ 高可用原理、RabbitMQ 高可用原理,涵盖了 LVS、Nginx 作为负载均衡器的工作原理,也介绍了采集日志和监控的常用技术栈。

本书内容及知识体系

第 1 篇　开发工具及框架概述(第 1 章)

本篇介绍了 Django 开发环境的配置和 HTTP 服务开发的基础知识,主要包括 Web 开发基础、配置 Python 开发环境、MVC 开发模式等。

第 2 篇　项目案例实战(第 2 ～ 11 章)

本篇介绍了使用 Django 来开发一个小型电商网站的案例。开发过程包括需求分析、技术选型及使用 Django 自带的 ORM、视图、模板、表单、缓存、异步任务、安全、访问控制、测试和第三方的开源工具来完成项目需求。

第 3 篇　高可用技术架构(第 12 ～ 16 章)

本篇介绍了如何部署、运维和监控以 Django 为代表的 Web 应用,主要包括 Web 服务器、应用服务器、虚拟化技术、负载均衡技术、服务发现技术、ELK 技术栈和监控系统。

适合阅读本书的读者

- 需要全面学习 Python Web 开发技术的人员；
- 广大 Web 开发程序员；
- Python 程序员；
- 希望提高项目开发水平的人员；
- 专业培训机构的学员；
- 软件开发项目经理；
- 运维人员和 DevOps 工程师。

阅读本书的建议

- 没有 Python 基础的读者，建议从第 1 章依次阅读并演练每一个实例。
- 有一定 Django 框架基础的读者，可以根据实际情况有重点地选择阅读各个模块和项目案例。
- 对于每一个模块和项目案例，先自己思考一下实现的思路，然后带着问号去阅读，学习效果会更好。

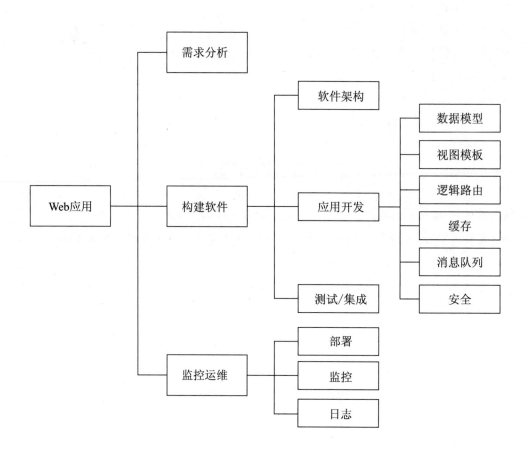

目　录

第 3 篇

高可用技术架构

第 ① 篇

开发工具及框架概述

第1章 从零开始学 Django

Web 应用程序是在远程服务器上运行的软件。在大多数情况下，用户使用 Web 浏览器通过网络（如 Internet）访问 Web 应用程序。Web 应用程序与其他应用程序不同的是它们不需要单独安装。常见的 Web 应用程序包括论坛、电商网站等。Django 就是一个用于开发 Web 应用程序的非常流行的框架。

本章主要涉及的知识点：

- 网站运行原理：学习网站的工作原理和开发流程。
- Python 与 Web 应用：学习使用 Python 开发 Web 应用的基础知识。
- 初识 Django：学习使用 Django 并快速搭建一个 Web 应用程序。
- 测试 Django：在完成代码编写后，运行和测试该应用程序。

 ## 1.1 网站运行原理

如今人们越来越依赖互联网来搜索信息和网购。大家坐在计算机前，打开浏览器，输入网站的网址，然后动动鼠标就能完成自己想做的事情，确实是非常方便。那么，当我们在浏览器中输入一个网站地址时，到底发生了什么？浏览器是如何知道我们想要什么的？又是如何把内容呈现在我们眼前的呢？本章将带领您学习这方面的内容。

1.1.1 HTTP

超文本传输协议（HyperText Transfer Protocol，HTTP）是用于分布式协作超媒体信息系统的应用协议。它是万维网数据通信的基础。HTTP 使用了可靠的数据传输协议，可以确保数据在传输过程中不会丢失或损坏。

Web 服务器负责托管 Web 资源，即网页的内容来源。最简单的 Web 资源是 Web 服务器文件系统上的文件。这些文件可以包含任何内容：它们可能是文本文件、HTML（HyperText Markup Language，超文本标记语言，用于创建网页）文件、Microsoft Word（微软公司开发的文字处理应用程序）文件、图像文件、视频文件或其他任何格式的文件。资源也有可能不是文件，而是脚本按照请求生成的动态内容。每个资源都有一个统一资源标识符（Uuiform Resource Identifier，URI）进行标识。最常见的 URI 形式是统一资源定位符（Uniform Resource Locator，URL），我们通常称其为 Web 地址。

下面来看一个典型的场景：用户在浏览器中输入一个网站地址时，浏览器会发送一个请求给服务器；服务器接受这个请求后，返回一个响应。浏览器收到响应后，开始渲染 HTML 页面。上述过程反复进行，直到所有内容都被成功加载和渲染。这时一个完整的页面就呈现在用户眼前了，如图 1.1 所示。

图 1.1 请求 - 响应例子

HTTP 支持几种不同的请求命令，这些方法称为 HTTP 方法。在上面的例子中，客户端使用的是 GET 方法。常见的 HTTP 方法如表 1.1 所示。

表 1.1 常见的 HTTP 方法

HTTP 方法	描 述
GET	将资源从服务器发送到客户端
PUT	将客户端数据存储在服务器中
DELETE	从服务器中删除指定的资源
POST	将客户端数据发送到服务器网关应用程序
HEAD	仅发送请求资源的响应中的 HTTP 标头

每个 HTTP 响应消息都带有状态码。状态码是一个 3 位数字代码，用于告诉客户端请求是否成功，或者是否需要其他操作。常见的 HTTP 状态码如表 1.2 所示。

表 1.2　常见的 HTTP 状态码

HTTP 状态码	描　　述
200	正常：资源正确返回
302	重定向：去其他地方获取资源
404	未找到：找不到这个资源

1.1.2　Web发展

英国科学家蒂姆·伯纳斯·李于 1989 年发明了万维网。万维网是信息时代发展的核心，也是数十亿人在互联网上进行交互的主要工具。

万维网发展的第一阶段称为 Web 1.0。Web 1.0 的内容创建者很少，绝大多数用户只是充当内容的消费者。个人网页在当时非常流行，这些网页主要是托管在 ISP（Internet Service Provider，互联网服务提供商）上运行的 Web 服务器上的静态页面。这些页面的信息主要存储在服务器的文件系统中。

Web 2.0 一词最先在 1999 年被提出。在 Web 2.0 网站上，用户不仅仅会阅读网站上的内容，还会创建个人账户，填写个人资料，参与网站的活动，从而为网站内容作出贡献。开发者鼓励用户使用网站的用户界面、应用功能和存储文件。

Web 2.0 网站的功能包括网络社交、自媒体、标签、点击喜欢等。用户将自己的数据上传到网站上，并且对这些数据有一些控制权。网站可能还建有"积分"系统来鼓励用户参与。用户可以通过在新闻网站上评论新闻报道、在旅游网站上上传照片等方式参与网站内容的创造活动。

1.1.3　浏览器

Web 浏览器就是我们通常所说的浏览器，是用于访问万维网信息的软件应用程序。万维网上的网页、图像和视频都由不同的 URL 标识，使用浏览器能够检索这些信息，并且在用户的设备上显示出来。

现在较流行的浏览器产品是 Chrome（谷歌公司开发的免费网页浏览器）、Firefox、Safari（苹果开发的网页浏览器）和 IE（微软公司开发的网页浏览器）。

如今，浏览器的功能已经很完备，如可以解释和显示 Web 服务器上托管的 HTML 网页、应用程序、JavaScript（高级的、解释型编程语言）、AJAX（一种浏览器端网页开发技术）和其他内容。很多浏览器提供扩展软件功能的插件，以便显示多媒体信息（包括声音和视频），或执行视频会议，或其他安全功能等。浏览器在结构上可以分为多个组件，如图 1.2 所示。

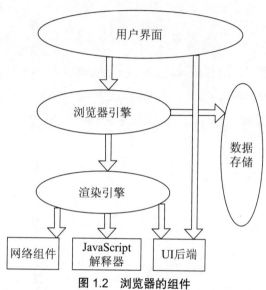

图 1.2　浏览器的组件

用户界面是用户操作浏览器的界面。界面上通常会有地址栏、后退按钮、前进按钮、主页按钮、刷新按钮、停止按钮、书签等。除了显示请求的网页的窗口之外，其他部分都在这个界面中。

浏览器引擎是用户界面和渲染引擎之间的桥梁。它根据用户的操作来调用渲染引擎的接口。

渲染引擎负责在浏览器屏幕上呈现网页。渲染引擎解析 CSS（层叠样式表，一种为结构化文档添加样式的计算机语言）定义的 HTML 样式，最后把布局在用户界面中显示出来。

现在的浏览器一般支持使用 HTTP 或文件传输协议（File Transfer Protocol，FTP）这样通用因特网协议来检索 URL。网络组件处理因特网通信和安全问题，并可以将检索到的文档缓存起来。

JavaScript 解释器负责解释并执行嵌入在网站中的 JavaScript 代码。解释的结果将被发送到渲染引擎以供展示。如果脚本来自外部，则先从网络中下载脚本，直到脚本执行的时候，解释器都保持暂停状态。

UI 后端用于用户绘制组合框和窗口等基本小部件。

浏览器支持存储机制，如 localStorage、IndexedDB、WebSQL 和 FileSystem。浏览器会在计算机本地创建小型数据库。这个数据库负责管理用户数据，如缓存、Cookie（网站为了辨别用户身份而存储在用户本地的数据）、书签和首选项。

1.1.4 MVC模式

模型—视图—控制器（Mode-View-Controller，MVC）是一种通常用于开发用户界面的体系结构模式，它将应用程序划分为 3 个模块。这样划分的好处是将信息的内部表示与信息呈现的方式和用户接受的方式分开了，实现了解耦，有利于代码的复用和并行开发，如图 1.3 所示。

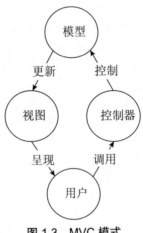

图 1.3 MVC 模式

MVC 模式是为传统桌面图形程序设计的，现在这种架构已经成为 Web 应用程序的主流。流行的编程语言都有现成的 MVC 框架，可直接用于 Web 应用的开发。

1.2 Python Web 编程

Web 2.0 专注于让网站上的用户生成内容，从它诞生以来，网络编程就成为了热门话题。动态网站不是基于文件系统中的文件，而是由程序生成内容返回给用户。这些程序可以做各种有用的事情，如显示公告板的发布。这些程序可以用服务器支持的任何编程语言编写。因为大多数服务器支持 Python（一种解释型编程语言），因此可以使用 Python 轻松地创建动态网站。

大多数 HTTP 服务器软件是使用 C（一种通用的编程语言）或者 C++（一种通用的程序设计语言）编写的，它们不能直接执行 Python 代码，因此服务器程序和应用程序之间需要一些"桥梁"。这些"桥梁"（或者叫作接口）定义了程序如何与服务器进行交互。

1.2.1　通用网关接口

通用网关接口（Common Gateway Interface，CGI）是一种定义程序和服务器交互方式的标准协议。生成动态网页的应用程序一般称为 CGI 脚本。通常情况下，CGI 脚本发出执行请求并生成 HTML 文本。

简单地说，来自客户端的 HTTP POST 请求将表单数据通过标准输入发送到 CGI 脚本。脚本通过环境变量获取其他数据（如 URL 路径和 HTTP 标头数据）。

对于 Python 程序来说，每个请求都会启动一个新的 Python 解释器，这会消耗一些时间，因此使用 Python 编写 CGI 脚本只能用于低负载的情况。

CGI 的优势在于它很简单，编写一个使用 CGI 的 Python 程序的代码如下面的脚本：

```python
#!/usr/bin/env python
# -*- coding: UTF-8 -*-
import cgitb
cgitb.enable()
print("Content-Type: text/plain;charset=utf-8")   # 标准输出作为HTTP头内容
print
print "Hello World!"                               # 标准输出作为HTTP内容
```

1.2.2　WSGI协议

Web 服务网关接口（Python Web Server Gateway Interface，WSGI）是一种为 Python 语言定义的 Web 服务器和 Web 应用程序或框架之间的简单而通用的接口，目前是 Python Web 编程的最佳方式，一般用来编写框架。

WSGI 的最大优点是统一了应用程序编程接口。如果使用的框架支持 WSGI，那么应用程序就能在所有支持 WSGI 的 Web 服务器上进行部署。

WSGI 一个非常好的特性是中间件。中间件是应用程序的一层，用户可以在其中添加各种功能。目前，很多中间件已经被开发出来了。例如，开发者不用再编写自己的会话管理代码，而只需要下载会话管理中间件，将其插入应用，就能进行应用相关的特定逻辑的编码了。

用于连接到各种底层网关的代码称为 WSGI 服务器。现在已经有很多 WSGI 服务器了，所以 Python Web 应用几乎可以在任何地方部署。这是 Python 与其他网络技术相比的一大优势。

1.2.3 模板引擎

模板引擎用于将模板与数据模型组合起来以生成结果文档。在最简单的情况下，模板只是带有占位符的 HTML 文件，如下面的代码：

```
template = Template( "<html><body><h1>Hello ${name}</h1></body></
html>" )  # 模板
print(template.substitute(dict(name='Dinsdale')))     # 输出模板
```

使用模板引擎有助于将 HTML 代码分解为各个部分，这样既降低了代码之间的耦合，又有利于代码的复用。为了基于复杂的模型数据生成复杂的 HTML 文本，通常需要 for 和 if 这样的控制语句。

Python 有很多可用的模板引擎，其中一些模板引擎定义了一种易于学习的纯文本编程语言。流行的模板引擎包括 Jinja2（一种使用 Python 语言编写的模板引擎）等。

1.3 快速上手 Django

Django 是一个高级的 Python Web 框架，它鼓励快速开发干净、实用的设计。这个框架由经验丰富的开发人员构建，解决了 Web 开发过程中的大部分烦琐的事情。开发者使用 Django 可以专注于编写业务逻辑代码，而无须重复造轮子。

1.3.1 配置开发环境

首先，确保计算机已经安装 Python 和 pip（Python 包安装和管理工具），可通过执行下面的命令检查是否成功安装。

```
$ python --version
$ pip --version
```

本书使用的 Python 版本是 2.7.15，操作系统版本是 macOS 10.14.2（18C54），Django 版本是 1.8。

就像大多数现代编程语言一样，Python 有自己独特的下载、存储和解析包的方式。默认情况下，系统上的每个项目使用相同的目录来存储和检索库。对于系统包来说，这不是什么大问题，但对于第三方库来说，其影响是很大的。

在现实的开发场景中，不同的项目依赖同一个库的不同版本是很常见的现象。这就是虚拟环境工具发挥作用的地方了。

从根本上来说，Python 虚拟环境的主要目的是为 Python 项目创建一个独立的环境，即每个项目都可以拥有自己的依赖项。

下面为新项目创建一个虚拟环境。

首先安装 virtualenv 软件包，然后创建虚拟环境。代码如下：

```
$ pip install virtualenv
$ virtualenv quick-start
```

这样，一个全新的虚拟环境就创建好了。文件的目录结构大致如下：

```
quick-start/
├── bin
│   ├── activate
│   ├── activate.csh
│   ├── activate.fish
│   ├── activate_this.py
│   ├── easy_install
│   ├── easy_install-2.7
│   ├── pip
│   ├── pip2
│   ├── pip2.7
│   ├── python -> python2.7
│   ├── python-config
│   ├── python2 -> python2.7
│   ├── python2.7
│   └── wheel
├── include
├── lib
```

```
|       └──── python2.7
|              ├──── site-packages
└──── pip-selfcheck.json
```

创建完成后，激活虚拟环境。代码如下：

```
$ source quick-start/bin/activate
(quick-start) $
```

现在 Shell（交互式的命令行工具）的提示框多了环境的名字（quick-start），提示当前已经进入了虚拟环境，在虚拟环境中安装的包只在当前环境中生效。

如果决定不再使用这个环境，则可以关闭它。关闭环境需要执行 deactivate 指令，执行指令后，提示框中环境的名字不再显示。代码如下：

```
(quick-start) $ deactivate
$
```

现在开始安装 Django，这里选择 Django 1.8 版本，这是一个非常稳定的版本。命令行操作如下：

```
(quick-start) $ pip install django==1.8
Installing collected packages: django
Successfully installed django-1.8
```

1.3.2　创建项目

上面已经设置好了开发环境，现在来创建一个名为 quickstart 的项目。Django 自带的 django-admin 命令行工具，可以很方便地创建项目。

```
(quick-start) $ django-admin startproject quickstart
```

创建项目的结构如下：

```
└──── quickstart
       ├──── manage.py
       └──── quickstart
              ├──── __init__.py
              ├──── settings.py
              ├──── urls.py
              └──── wsgi.py
```

说明：

- 最外层的 quickstart 只是一个名字，可以替换成其他的，对项目没有影响。
- manage.py 是一个命令行程序，允许用户以各种方式与此项目进行交互。
- quickstart 是项目的包名，引用这个项目的代码时需要用到。
- quickstart/__init__.py 是一个空文件，用于告诉 Python 这个目录应被视为一个包。
- quickstart/settings.py 是项目的配置文件，Django 推荐用代码的方式来管理配置。
- quickstart/urls.py 是项目的 URL 声明，标明站点的"目录"。
- quickstart/wsgi.py 是使用 WSGI 部署服务的入口。

1.3.3　配置说明

上面创建的 settings.py 文件就是 Django 项目的配置文件。这个文件自身是一个 Python 的模块，因此不允许出现 Python 语法错误。可以使用 Python 语法来动态设置配置，也可以从其他文件中引入配置。

在使用 Django 的时候，一定要指定配置路径，指定方式是配置环境变量 DJANGO_SETTINGS_MODULE。

settings.py 文件可以为空，因为 Django 为每一个配置都设定了默认值。默认配置的代码路径在 django/config/global_settings.py 文件中。如果自定义的配置和默认的配置不同，则可以通过下面的命令看出差别：

```
(quick-start) $ python manage.py diffsettings
```

在启动的时候，Django 会先从 global_settings.py 中读取配置，然后在项目定义的 settings.py 文件中读取配置，根据需要覆盖全局配置。

可以在应用中读取配置对象，如下面的代码：

```
from django.conf import settings
if settigns.debug:
    # todo
```

也可以在应用运行的时候修改配置对象（一般不推荐这样做），这个配置会立刻生效，如下面的代码：

```
from django.conf import settings
settings.DEBUG = True
```

1.3.4　创建应用

现在来创建第一个应用，同样使用 admin 工具创建应用，将新的应用取名为 myapp。

```
(quick-start) $ django-admin startapp myapp
```

经过短暂的等待，admin 会创建一个包含了必要文件的应用。创建的应用文件夹结构如下：

```
myapp/
├──  __init__.py
├──  admin.py
├──  migrations
│     └──  __init__.py
├──  models.py
├──  tests.py
└──  views.py
```

说明：

- admin.py 用于定制应用的管理页面。
- migrations 文件夹用于模型出现修改时对应数据库的更改操作。
- __init__.py 是一个空文件，用于告诉 Python 这个目录应被视为一个包。
- models.py 用于存储应用的模型，即 MVC 中的 M。
- tests.py 一般用来放单元测试的代码。
- views.py 用来放视图函数。

创建之后需要让 Django 知道应该使用它。打开文本编辑器，修改 quickstart/settings.py，在 INSTALLED_APPS 中添加应用名。代码如下：

```
INSTALLED_APPS = [
    'django.contrib.admin',
    'django.contrib.auth',
    'django.contrib.contenttypes',
    'django.contrib.sessions',
    'django.contrib.messages',
    'django.contrib.staticfiles',
    'myapp',
]
```

1.3.5　启动开发服务器

Django 自带的命令行工具可用来启动开发服务器。使用 runserver 命令会启动一个 HTTP 服务器用于开发和调试：

```
(quick-start) $ python manage.py runserver
```

该命令会产生一些输出：

```
Performing system checks...
System check identified no issues (0 silenced).
You have unapplied migrations; your app may not work properly until they are applied.
Run 'python manage.py migrate' to apply them.
January 31, 2019 - 04:11:25
Django version 1.8, using settings 'quickstart.settings'
Starting development server at http://127.0.0.1:8000/
Quit the server with CONTROL-C.
```

出现以上输出，说明开发服务器已经启动了，这是一个 Python 编写的轻量级 Web 服务器。服务运行后，打开浏览器，访问链接 http：//127.0.0.1：8000，就能看到 Welcome to Django 的页面。需要指出的是，这个服务器只在开发的时候使用，不要在生产环境使用它。

实现 runserver 的代码路径为 django/core/management/commands/runserver.py。

默认情况下，runserver 命令启动的服务会监听内部 IP 的 8000 端口。可以传入参数改变服务绑定的 IP 和端口，例如：

```
(quick-start) $ python manage.py runserver 0.0.0.0:8000
```

1.3.6　编写一个页面

现在编写第一个页面。打开 myapp/views 文件，在文件中写入几行简单的代码，这几行代码实现了一个简单的视图函数：

```
from django.http import HttpResponse     # 引入响应对象
def index(request):
    return HttpResponse(u"你好,朋友！")
```

那么如何让 Django 知道怎么使用这个函数呢？Django 提供了一个类似路由功能的对象——URLConf。我们先在 myapp 目录下创建一个名为 urls.py 的文件，然后在这个文件中写入下面的代码：

```
from django.conf.urls import url
from quickstart.myapp import views # 引入应用的视图模块
urlpatterns = [
      url(r'^', views.index),  # 路由配置
]
def index(request):  # 主页的视图
      return HttpResponse(u"你好,朋友! ")
```

上面的文件放在 myapp 目录下， 用来负责这个应用的路由。一个项目可能包含多个应用，因此比较好的是在项目级别页配置路由，这个配置用于将请求匹配分发到各个应用。现在来更改项目的路由配置，编辑 quickstart/urls.py 文件。代码如下：

```
from django.conf.urls import include, url
urlpatterns = [
      url('myapp/', include(myapp.urls)),  # myapp应用的配置
]
```

重新启动 runserver，在浏览器中打开链接 http: //127.0.0.1: 8080/myapp，就能看到"你好，朋友! "这句话了。

 总　　结

本章介绍了网站的运行原理和 Python Web 编程的基础知识，这些基础知识在开发 Web 应用的时候非常有用；还介绍了如何使用 Django 自带的命令行工具创建第一个 Django 项目。在后面的章节，我们会进入开发实战。

 **练　　习**

问题一：浏览器有哪几个组件？
问题二：为什么要为 Python 项目创建虚拟环境？

第 ② 篇

项目案例实战

第 2 章　构建电商网站

Python 语言越来越流行，人们在越来越多的领域会用到 Python，而网站开发是这些领域中非常重要的部分。Django 作为优秀的 Web 框架，被众多互联网企业用来构建业务系统，知名的有 Instagram、Pinterest 等。本章将会带您使用 Django 开发一个简单的电商网站。

本章主要涉及的知识点：

- 网站结构：学习网站的分层结构。
- 功能模块化设计：学习将需求拆解为不同的功能模块。
- 表结构设计：学习设计数据库表结构。
- 功能实现：学习实用的 Django 开发技能。

 ## 2.1　网站需求分析

一般来讲，互联网软件产品有着自己的生命周期。生命周期大致可以分为问题的定义和规划、需求分析、软件设计、程序编码、软件测试、系统转换和运行维护这 7 个阶段。本节将以一个简单的电商网站作为例子来进行需求分析。

2.1.1　需求

电子商务简称电商，一般是指在互联网上以电子交易方式进行交易活动和相关服务活动。如今，网上购物已经成了很多人生活的一部分。

我们当然不是要做一个像淘宝、京东、拼多多这样的成熟电商平台（以作者一个人的能力也不可能完成），而是以一个假想的、简单的网站来展示使用 Django 进行软件开发的大致过程。

老赵是一个商人，最近他打算在网上做一些生意，听说我们开发网站的制作成本较低，找到我们来给他开发一个网站，于是发生了下面的对话。

老赵：我想做一个网站。

我们：您想做一个什么样的网站呢？

老赵：电商网站，像淘宝那样的就行。

我们：您为什么要做一个电商网站呢？

老赵：现在流行这个，并且线上购物方便。我可以直接从厂家拿货，开网店就能省下门店的钱了。

我们：您主要销售什么商品呢？

老赵：主要销售女士高跟鞋，我卖的高跟鞋适合各个年龄段的女性，各个型号的都有。

我们：您希望网站有哪些功能呢？

老赵：顾客打开网站，可以看到各种型号的鞋子，她选中一双鞋，可以添加到购物车。她觉得满意可以付款。最好有一个凭据，让我知道她买了这双鞋，后面交流方便些。哦，对了，我还要统计下每个月销售的状况，方便下一个月制订销售计划。

我们：您大概有多少客户？一天能卖出多少双鞋呢？

老赵：五百个客户吧。一天卖七八十双的样子。

我们：让我们来谈谈价格吧。

老赵：先做出一个原型，我们再聊。

2.1.2　需求分析

根据老赵的描述，大致能明确用户需求。

（1）小红是这个网站的一名女性用户。她打开了网站的主页面，看到了各种样式的高跟鞋。

（2）小红单击一双鞋，选中它，将它加入购物车。

（3）小红进入购物车页面，单击付款，并在付款完成后获得一个订单号。

（4）小红进入个人主页，看到自己的购物记录。单击某条记录，可以看到订单号。

查看这些需求，可以将网站分成前台系统和后台系统，如图 2.1 所示。

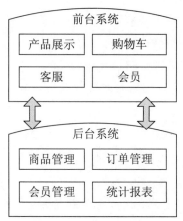

图 2.1　网站功能模块

明确需求后，就可以开展一些技术方面的工作了。

2.2　网站结构

为了确保完成业务目标，同时为用户提供良好的体验，需要在实际编写代码之前，明确构建网站的方式，这种方式有时候又称为网站架构。在了解了业务需求的基础上，本节将以层级的方式设计网站的不同组件。

2.2.1　分层设计

在软件工程中，客户端—服务器体系结构通常用于展示界面，应用逻辑和数据在物理上分开，这种结构称为多层体系结构。分层模式提供了一种模型，让软件开发人员可以创建灵活且可重用的应用程序，因为软件开发人员可以选择修改或添加特定层，而不用重新处理整个应用程序。

分层设计中最常见的是 3 层体系，它通常由接入层、逻辑层和存储层组成。在 Web 开发领域（见图 2.2），这 3 层通常如下。

● 接入层：提供静态内容的前端 Web 服务器，可能还有一些缓存的动态内容。

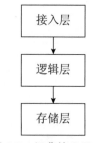

图 2.2　经典的 3 层结构

● 逻辑层：生成动态内容的应用服务器。Django 就在这一层。

● 存储层：提供数据存储的服务器。

在较复杂的业务场景下，可能还需要缓存层和异步处理层，我们会在后面的章节中谈到。

2.2.2　技术选型

如果读者参与过开源软件或者 Web 开发，一定听过 LAMP 技术栈。这四个英文字母分别代表了一种开源技术或产品，使用这些技术，可以很方便地开发一个网站。

● L：Linux 操作系统，一个免费分发的开源操作系统。

● A：Apache Web 服务器，开源的 Web 服务器。

● M：MySQL，开源的关系型数据库，依赖于 SQL 来处理数据库中的数据。

● P：PHP，一种开源的服务器端 HTML 嵌入式脚本语言，用于创建动态 Web 页面。

使用 LAMP 技术栈有很多的好处：

● 灵活。无论在技术上还是许可上，此技术栈都没有限制。

● 可定制。此技术栈允许对组件做定制化的修改以适应业务需要。

● 易于开发。AMP 分别对应了 2.2.1 节所讲的接入层、逻辑层和存储层。

● 易于部署。

● 安全。此技术栈已经流行了很多年，有很多的用户和活跃的社区，非常稳定。

● 免费。使用此技术栈无须向商业技术公司支付任何费用。

随着技术的发展，LAMP 中的各个组件都有了替代产品。在本书中，我们将 Apache 用 Nginx（流行的 Web 服务器）替换，将 PHP 用 Python 替换，如图 2.3 所示。

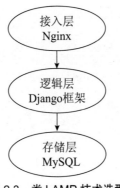

图 2.3　类 LAMP 技术选型

下面我们将在这个框架下编写业务代码。

 ## 2.3　用户模块

开发用户模块的主要目标是根据用户的特定需求定制和调整系统。系统需要在正确的时间对用户的请求做出正确的响应。要达到这个目的，需要建立正确的用户模型。对于绝大多数 Web 应用来说，用户模块是至关重要的。

2.3.1　Django自带的用户模块

Django 自带一个用户模型。要使用这个模块，需要确保在项目的 settings.py 文件中有下面的配置：

```python
INSTALLED_APPS = [
    ...
    'django.contrib.auth',  # 用户验证框架和模型
    'django.contrib.contenttypes',  # 权限管理
MIDDLEWARE = [
    ...
    'django.contrib.sessions.middleware.SessionMiddleware',  # 会话管理系统
    ...
    'django.contrib.auth.middleware.AuthenticationMiddleware',  # 用户验证模型
```

Django 实现用户模型的代码路径在 django/contrib/auth/models.py 文件中，摘录如下：

```python
class AbstractUser(AbstractBaseUser, PermissionsMixin):
    ......
    username = models.CharField(......)        # 用户名
    first_name = models.CharField(......)
    last_name = models.CharField(......)
    email = models.EmailField(......)          # 邮箱
    is_staff = models.BooleanField(......)      # 是否是员工
    is_active = models.BooleanField(......)     # 是否活跃
    date_joined = models.DateTimeField(.....)  # 加入的日期
```

在上面的模型中，有一些关键字段的含义需要加以说明：

- username：该字段表示用户名。在 Django 中，这个字段用来标识一个用户，不同用户的 username 是不一样的。

- first_name：对于东方人来说，该字段表示用户的姓氏；对于西方人来说，该字段表示用户的名字。
- last_name：和 first_name 相对应。对于东方人来说，该字段表示用户的名字；对于西方人来说，该字段表示用户的姓氏。
- email：该字段表示用户的电子邮箱，可以为空字符串。
- is_staff：该字段表示用户是否是内部员工。该字段为 1 时，表示用户是员工；该字段为 0 时，表示用户不是员工。Django 框架最初是为报纸网站开发的，该网站同时也为非内部员工和内部员工服务，因此设置了这个字段。
- is_active：该字段表示用户是否处于活跃状态。1 表示用户处于活跃状态；0 表示用户处于不活跃状态。
- date_joined：该字段表示创建用户的日期。

Django 的模型可映射成数据库的模式，以 MySQL 为后端数据库为例，最后的建表 SQL 如下（由于 AbstractUser 类还继承了另外两个类，建表语句会多出 password、last_login、is_superuser 这 3 个字段）：

```
CREATE TABLE `auth_user` (
  `id` int(11) NOT NULL AUTO_INCREMENT,
  `password` varchar(128) CHARACTER SET latin1 NOT NULL,
  `last_login` datetime(6) DEFAULT NULL,
  `is_superuser` tinyint(1) NOT NULL,
  `username` varchar(150) CHARACTER SET latin1 NOT NULL,
  `first_name` varchar(30) CHARACTER SET latin1 NOT NULL,
  `last_name` varchar(30) CHARACTER SET latin1 NOT NULL,
  `email` varchar(254) CHARACTER SET latin1 NOT NULL,
  `is_staff` tinyint(1) NOT NULL,
  `is_active` tinyint(1) NOT NULL,
  `date_joined` datetime(6) NOT NULL,
  PRIMARY KEY (`id`),
  UNIQUE KEY `username` (`username`)
) ENGINE=InnoDB DEFAULT CHARSET=utf8mb4;
```

除了自带模块，Django 还自带了权限管理系统、分组管理系统。我们将在后面的章节讨论这个话题。

可以看到，Django 自带的用户系统记录了用户的用户名、密码、姓名、电子邮箱、加入的时间、是否活跃、是否是员工等信息，在很多情况下，这些信息对于一个网站来说是足够的。不过对于老赵这样卖女式高跟鞋的商人来说，知道用户的性别是很重要的；不同年龄段的女性可能对不同款式的鞋有不一样的喜好，因此最好能知道用户的年龄。

在这样的需求下，有必要对默认的用户模型做一些修改，下面我们来看看该怎么做。

2.3.2　一对一扩展用户模型

当需要在 Django 自带模型外另外存储一些信息的时候，可以使用一个关联表，有时也称为用户档案（User Profile）。这是一种非常常见的做法。

需要注意的是，采用这个方法后，会在获取用户信息时查询两个表，这是额外的开销。示例代码如下：

```
from django.db import models
from django.contrib.auth.models import User
class Profile(models.Model):
    GENDER_CHOICES = (
        ('M', 'Male'),          # 男性
        ('F', 'Female')         # 女性
    )
    user = models.OneToOneField(User,  on_delete=models.CASCADE)
    gender = models.CharField(max_length=1, choices=GENDER_CHOICES)   #性别
    birth_date = models.DateField(null=True, blank=True)  # 出生日期
```

简单说明一下新建的用户档案模型的字段。

● user：该字段和 Django 自带用户模型是一对一的关系，表示 Django 自带用户模型中的用户。

● gender：该字段表示性别，M 表示男性；F 表示女性。

● birth_date：该字段用于记录用户的出生日期，可据此计算用户的年龄。

用户档案总是随着用户的创建而创建的。在编写代码时，创建用户的代码可能会在多个地方出现，为了避免出现重复创建用户档案的代码，现在定义一个信号，在创建用户的时候自动创建档案。代码如下：

```
from django.db.models.signals import post_save
from django.dispatch import receiver
@receiver(post_save, sender=User)
def create_user_profile(sender, instance, created, **kwargs):
    if created:  # 创建用户档案
        Profile.objects.create(user=instance)
@receiver(post_save, sender=User)
def save_user_profile(sender, instance, **kwargs):
    instance.profile.save()      # 保存用户档案
```

在上面的代码中，首先从 django.db.models.signals 中引入 post_save 信号，这个信号在模型调用 save 方法后发出。在创建用户档案时，调用 receiver 对其进行装饰，这样在 User 模型调用 save 方法后，会调用注册的方法，从而达到自动创建和保存档案的目的。

定义好模型后，接下来在视图和模板中展示模型的信息。在模板中，我们可以选择展示用户名、性别和出生日期，在视图函数传入用户的上下文后。模板示例如下：

```
<h2>{{ user.get_full_name }}</h2>
<ul>
  <li>Username: {{ user.username }}</li>            # 显示用户名
  <li>Location: {{ user.profile.gender }}</li>      # 显示性别
  <li>Birth Date: {{ user.profile.birth_date }}</li>  # 显示出生日期
</ul>
```

用户更新个人信息是一个常见操作，在业务逻辑中，我们可以获取一个用户对象，然后直接调用 profile 对档案进行修改，最后调用 save 方法对数据进行更新。示例代码如下：

```
def update_profile(request, user_id):
    user = User.objects.get(pk=user_id)   # 获取用户对象
    user.profile.gender = 'M'  # 设置性别
    user.save()     # 保存
```

在更新用户档案的时候，浏览器上传一个表单，然后由服务器处理这个表单，在 Django 中定义这样的表单是非常容易的，因为表单的字段和模型的字段非常接近，我们可以使用 forms.ModelForm 类创建表单。示例代码如下：

```
class UserForm(forms.ModelForm):
    class Meta:
        model = User  # 关联User模型
        fields = ('first_name', 'last_name', 'email')  # 表单字段
class ProfileForm(forms.ModelForm):
    class Meta:
        model = Profile  # 关联Profile模型
        fields = ('url', 'gender', 'birth_date')  # 表单字段
```

创建表单后，需要修改对应的视图函数，对于这个视图函数来说有两个任务：一个是处理使用 POST 方法上传的数据；另一个是处理使用 GET 方法的请求返回表单模板。示例代码如下：

```
@login_required   # 验证登录
@transaction.atomic
```

```
def update_profile(request):
    if request.method == 'POST': # POST请求
        user_form = UserForm(request.POST, instance=request.user) # 获
取用户表单信息
        profile_form = ProfileForm(request.POST, instance=request.user.
profile) # 获取表单信息
        if user_form.is_valid() and profile_form.is_valid(): # 验证通过
则保存信息
            user_form.save()
            profile_form.save()
            messages.success(request, _('Your profile was successfully
updated!'))
            return redirect('settings:profile')
        else: # 验证不通过则显示错误信息
            messages.error(request, _('Please correct the error below.'))
    else: # 其他请求,一般是GET请求
        user_form = UserForm(instance=request.user)
        profile_form = ProfileForm(instance=request.user.profile)
    # 返回表单页面
    return render(request, 'profiles/profile.html', {
        'user_form': user_form,
        'profile_form': profile_form
    })
```

在上面的代码中，首先判断 HTTP 的请求方法。如果请求的是 POST 方法，则调用 UserForm 的 is_valid 方法来对表单数据进行验证。验证通过后调用表单的 save 方法（因为表单关联了模型，所以也会调用模型的 save 方法），将用户档案保存到数据库，完成操作后，将网页重定向到用户档案的展示页面；验证失败则返回错误页面。

如果请求的是 GET 方法，则放回表单用于展示。

在我们的场景下，向不同用户展示的业务大致是一样的，只是包含的用户信息略有不同，这里可以使用 Django 自带的模板。示例代码如下：

```
<form method="post">
  {% csrf_token %}
  {{ user_form.as_p }}  # 渲染用户表单
  {{ profile_form.as_p }} # 渲染Profile表单
  <button type="submit">Save changes</button> # 提交按钮
</form>
```

上面的模板非常简单，它展示了一个用户表单、一个用户档案表单和一个提交按钮。

2.3.3　继承AbstractBaseUser

这个方法相对麻烦一些。假设现在我们的用户系统完全不需要 username 这个字段；我们也不用 Django 自带的控制台，因此 is_staff 字段也用不着；我们需要用 email 来标记一个用户。

我们可以采用继承 AbstractBaseUser 的方法来完成这个需求。代码如下：

```python
from __future__ import unicode_literals
from django.db import models
from django.core.mail import send_mail
from django.contrib.auth.models import PermissionsMixin
from django.contrib.auth.base_user import AbstractBaseUser
from django.utils.translation import ugettext_lazy as _
from .managers import UserManager
class User(AbstractBaseUser, PermissionsMixin):
    GENDER_CHOICES = (
        ('M', 'Male'),          # 男性
        ('F', 'Female')         # 女性
    )
    gender = models.CharField(max_length=1, choices=GENDER_CHOICES)  # 性别
    birth_date = models.DateField(null=True, blank=True)    # 出生年月
    email = models.EmailField(_('email address'), unique=True)  # 电子邮件
    first_name = models.CharField(_('first name'), max_length=30, blank=True)
    last_name = models.CharField(_('last name'), max_length=30, blank=True)
    date_joined = models.DateTimeField(_('date joined'), auto_now_add=True) # 注册
时间
    is_active = models.BooleanField(_('active'), default=True) # 是否活跃
    avatar = models.ImageField(upload_to='avatars/', null=True, blank=True)
# 用户头像
    objects = UserManager()
    USERNAME_FIELD = 'email'
    REQUIRED_FIELDS = []
    class Meta:
        verbose_name = _('user')
        verbose_name_plural = _('users')
    def get_full_name(self): # 获取用户全名
        full_name = '%s %s' % (self.first_name, self.last_name)
        return full_name.strip()
    def get_short_name(self):
        return self.first_name
    def email_user(self, subject, message, from_email=None, **kwargs):
# 向用户发送电子邮件
        send_mail(subject, message, from_email, [self.email], **kwargs)
```

上面的代码尽可能地贴近了现有的用户模型。值得注意的是，要继承 AbstractBaseUser，有一些限制条件，具体如下。

- 定义 USERNAME_FIELD：这个字段用作用户的唯一标识符，在定义的字段中需要设置 unique=True。
- 定义 REQUIRED_FIELDS：在使用 createsuperuser 命令创建用户时将提示的字段名称列表。
- 定义 is_active 字段。
- 定义 get_full_name( ) 方法。
- 定义 get_short_name( ) 方法。

现在要自定义一个 UserManager，在框架自带的 Manager 中实现 create_user 方法和 create_superuser 方法，由于字段有了一些变化，需要重新实现这两个方法。代码如下：

```
from django.contrib.auth.base_user import BaseUserManager
class UserManager(BaseUserManager):
    use_in_migrations = True
    def _create_user(self, email, password, **extra_fields):
    # 使用电子邮件和密码创建和保存用户
        if not email:
            raise ValueError('The given email must be set')
        email = self.normalize_email(email) # 验证电子邮箱
        user = self.model(email=email, **extra_fields)
        user.set_password(password) # 设置密码
        user.save(using=self._db) # 保存用户
        return user
    def create_user(self, email, password=None, **extra_fields):
    # 创建用户
        extra_fields.setdefault('is_superuser', False)
        return self._create_user(email, password, **extra_fields)
    def create_superuser(self, email, password, **extra_fields):
    # 创建管理员
        extra_fields.setdefault('is_superuser', True)
        if extra_fields.get('is_superuser') is not True:
            raise ValueError('Superuser must have is_superuser=True.')
        return self._create_user(email, password, **extra_fields)
```

怎么在代码中使用我们自定义的模型呢？首先要修改 settings.py 中的 AUTH_USER_MODEL 字段。代码如下：

```
AUTH_USER_MODEL = 'shoes.User'  # shoes是应用名
```

在代码中可以直接通过引入自定义 User 的代码路径来使用新的用户模型，不过考虑到重用，应该使用下面的方式：

```
from django.db import models
from django.conf import settings
class Address(models.Model):
    # 收货地址
    name = models.CharField(max_length=100)
    user = models.ForeignKey(settings.AUTH_USER_MODEL, on_delete=models.CASCADE)
```

2.3.4　继承AbstractUser

要在框架自带用户模型中添加若干个字段，可以采用继承 AbstractUser 方法。这个方法比继承 AbstractBaseUser 要简单一些，直接加上用户的性别和用户的出生日期即可。示例代码如下：

```
from django.db import models
from django.contrib.auth.models import AbstractUser
class User(AbstractUser):
    ......
    gender = models.CharField(max_length=1, choices=GENDER_CHOICES)  #性别
    birth_date = models.DateField(null=True, blank=True)   # 出生年月
```

接下来修改 settings.py 中的 AUTH_USER_MODEL 配置。代码如下：

```
AUTH_USER_MODEL = 'shoes.User'  # shoes是应用名
```

值得注意的是，使用继承 AbstractUser 和 AbstractBaseUser 这两种方法来扩展用户模型时要特别小心，因为这样做会改变数据库的表结构。在本书中，我们使用 Profile 类来保存用户信息。

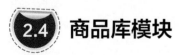

商品库模块

商品库用来管理商品数据，它为用户界面展示商品提供了数据支撑，也给后端管理商品提供了支持。

高跟鞋有多个不同的品牌，每个品牌有多种商品，同种商品有多种尺码和颜色，本章

将根据这样的业务需要来设计商品模块。

2.4.1　设计模型

不同商品可能有不同的类别，例如，高跟鞋可能有凉鞋、靴子等种类，根据这个应用场景，我们来建立简单的类别模型。代码如下：

```
class Category(models.Model):
    name = models.CharField('Name', max_length=255, db_index=True) # 类别名称
    description = models.TextField('Description', blank=True) # 类别描述
    products = models.ManyToManyField(Product) #  多对多关系
```

接下来建立简单的商品模型。我们的想法很简单，对不同颜色的同种商品在名称上进行区分，这并不是很完善的做法，但是在简单的场景下是可行的。代码如下：

```
class Product(models.Model):
    title = models.CharField('Title')  # 商品名称
    description = models.TextField('Description', blank=True) # 商品描述
    attributes = models.TextField('Attribute', blank=True) # 商品附属信息
    date_created = models.DateTimeField()  # 商品创建时间
```

一件商品可能属于多种类型，多种商品可能属于同种类型，因此商品和商品类型存在着多对多的关系。我们为商品和类型的关系建立模型，代码如下：

```
class ProductCategory(models.Model):
    product = models.ForeignKey(Product)  # 商品
    category = models.ForeignKey(Category) # 类别
```

2.4.2　获取商品

用户在浏览网页的时候，很有可能会带有目的，如"购买某个种类的鞋子"，这时我们就要帮助用户列出这个品类的所有商品供其挑选。示例代码如下：

```
def get_all_products(request, category_id):  # 通过类别获取商品列表
    return ProductCategory.object.get(pk=category_id)
```

某个品类下面可能有多种商品，因此上面的函数返回的是一个列表（如果只有一种商品，就返回只有一个元素的列表）。要渲染这个列表，可以使用 Django 模板中的 for 标签。示

例代码如下：

```
{% for product in productions %}
  <p>{{ product.title }}</p>            # 商品的名称
  <p>{{ product.description }}</p>      # 商品的描述
{% endfor %}
```

用户可通过图片或简介获得商品的第一印象，若要继续获取更多商品信息，则需要根据商品 ID 来获取详情。示例代码如下：

```
def get_product_detail(request, product_id):   # 获取商品详情
    return Product.object.get(pk=product_id)
```

 # 订单模块

订单模块是一个非常复杂的模块。在成熟的电商系统中，一个订单通常要包含用户、销售渠道、商品、库存、供应商、用户服务（退款 / 退货）、商品物流等信息，要讲清楚这样一个系统可以花一整本书。我们这里的需求比较简单，只要一个订单凭据，让用户拿着这个凭据来申请客户服务即可。

2.5.1　购物篮模型

在我们的需求中，一次下单可以包含一个或多个商品，我们把这种购物行为想象成顾客提着一个篮子，将想购买的商品放进篮子里，最后将这一篮商品一起下单。现在为这个篮子建立模型，代码如下：

```
class Basket(models.Model):
    STATUS_CHOICES = (
        ("Open", "Open"),            # 打开状态,可以继续添加商品
        ("Ordered", "Ordered")      # 已下单状态
    )
    owner = models.ForeignKey(AUTH_USER_MODEL)            # 购物用户
    status = models.CharField(choices=STATUS_CHOICES)     # 购物篮状态
    date_created = models.DateTimeField()   # 创建日期
    date_ordered = models.DateTimeField()   # 下单日期
```

一个购物篮可以放一个或多个商品，这是一个一对多的关系。现在为这个关系建立模型，代码如下：

```
class Line(models.Model):
    basket = models.ForeignKey(Basket)  # 购物篮
    product = models.ForeignKey(Product) # 商品
    quantity = models.PositiveIntegerField(default=1) # 商品数量
    date_created = models.DateTimeField() # 创建时间
```

2.5.2 订单模型

购物篮建立后，即可开始设计订单模型，我们这里设计的是一对一的关系，即一个订单只对应设计一个购物篮。代码如下：

```
class Order(models.Model):
    basket = models.ForeignKey(Basket)  # 购物篮
    user = models.ForeignKey(AUTH_USER_MODEL) # 用户
    status = models.CharField()      # 订单状态
    created_date = models.DateTimeField() # 订单创建时间
    currency = models.CharField()   # 总价
```

订单中的信息非常重要，订单的每次修改都应该被记录下来，用于后续的审计，我们把这样的记录称为注解。一个订单可能对应多个注解，因此这是一个一对多的关系。下面我们建立注解模型，代码如下：

```
class OrderNote(models.Model):
    order = models.ForeignKey(Order)    # 订单
    user = models.ForeignKey(AUTH_USER_MODEL)   # 用户
    message = models.TextField()    # 注解信息
    date_created = models.DateTimeField()   # 创建时间
    date_updated = models.DateTimeField()   # 更新时间
```

另外，订单有着自己的生命周期，可能会有"下单""运送""完成"等状态，系统应该能够完整记录这些状态，以帮助我们掌握订单的流转过程，在出现问题的时候方便排查。为订单状态的流转建立模型，代码如下：

```
class OrderStatusChange(models.Model):
    order = models.ForeignKey(Order)        # 订单
    old_status = models.CharField()         # 旧的状态
    new_status = models.CharField()         # 新的状态
    date_created = models.DateTimeField() # 创建时间
```

与客户的沟通是非常重要的，在系统状态发生改变的时候，最好通知客户，这样有助于沟通，建立网站和客户之间的信任。我们也需要把这些沟通的内容记录保存下来，在出现问题时有助于定位问题。代码如下：

```
class CommunicationEvent(models.Model):
    order = models.ForeignKey(Order)   # 订单
    event_type = models.CharField()    # 沟通事件类型,如电子邮件、电话、回访等
    date_created = models.DateTimeField()  # 创建时间
```

当然，我们还需要记录订单里面的商品详情。这个模型和购物车 Line 模型很类似，区别在于订单商品详情可能会包含合作伙伴的相关信息。要确定一个订单包含的商品，可以以这个模型为准，代码如下：

```
class OrderLine(models.Model):
    order = models.ForeignKey(Order)       # 订单
    product = models.ForeignKey(Product)   # 商品
    title = models.CharField()  # 商品名
    quantity = models.PositiveIntegerField(default=1) # 商品数量
    unit_price = models.DecimalField()# 单价
    event_type = models.CharField()     # 沟通事件类型,如电子邮件、电话、回访等
    date_created = models.DateTimeField()  # 创建时间
```

由于订单模块的复杂度高，涉及的模型数量多，在实际开发的时候会有涉及多模型之间的聚合或多次查询。为了优化这样的查询，在设计模型时可以添加一些"冗余"字段，OrderLine 中的 title 字段就是冗余的，目的是通过一次查询获取商品名称；若不设计冗余，要获取商品名称，还需要查询一次商品表。

2.5.3 获取订单数据

对于系统来说，用户查询自己的购物记录，其实等同于查询用户的订单历史记录。要想获取用户的订单历史记录，需要输入用户的 ID，可能还有一些查询条件，如订单出现的时间范围等，然后返回一系列订单对象。示例代码如下：

```
def get_order_list(user_id, start_date, end_date):
    order_list=Order.objects.filter(user_id=user_id).filter(date_created__gt=start_
            date, date_created__lt=end_date)  # 获取一段时间内的订单列表
    return order_list
```

要想让用户清楚地看到自己的购物历史，可以使用表格的方式展示数据，将订单的ID、状态、创建时间、总花费呈现出来。模板示例代码如下：

```
<table>
    <tr>
        <th> 订单ID </th>
        <th> 订单状态 </th>
        <th> 创建时间 </th>
        <th> 花费 </th>
    </tr>
    <tr>
    {% for order in order_list %}
        <td> {{ order.id }} </td>
        <td> {{ order.status }} </td>
        <td> {{ order.date_created }} </td>
        <>
    {% endfor %}
    </tr>
</table>
```

用户也会想要知道一个订单里有哪些商品，对于系统来说，实际上就是获取订单的商品详情。获取商品详情，需要输入订单的ID，然后返回商品的列表。示例代码如下：

```
def get_order_detailt(order_id):
    order_line_list = OrderLine.objects.filter(order_id=order_id)  # 订单
    return order_line_list
```

在展示层，用户可能会比较购买的商品、商品数量和商品单价，同样地，也可以以表格的形式将这些信息展现出来。模板代码如下：

```
<table>
    <tr>
        <th> 商品名 </th>
        <th> 商品数量 </th>
        <th> 商品单价 </th>
    </tr>
    <tr>
    {% for line in order_line_list %}
        <td> {{ line.title }} </td>
        <td> {{ line.quantity }} </td>
        <td> {{ line.unit_price }} </td>
    {% endfor %}
    </tr>
</table>
```

2.6 统计模块

统计数据对于网站的运营人员来说是至关重要的。运营人员在网站的日常运营工作中，需要对他们的工作成果有一个能够量化的衡量标准，以观察工作效果，据此估算网站未来的运营目标并对具体的运营事务作出调整。

统计是一门非常复杂的学科，它是数学的一个分支，涉及数据收集、数据组织、数据分析、展示等内容。数据统计分析的专业程度是很高的，在组织内部往往由专门的团队来负责相关的工作。

对于我们实现的这个简单的电商网站来说，因为其需求简单，所以数据的采集过程也比较简单。主要做法是将请求网站的流量保存到数据库、记录用户请求的日志及借助 Google Analytics 等第三方平台和工具收集数据。

简单的统计可以通过数据库聚合查询得到结果，在数据量比较少、统计指标比较单一的时候，这是一种非常直观且简单的方式。这样统计得到的结果是实时的。

不过直接使用数据库聚合查询也有一些缺点，首先是可能对数据服务造成负担。在数据量非常大的时候，这不但会造成对数据服务的压力，而且会出现计算时间过长等问题。

面对这些问题，流行的做法是"离线计算"。比较简单的离线计算是从数据服务获取数据，然后采用定时运行脚本的方式，计算得到统计数据后存储到磁盘或者数据库中，Web 服务器接到统计数据的请求后，从磁盘或数据库中直接读取数据，然后响应请求，从而实现计算的异步。

现在流行一些比较复杂的离线计算框架，如 Apache Hadoop、Apache Spark 等，Python 也有一些流行的统计包，如 pandas、numpy 等，这些框架和包已经超出了本书范畴，这里不做展开。

这里采用简单的做法，通过定时运行脚本的方式将数据存储到数据库中。

首先要为统计的数据建立模型。统计结果应该根据数据的粒度和维度进行区分。这里我们以业务的不同模块作为维度，共有用户、商品、订单这 3 个维度。我们以统计周期作为粒度，代表不同时间段的统计数据，同时以名字来代表指标。模型如下：

```python
class Metrics(models.Model):
    metric_name = models.CharField()      # 指标名
    dimension = models.CharField()        # 维度
    granularity = models.CharField().     # 粒度
    label = models.DateTimeField().       # 用于标记统计的开始时间
    date_created = models.DateTimeField() # 创建时间
```

说明：

- metric_name：用于标记某一个指标，如用 increased_products 来代表某一段时间内增长的商品总数。
- dimension：用于标记统计的业务维度，如用 product 来表示产品维度。
- granularity：用于标记统计的粒度，如用 daily 表示每日的统计，用 weekly 表示每周的统计。
- label：用于标识统计的开始时间。假设 label 为 2018-10-12，当 granularity 为 daily 时，表示统计 2018 年 10 月 12 日的统计结果；当 granularity 为 weekly 时，表示统计 2018 年 10 月 12 日到 2018 年 10 月 18 日的统计结果。

 2.7 总　　结

本章讲解了一个简单的电商网站的开发过程。在实际编码前，许多事情需要做，如需求分析、需求评审、技术选型等，这些工作是至关重要的。

本章开发的网站极其简单，示例代码主要用来展现模块化开发的思想。在后面的章节，我们将在这个基础上深入更多的细节和实践。

2.8 练　　习

问题一：开发本章所示的电商网站一共需要几个阶段？

问题二：我们实现的电商网站有哪些模块？

问题三：如果要记录用户的收货地址，您能参考已有的实现，实现这个功能吗？

第 3 章 Django 和数据库

Django 的模型体现了面向对象编程思想，是一种面向对象编程语言和不兼容类型系统之间转换数据的编程技术，这种技术又称为对象关系映射（Object Relation Mappimg，ORM）。Django 的 ORM 功能十分强大，可以极大地提升开发效率。

本章涉及的主要知识点：

- 模型使用：学习使用模型操作数据库。
- 数据库并发访问控制：学习使用模型对数据库进行并发访问控制。
- 扩展数据库：学习使用模型扩展数据库。
- MySQL 最佳实践：学习 MySQL 的最佳实践。

3.1 管　理

和 Django 的其他功能一样，使用 Django 开发的应用也可以在 settings.py 中对数据库进行配置。这部分和应用逻辑是解耦的。

Django 支持很多数据库的配置，如 PostgreSQL（流行的开源关系型数据库）、MySQL、Oracle（甲骨文公司开发的商用数据库）等。本节将以 MySQL 为例来说明如何使用 Django 来配置应用使用数据库的行为。

3.1.1　配置

为了描述方便，现在假设您已经有一个可以访问到的 MySQL 服务，服务的监听 IP 为 127.0.0.1，端口为 3306，创建的数据库名为 data；同时已经在数据库上建了用户，用户名是 yonghu，密码为 mima；并且该用户有从所在的网络环境访问 data 数据库的权限。我们将以此为前提来进行下面的配置。

在 Django 中配置数据库连接是非常简单的。对于使用 django-admin 工具创建的项目，settings.py 中已经有了 DATABASES 这个变量，如果没有的话，可直接创建这个变量，这个变量的类型是字典。示例代码如下：

```
# 这里是settings.py的内容
DATABASES = {
    'default': {
        'ENGINE': 'django.db.backends.mysql',              # 配置引擎
        'OPTIONS': {
            'read_default_file': '/path/to/my.cnf',        # 配置文件路径
        },
        'USER': 'yonghu',              # 数据库用户名
        'PASSWORD': 'mima'             # 数据库
        'HOST': '127.0.0.1',          # 数据库服务监听IP
        'PORT': '3306',               # 数据库服务监听端口
        'NAME': 'data',               # 数据库名字

}
# 这里是/path/to/my.cnf文件的内容
[client]
database = data
user = yonghu
password = mima
default-character-set = utf8
host = 127.0.0.1
port = 3306
```

连接配置的使用有一定的顺序，如果配置中定义了 OPTIONS，则 OPTIONS 中定义的连接信息会被优先使用；如果没有定义 OPTIONS，则配置中的 USER、NAME、PASSWORD、HOST、PORT 将会被用到。

DATABASES 中定义的数据库的数量不受限制，但必须定义一个名为 default 的数据库。数据库支持的配置如下：

● ENGINE：这个配置定义数据库后端。Django 自带后端支持 PostgreSQL、MySQL、SQLite、Oracle。

● HOST：指定要连接的数据库主机地址。这是一个字符串，若为空字符串，则默认主机地址是 localhost。若后端使用的数据库是 MySQL，则可以指定用于连接的套接字路径，如 '/var/run/mysql.sock'。

● NAME：数据库名。

● CONN_MAX_AGE：一个连接的生命周期，单位是秒（s）。该字段设置为 0，代表在请求结束的时候断开连接。

● OPTIONS：默认是空字典，用于配置连接到数据库的额外参数。

● PASSWORD：连接数据的密码，默认是空字符串。

- PORT：数据库的端口号，是一个字符串。
- USER：连接数据库的用户名。

3.1.2　连接池

在正式向数据库发起请求前，应用程序需要建立到数据库的连接，建立连接的操作比较耗时，并且会消耗很多资源。

以 MySQL 为例，其同时支持的连接数量有一个上限，这个值由 MySQL 的 max_connection 配置。而应用程序一般会非常频繁地使用数据库来查询数据或者更新数据。Django 默认的处理是在新请求进来的时候创建数据库连接，然后在完成请求后关闭连接。

上面列举的情况在每次新请求进来的时候都会发生，当同一时间请求的数量足够多时，应用程序和数据库之间创建的连接数量也会变多。

在大多数情况下，这种连接是网络连接。连接的过程使用了网络套接字，而创建和连接套接字是一个非常耗时的操作，并且在初始化的时候还会涉及查询数据库的操作。在短时间内创建过多连接，会明显降低应用程序的运行速度，并且增加数据库服务的压力。

使用连接池对这种状况有一定的缓解。使用连接池的方法，即将数据库连接放到应用程序的缓存中，在应用程序需要多数据库发出请求时，先从连接池中获取连接，然后使用这个连接请求数据库，在请求完成后，将连接重新放回连接池。连接池的工作方式如图 3.1 所示。

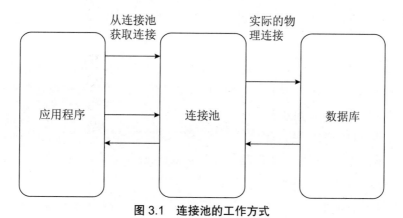

图 3.1　连接池的工作方式

Django 在首次进行数据查询时会打开与数据库的连接。这个连接保持在打开状态，并在后续请求中重用。当这个连接存在的时间超过设计的生命周期时，这个连接被关闭，生命周期由 CONN_MAX_AGE 设置。

　　Django 本身并不支持连接池的配置，要实现连接池，可以使用第三方包，这里使用 django_db_polling 包。

　　首先安装这个包，在命令行中执行下面的命令，然后修改 wsgi.py 文件，添加对连接池的配置：

```
# 在命令行中输入
pip install django_db_pooling
pip install pymysql
# 在wsgi.py文件中修改代码如下
import os  # 引入os模块
import pymysql  # 引入pymysql模块
from django.core.wsgi import get_wsgi_application
from django_db_pooling import pooling # 引入pooling模块
pymysql.install_as_MySQLdb()。
os.environ.setdefault("DJANGO_SETTINGS_MODULE", "xxxxx.settings")  # 设置setting模块
application = get_wsgi_application()  # 获取wsgi应用
pooling.set_pool_size(4)    # 配置连接池大小
pooling.apply_patch()  # 应用补丁
```

　　完成以上修改后，修改 CONN_MAX_AGE，一般设置为 60。

3.1.3　更改表结构

　　Django 提供的迁移工具可以将对模型所做的更改应用到数据库，修改对应的表单结构和数据。

　　Django 提供了 3 个常用命令，分别是 migrate、makemigration、sqlmigrate。migrate 命令负责将迁移应用到数据库；makemigration 负责将模型的变动转换成迁移；sqlmigrate 会输出应用变动时实际执行的 SQL 语句。

　　每个应用都有自己的迁移，因此每个应用的文件夹下都有一个 migrations 包。可以把迁移看作数据库表结构变更的版本控制系统。makemigrations 会将模型的变更打包到单个迁移文件中。migrate 命令用于将这个迁移应用到数据库中。

　　下面来举例说明如何应用迁移，以第 2 章的商品应用为例来为 Product 模型建立迁移，在命令行中执行以下命令：

```
$ python manage.py makemigrations product
```

```
Migrations for 'product':
  0001_initial.py:
    - Create Model Product
```

上面的命令会扫描商品应用中的模型，与当前包含在迁移文件中的版本进行比较，然后生成一个新的迁移，迁移的内容放在 0001_inital.py 文件中。

接下来验证一下迁移时实际执行的 SQL 语句，在命令行中执行命令：

```
$ python manage.py sqlmigrate product 0001
BEGIN;
CREATE TABLE `product_product` (`id` integer AUTO_INCREMENT NOT NULL PRIMARY
KEY, `title` varchar(255) NOT NULL, `description` longtext NOT NULL,
`attributes` longtext NOT NULL, `date_created` datetime(6) NOT NULL);

COMMIT;
```

可以看到，执行的 SQL 语句和预期的一致。一般来说，企业内部都会有专业的 DBA 来处理数据表的创建和更改，我们通过 sqlmigrate 命令得到要创建的 SQL 语句，然后将该 SQL 语句提交给 DBA 执行即可。

也有一些情况需要我们手动去创建数据库表，如创建本地的开发环境数据库表，这时就可以用 migrate 命令来创建表。命令如下：

```
$ python manage.py migrate product
Operations to perform:
  Apply all migrations: product
Synchronizing apps without migrations:
  Creating tables...
    Running deferred SQL...
  Installing custom SQL...
Running migrations:
  Rendering model states... DONE
  Applying product.0001_initial...
```

如果想验证迁移之后的结果，则可以通过 MySQL 命令行客户端执行相应命令，查看新建的表结构。以刚创建的 product_product 表为例，命令如下：

```
mysql> describe product_product;
+-------------+-------------+------+-----+---------+----------------+
| Field       | Type        | Null | Key | Default | Extra          |
+-------------+-------------+------+-----+---------+----------------+
| id          | int(11)     | NO   | PRI | NULL    | auto_increment |
```

```
| title       | varchar(255) | NO  |     | NULL  |          |
| description | longtext     | NO  |     | NULL  |          |
| attributes  | longtext     | NO  |     | NULL  |          |
| date_created| datetime(6)  | NO  |     | NULL  |          |
+-------------+--------------+-----+-----+-------+----------+
5 rows in set (0.00 sec)
```

 ## 查　　询

一旦数据模型创建完成，Django 会自动为模型提供一个数据库抽象 API，允许创建、检索、更新和删除对象。在本节，我们会学习如何使用这些 API，同时学习 Django 执行查询语句的过程。

3.2.1　保存对象

为了在 Python 对象中表示数据表数据，Django 使用了一个直观的系统：模型类表示数据库表，该类的实例表示数据库表中的特定记录。

在创建对象后，通过调用 save( ) 方法可以将对象存到数据库，如下面的示例代码：

```
>>> from category.models import Category    # 第2章定义的商品种类
>>> c = Category(name="女式凉鞋", description="女式高跟凉鞋")   # 新建凉鞋对象
>>> c.save()    # 将对象存到数据库
```

Django 会将上面的代码转换成一条 INSERT 语句。在显式调用 save( ) 方法前，Django 不会访问数据库。

要保存对对象的修改，同样使用 save( ) 方法，示例代码如下：

```
>>> c1.name = "女靴"    # c1是另外一个高跟鞋对象
>>> c1.save()           # 保存修改
```

上面的代码会被 Django 转换成一条 UPDATE SQL 语句。同样的，在调用 save（）方法前，Django 不会访问数据库。

3.2.2 获取对象

要从数据库中检索对象，需要通过模型类的管理器构造查询集合。

QuerySet 表示数据库中的对象集合。可以在一个 QuerySet 上应用零个、一个或多个过滤器，过滤器根据给定的参数缩小查询结果的范围。在 SQL 术语中，QuerySet 等同于 SELECT 语句，而过滤器是限制子句，如 WHERE 或 LIMIT。

每个模型至少有一个 Manager，可以使用 Manger 来获取 QuerySet。默认情况下通过调用模型类的 objects 来获取 Manager，Manager 是获取 QuerySet 的主要来源。示例代码如下：

```
>>> Product.objects
<django.db.models.manager.Manager object at ...>
```

可以通过调用 Manager 的 all( ) 方法来获取数据表中的所有对象，代码如下：

```
>>> all_products = Product.objects.all()
```

通常情况下，我们只需要获取全部对象的子集，这就要用到过滤器。例如，获取 2018 年创建的商品：

```
>>> Product.objects.filter(date_created__year=2018)
```

对 QuerySet 加上过滤器返回的也是一个 QuerySet，因此可以将过滤器连在一起。例如，下面的查询将返回 2018 年所有非 12 月份创建的商品：

```
>>> Product.objects.filter(date_created__year=2018).exclude(date_created__month=12)
```

使用 Python 的数组切片语法可以对 QuerySet 的结果数量进行限制，就像 SQL 语法中的 LIMIT 和 OFFSET 子句一样。代码如下：

```
>>> Product.objects.all()[5:10]   # 相当于OFFSET 5 LIMIT 5
```

有时候我们也需要连表查询，如我们想知道用户名为 zhangpeng 的人的所有订单，查询语句如下：

```
>>> Order.objects.filter(user__username="zhangpeng")
```

在这个例子中，Django 会将代码转成一条 JOIN 语句，联合 User 模型和 Order 模型对应的数据表查到我们想要的数据。

上面使用的 filter( ) 和 exclude( ) 方法，对应 SQL 中的 AND 查询。如果想使用其他查询语法（如 OR 查询），则可以使用 Q 对象。

Q 对象是用于封装关键字参数集合的对象。可以使用 & 和 | 来组合 Q 对象，结果也是一个 Q 对象，代码如下：

```
Product.objects.get(
    Q(title__startswith="Women"),
    Q(date_created=date(2005, 5, 2)) | Q(date_created=date(2005, 5, 6))
)
```

以上代码会被大致翻译成下面的 SQL 语句：

```
SELECT * from product WHERE title LIKE 'Women%' AND (date_created =
'2005-05-02' OR date_created = '2005-05-06')
```

3.2.3   懒加载和缓存

QuerySet 采用了懒加载的机制。创建 QuerySet 不会访问数据库，只有在用到结果的时候才去访问数据库，下面列出使用查询结果的情况。

- 遍历：QuerySet 是可迭代的，在第一次迭代的时候执行数据库查询。
- 切片：对未评估的 QuerySet 进行切片会返回另一个未评估的 QuerySet，但如果使用切片语法的 step 参数，则 Django 将执行数据库查询，并返回一个列表。
- 使用 repr( ) 方法：对 QuerySet 调用该方法会让 Django 执行数据库查询。
- 使用 len( ) 方法：同 repr( )。
- 使用 list( ) 方法：同 repr( )。
- 使用 bool( ) 方法：同 repr( )。

为了减少对数据库的负载，每个 QuerySet 都会保留一份缓存。理解这个缓存的工作过程对于编码是很重要的。

在新创建的 QuerySet 中，缓存为空。在第一次评估 QuerySet 且因此发生数据库查询后，Django 会将查询结果保存在 QuerySet 的缓存中，并返回已明确请求的结果。例如，下面的代码会查询两次数据库：

```
>>> print([p.date_created for p in Product.objects.all()])
```

```
>>> print([p.title for p in Product.objects.all()])
```

注意，这两次查询的结果可能不同。要想使用缓存，可以这样写：

```
>>> queryset = Product.objects.all()
>>> print([p.date_created for p in queryset])
>>> print([p.title for p in queryset])
```

QuerySet 并不总是缓存其结果。当仅评估部分查询集时，其将会检查缓存；但如果评估的那部分没有缓存，则后续查询返回的项目不会缓存。具体地说，使用数组切片或索引限制查询数量将不会填充缓存。具体来看一个例子，涉及的代码如下：

```
>>> queryset = Product.objects.all()
>>> print(queryset[5])    # 查询数据库
>>> print(queryset[5])    # 再次查询数据库
```

不过，如果 QuerySet 已经被评估了，则缓存将被使用。代码如下：

```
>>> queryset = Product.objects.all()
>>> [product for product in queryset] # 查询数据库
>>> print(queryset[5])    # 使用缓存
>>> print(queryset[5])    # 使用缓存
```

3.2.4　聚合查询

在实际的应用场景中，经常需要对查到的数据集做一些简单运算并返回结果，这称为聚合查询。Django 的 ORM 是支持聚合查询的，如统计查询结果的数量：

```
>>> Product.objects.count()
```

对某个字段求平均值,如对所有购物篮的每一条记录中的商品数量求平均值,在实际中,这样查询基本没有意义,我们在这里只是为了说明求平均值的用法：

```
>>> from django.db.models import Avg
>>> Line.objects.all().aggregate(Avg('quantity'))
```

在日常业务中，还有求最大值、最大值与平均值的差等统计需求，这些都可以用 QuerySet 来实现：

```
>>> from django.db.models import Max
>>> Line.objects.all().aggregate(Max('quantity'))      # 求最大值
>>> from django.db.models import Max
>>> Line.objects.all().aggregate(quantity_diff=Max('quantity') - Avg('quantity'))
    #求最大值和平均值的差
```

aggregate( ) 子句的参数描述了想要计算的聚合值。

也可以对 QuerySet 中的每个项生成聚合，这里需要用到 annotate( ) 方法。annotate( ) 的使用方法和 aggregate( ) 的使用方法相同，每个参数都描述了要计算的聚合。例如，下面的代码统计每个品类商品的总数：

```
>>> from django.db.models import Count
>>> q = Category.objects.annotate(Count('products'))
```

 # 事　务

数据库事务是将在数据库上的许多操作（如读取数据库对象、写入、获取锁）封装成一个工作单元，在这个工作单元执行的过程中，所有操作要么都成功，要么都失败。数据库系统中的事务必须保持原子性、一致性、隔离性和持久性，也就是我们经常听到的 ACID。了解和使用事务对于网站的开发是非常重要的，Django 提供了一些控制数据库事务管理方式的方法。

3.3.1　事务管理

Django 默认的模式是自动提交。除非事务处于活动状态（事务正在执行），否则每个查询都会立即提交到数据库。Django 使用事务和保存点来保证需要多个查询的 ORM 操作的完整性，尤其是 delete( ) 方法和 update( ) 方法。

在处理 Web 事务时，一个常用的方法是将每个请求包装在事务中。可以在数据库的配置中设置 ATOMIC_REQUESTS 为 True 来开启这个功能。这个功能的工作流程如下：在调用视图函数之前，Django 启动一个事务。如果生成的响应没有问题，则 Django 会提交事务；如果视图函数抛出了异常，则 Django 就回滚这个事务。

也可以使用 atmoic( ) 上下文管理器，在视图函数中使用保存点执行子事务。在视图函数结束时，提交所有更改或不提交任何更改。atomic( ) 方法通常通过装饰一个视图函数来实现这一点。

需要注意的是，视图函数的执行是包含在事务中的，中间件和模板的渲染均在事务外运行。即使设置了 ATOMIC_REQUESTS，也可以阻止在事务中运行视图函数，如下面的代码：

```
from django.db import transaction
@transaction.non_atomic_requests  # 不在事务中运行视图函数
def my_view(request):
    dummy_function()
```

Django 提供了 API 来控制事务。atomic( ) 方法允许在代码中保证数据库的原子性。如果代码执行成功，则将更改提交到数据库；如果代码抛出了异常，则回滚更改。代码示例如下：

```
from django.db import transaction
@transaction.atomic  # 作为装饰器使用
def viewfunc(request):
    do_stuff()
def anotherviewfunc(request):
    with transaction.atomic()  # 作为上下文管理器使用
        do_more_stuff()
```

需要提醒的是，开启事务会增加数据库的开销，应该尽可能使用短事务来减少此开销。

3.3.2　自动提交

在 SQL 标准中，事务通常通过把一批更改"积蓄"起来然后使之同时生效。在没有开启自动提交模式时，开发者使用事务必须使用语句 BEGIN 或者 START TRANSACTION 来显式开启一个事务，最后使用语句 COMMIT 来显式提交一个事务。

对于程序开发人员来说，这意味着每次查询都要加上提交语句，不是很方便。考虑到这一点，大多数数据库提供了自动提交模式。当打开自动提交模式且没有事务处于活动状态时，每个 SQL 查询都会包含在自己的事务中。换句话说，每个这样的查询不仅会启动事务，而且根据查询是否成功，事务也会自动提交或回滚。

根据 Python 数据库 API 规范，自动提交模式应该是默认禁止的。Django 可设置配置默认禁止自动提交，修改 settings.py 文件，代码如下：

```
AUTOCOMMIT = False
```

进行以上设置后，Django 将不会启用自动提交功能。开发者在代码中需要明确提交每个事务。

3.3.3　提交后执行操作

有些时候在数据库事务完成后需要执行其他逻辑，如发送电子邮件通知、清除缓存等，这时就可以使用 on_commit( ) 方法来注册事务完成后的回调。示例代码如下：

```
from django.db import transaction
def do_something():
    pass  # 发送邮件,清除缓存等
transaction.on_commit(do_something)   # 注册回调
```

on_commit( ) 方法经常和 atomic( ) 方法一起使用，即在 atomic( ) 方法代码块中注册回调函数，在事务成功后调用回调。示例代码如下：

```
with transaction.atomic():               # 外层保存点,开启一个新事务
    transaction.on_commit(foo)           # 注册回调函数foo
    with transaction.atomic():           # 内层保存点
        transaction.on_commit(bar)       # 注册回调函数bar
# 在外层保存点结束后,foo( )和bar( )按照注册顺序执行
```

在保存点回滚时，内层保存点注册的回调将不会调用。下面的代码先在外部设置一个保存点，开启一个新事务，然后在内层保存点范围内抛出一个异常，最后外层保存点注册的回调将会执行，而内层注册的回调不会被执行。

```
with transaction.atomic():  # 外层保存点,开启一个新事务
    transaction.on_commit(foo) # 注册回调函数
    try:
        with transaction.atomic():  # 内层保存点
            transaction.on_commit(bar)  # 注册回调函数
            raise SomeError()      # 抛出异常
    except SomeError:
        pass
# foo( )会被调用,bar( )不会被调用
```

数据库并发控制

在数据库系统中，多用户同时访问或更改数据时，可能会引发冲突。为了保持数据完整性，并协调同步事务，并发控制机制是非常重要的。本节将介绍数据库并发控制方法，并学习使用 Django 来应用这些方法。

3.4.1　冲突

假设进程 A 和进程 B 从 Product 表中读取了同一行，在改变了数据后，同时把新版本写回数据库，这时哪个改动会生效呢？进程 A 生效？进程 B 生效？还是两者同时生效呢？

要了解如何在系统中实现并发控制，首先必须要了解冲突，我们可以避免冲突，或者检测冲突然后解决它。在现代软件的开发项目中，并发控制和事务不仅仅在数据领域存在，而是所有的架构层都存在相关的问题。因此，在数据库中解决冲突的办法也能够为其他领域解决类似的问题提供参考。

当两个活动（可能是两个事务）尝试更改记录系统中的相同实体时，这两个活动可能会发生冲突。在 3 种情况下，两个活动会互相干扰。

- 脏读。活动 A 从记录系统中读取实体，然后更新记录系统，但是不提交更改（如更改尚未完成）。这时活动 B 读取实体，获得了未提交版本的副本。活动 A 回滚了更改，将实体恢复到原始状态。此时 B 读到的实体版本因为从未提交，因此不被认为实际存在，这种情况称为"脏读"。
- 不可重复读。活动 A 从记录系统中读取一个实体并创建它的副本，此时 B 从记录系统中删除了这个实体，那么现在 A 有一个没有真实存在的实体的副本。
- 幻影读。A 从记录系统中检索实体集合，然后根据某种搜索条件（如"所有名字里面带有凉鞋的商品"）来记录它们的副本。然后 B 创建新的实体，新的实体正好满足搜索条件（如将"红色凉鞋"插入数据库），并保存到记录系统。如果 A 重新应用搜索条件，则将会获得不同的结果集。

如果允许缓存中的过时数据存在，则并发的用户 / 线程越多，发生冲突的可能性越大。

现在我们来看一个更具体的例子。假设我们要为电商网站添加一个类似银行账户的功能，首先要创建简单的模型，实现存款和取款功能，代码如下：

```
class Account(models.Model):
    user = models.ForeignKey(User)  # 用户
    balance = models.IntegerField(default=0)  # 结余
    def deposit(self, amount):  # 存款
        self.balance += amount
        self.save()
    def withdraw(self, amount):  # 取款
        if amount > self.balance:
            raise errors.InsufficientFunds()
        self.balance -= amount
        self.save()
```

现在假设有两个用户对同一个账号进行操作：

（1）A 获取账户余额 100 元。

（2）B 获取账户余额 100 元。

（3）B 提现 30 元，将账户余额更新为 70 元。

（4）A 存入 50 元，将账户余额更新为 150 元。

我们期待的正确结果是 120 元，但是现在账户余额是 150 元。出现这种现象的原因是在 B 提现后，A 存储在内存中的数据已经过时。

为了防止这种情况发生，需要确保正在处理的资源在工作时不会发生改变。

3.4.2　悲观锁

悲观锁是指实体在应用中存储（通常是以对象的形式）的整个生命周期内，在数据库中被锁定。悲观锁用于锁定限制或者阻止其他用户使用数据库中的这个实体。

写锁表示锁的持有者打算更新实体，在此期间禁止任何人读取、更新或者删除实体。读锁表示锁的持有者不希望实体在锁定期间被改变，它允许其他人读取实体，但是不能更新或删除该实体。锁的范围可能是整个数据库、表、多行或单行。这些锁分别称为数据库锁、表锁、页锁和行锁。

悲观锁的优点是易于实现，并且保证对数据库的更改是一致和安全的；主要的缺点是此方法不可扩展。当系统有许多用户时，或者当事务涉及更多数量的实体时，或者当事务长时间存在时，不得不等待锁释放的情况会大大增加，因此会限制系统实际可以同时支持的用户数量。

悲观锁要求在完成任务之前，应该完全锁定资源。当用户在处理一个对象时，没有其他人可以获取对该对象的锁定，那么就能确定该对象没有被更改。在 Django 中，可以使用

select_for_update 方法来实现悲观锁，示例代码如下：

```python
@classmethod
def deposit(cls, id, amount):    # 存款
    with transaction.atomic():    # 开启事务
        account = (
            cls.objects
            .select_for_update()
            .get(id=id)
        )  # 获取账户

        account.balance += amount # 余额增加
        account.save()     # 保存更新后的账户
    return account


@classmethod
def withdraw(cls, id, amount):    # 提现
    with transaction.atomic():    # 开启事务
        account = (
            cls.objects
            .select_for_update()
            .get(id=id)
        )  # 获取账户

        if account.balance < amount:
            raise errors.InsufficentFunds()
        account.balance -= amoun   # 余额减少
        account.save()  # 保存更新后的账户
    return account
```

说明：

● 使用 select_for_update( ) 方法告诉数据库锁住对象直到事务完成。

● 使用 atomic( ) 方法开启事务。

● 所有的业务逻辑块都在事务内执行。

还是使用之前的例子来看看悲观锁是如何工作的：

（1）A 要求提现 30 元。A 获得锁，此时账户余额是 100 元。

（2）B 要求充值 50 元。B 试图获取锁，失败；等待锁释放。

（3）A 提现 30 元。账户余额为 70 元，锁被释放。

（4）B 获取锁，账户余额为 70 元。充值完成后，余额 120 元。

（5）B 释放锁。

在上面的代码中，B 等待 A 释放锁。可以在调用 select_for_update 时传入 nowait=True，

让 B 不再等待，而是抛出 DateBaseError 异常。

3.4.3　乐观锁

在多用户系统中，冲突不频繁的现象是很常见的。在这样的情况下，乐观锁会成为可行的并发控制策略。解决思路如下：程序员在知道发生冲突概率很低的情况下，不选择试图阻止它们，而是选择检测冲突，并且在冲突发生的时候解决它。

应用程序将对象读入内存的过程中，对数据添加读锁并在读完后释放。在该时间点，可以对该行进行标记以便检测冲突。然后应用程序操作对象，在要更新数据的时候，先获得对数据的写锁定，并读取数据源，以便确定是否有冲突。在确定没有冲突的情况下，程序序更新数据并释放锁。如果检测到冲突，如数据在最初被读入内存后被另一个进程更新，那么冲突需要被解决。

确定是否发生冲突有两种基本策略。

- 使用唯一标识符标记源数据。源数据在每次更新时都会被唯一标识。在更新的时候检查标识符，如果其和最初的值不同，那么说明数据源被改了。
- 保留源数据的副本。在更新操作时检索源数据，并与最初检索的值进行比较。如果值不一样，那么说明发生了冲突。

唯一标识符有几种不同的类型。

- 日期时间戳（这个值由数据库服务器来分配，因为不能期望所有计算机的时钟都同步）。
- 增量计数器。
- 用户 ID（每个人都有唯一 ID，并且只登录一台机器，并且应用程序确定在内存中只存在一个对象的副本时，这种方法才有效）。
- 由全局唯一代理键生成器生成的值。

还是以上面的例子为例，首先在模型上添加字段来跟踪对象所做的更改，代码如下：

```
version = models.IntegerField(default=0)
```

然后更新对象，代码如下：

```
def deposit(self, id, amount):  # 存款
    updated = Account.objects.filter(
        id=self.id,
```

```
        version=self.version,
    ).update(
        balance=balance + amount,
        version=self.version + 1,
    )  # 首先获取对象,然后更新数据和版本
    return updated > 0
def withdraw(self, id, amount):  # 提现
    if self.balance < amount:
        raise errors.InsufficentFunds()

    updated = Account.objects.filter(
        id=self.id,
        version=self.version,
    ).update(
        balance=balance - amount,
        version=self.version + 1,
    )  # 首先获取对象,然后更新数据和版本
    return updated > 0
```

说明:

(1) 直接操作对象。

(2) 约定每次操作对象,版本号自增。

(3) 只有在版本号没有改变的情况下才执行 update( ) 方法。如果对象没有更新,那么改变它;如果对象已经改变,那么 filter( ) 将不会返回得到任何结果。

(4) Django 会返回被更新的行的数量。如果 updated 的值是 0,说明更新失败了。

在我们的场景中,乐观锁的工作过程如下:

(1) A 获取账户,余额是 100 元,版本是 0。

(2) B 获取账户,余额是 100 元,版本是 0。

(3) B 要求提现 30 元,成功。余额是 70 元,版本是 1。

(4) A 要求充值 50 元。版本为 0 的记录已不存在,充值失败。

3.4.4 解决冲突

在解决冲突的时候有 5 种基本策略:

● 放弃。

● 展示问题让用户决定。

● 合并改动。

● 记录冲突让后来的人决定。

● 无视冲突，直接覆盖。

知道冲突的粒度也很重要。假设两个人操作同一个 Product 实体的副本，一个人更新了名字，另一个人更新了创建时间。两个人更新的是同一个实体的不同粒度的数据，这样的操作造成的数据冲突很容易恢复到正确状态。

简单起见，许多项目团队会选择单一的锁定策略并将其应用到所有表。当应用程序中的所有表或至少大多数表具有相同的访问特性时，这个方法是很有效的。然而，对于更复杂的应用程序，可能需要基于各个表的访问特性实现几个锁定策略。按照不同的场景，可以选择不同的策略，如表 3.1 所示。

表 3.1　不同策略的应用

表 类 型	示　例	推荐的策略
实时高并发	账号系统	乐观锁（第一选择） 悲观锁（第二选择）
实时低并发	顾客 账单	悲观锁（第一选择） 乐观锁（第二选择）
日志	访问日志 账户历史 事务记录	过度乐观锁
查找 / 引用（通常只读）	付款方式	过度乐观锁

3.5　数据库扩展

数据库系统无疑是现代 Web 系统的核心组件。无法想象在数据库停止工作或者查询极端缓慢的情况下，业务系统还能够正常运行，保障数据库系统的高可用性和高性能是非常重要的。在业务飞速发展的场景下，单点的数据库系统往往会出现瓶颈，这时需要扩展数据库系统来适应业务的发展。本节将介绍扩展数据库比较常用的方法和如何在 Django 中应用这些方法。

3.5.1　扩展方法

简单地说，扩展就是让数据库系统能够处理更多的流量和更多的读写查询。主流的扩展方法有纵向扩展和横向扩展。

纵向扩展采用的是增强单个数据库服务能力的方法，如增加 CPU，增加内存和增加存储空间，或者购买更为强大的服务器。这个方法的主要优点是简单和直观，应用层不需要做适配；缺点主要在于硬件的扩容有上限，成本很高，升级困难。

　　横向扩展采用的是将多个数据库服务组合起来的方法。和纵向扩展对比起来，这个方法的可用性更高，易于升级，同时成本更低；同时对技术要求较高，需要应用层做调整。

　　本节将主要讨论几种横向扩展的方法。

3.5.2　读写分离

　　读写分离主要用到了 MySQL 的复制功能。

　　MySQL 的复制功能允许将来自一个 MySQL 数据库服务器的数据自动复制到一个或多个 MySQL 数据库服务器，这是 MySQL 服务高可用的一种策略。这种策略增加了冗余，当一台数据库服务宕机后，能通过调整另外一台从库来以最快的速度恢复服务。

　　由于主从复制是单向的（从主服务器到从服务器），因此只有主数据库用于写操作，而读操作可以在多个从数据库上进行。也就是说，如果使用主从复制作为横向扩展解决方案，则至少要定义两个数据源，一个用于写操作，另一个用于读操作。

　　要使复制功能正常工作，首先主服务器需要将复制事件写入日志，一般称这个日志为 Binlog。每当从服务器连接到主服务器时，主服务器都会为连接创建新线程，然后执行从服务器对它的请求。大多数请求会是将 Binlog 传给从服务器和通知从服务器有新的 Binlog 写入。

　　从服务器会起两个线程来处理复制。一个称为 I/O 线程。这个线程连接到主服务器，从主机读取二进制日志事件，并将它们复制到本地的日志文件中，这个日志称为中继日志。另一个称为 SQL 线程。这个线程从本地的中继日志中读取事件，然后尽快在本地执行它们。MySQL 主从服务器工作过程如图 3.2 所示。

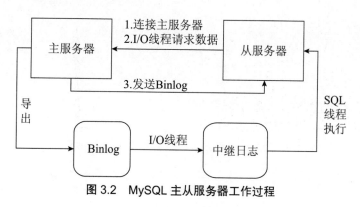

图 3.2　MySQL 主从服务器工作过程

通过读和写分别请求不同的数据库服务，可以有效地降低单个 MySQL 服务的负载，从而提高系统整体的可用性。

在 Django 中应用读写分离的过程如图 3.3 所示。

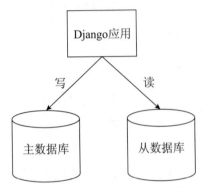

图 3.3　在 Django 中应用读写分离的过程

Django 提供的多数据库请求路由可以用来实现读写分离。首先需要配置多个数据库服务，修改 settings.py 中的 DATABASES 列表，示例代码如下：

```
DATABASES = {
    'default': {    # 默认数据库,主数据库
        'NAME': 'multidb',
        'ENGINE': 'django.db.backends.mysql',
        'USER': 'some_user',    # 数据库账号
        'PASSWORD': 'some_password',    # 数据库密码
        'HOST': 'master_host_ip',    # 数据库IP
    },
    'slave': {    # 从数据库
        'NAME': 'multidb',
        'ENGINE': 'django.db.backends.mysql',
        'USER': 'some_user',    # 数据库账号
        'PASSWORD': 'some_password',    # 数据库密码
        'HOST': 'slave_host_ip'    # 数据库IP
    }
}
```

接下来设置数据库路由，我们将写操作应用到主数据库，将读操作应用到从数据库，示例代码如下：

```
class DefaultRouter:
    def db_for_read(self, model, **hints): # 读从数据库
        return 'slave'
    def db_for_write(self, model, **hints): # 写主数据库
        return 'default'
```

然后修改 settings.py，加上：

```
DATABASE_ROUTERS = ['path.to.DefaultRouter']
```

当有多个从数据库可以读取时，要实现读操作的负载均衡，可以：

（1）创建 DNS 记录（一般是内网 DNS），用一个域名对应多个从数据库的 IP，然后在 slave 配置的 HOST 选项填入这个域名。

（2）在应用中按一定的策略进行选择，如随机选择。示例代码如下：

```
import random
class RandomRouter:
    def db_for_read(self, model, **hints):
        return random.choice(['replica1', 'replica2']) # 随机选一个从数据库
    .......
```

MySQL 的主从复制步骤中有网络请求，由于网络抖动等原因，从数据库中的数据可能更新得不及时，如果在执行读操作时对数据的实时性有要求，那么就只能读主数据库了。Django 的 using 关键字用于选择指定的数据库，示例代码如下：

```
>>> Product.objects.all() # 按照前面的配置,这个会读从数据库
>>> Product.objects.using('default').all() # 指定读取主数据库
```

3.5.3　垂直分库

值得注意的是，只有在处理大型数据集时，分库 / 分表才有意义。如果数据的行数少于一百万或只有数千条记录，分库 / 分表除了增加系统复杂性外，没有任何意义。

比较常见的一种做法是将不同的模块放在不同的数据库中。在我们前面的电商例子中，可以将用户、商品、订单数据分别放在不同的数据库中，如图 3.4 所示。

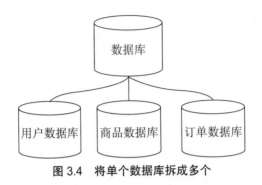

图 3.4　将单个数据库拆成多个

同读写分离一样，Django 可以通过路由将不同模块的请求转到不同的数据库中。首先在 settings.py 中配置多个数据库，代码如下：

```
DATABASES = {
    'default': {},
    'auth_db': {
        'NAME': 'auth_db',
        'ENGINE': 'django.db.backends.mysql',
        ......
    },
    'product_db': {
        'NAME': 'product_db',
        'ENGINE': 'django.db.backends.mysql',
        ......
    },
    'order_db': {
        'NAME': 'order_db',
        'ENGINE': 'django.db.backends.mysql',
        ......
    },
}
```

接下来配置路由类，在 Django 实际使用调用路由类的方法进行路由时，会传入使用的模型，我们根据模型的不同请求路由到不同的数据库，以读操作为例，代码如下：

```
class MultiDatabaseRouter:
    def db_for_read(self, model, **hints):
        if model == User:  # 请求用户数据库
            return 'auth_db'
        elif model == Product:  # 请求商品数据库
            return 'product_db'
        elif model == Order:  # 请求订单数据库
            return 'order_db'
```

```
        else:
            return 'default'
    ......
```

接下来修改 settings.py：

```
DATABASE_ROUTERS = ['path.to.MultiDatabaseRouter']
```

同样地，也可以使用 using 关键字使 Django 访问不同的数据库。

需要说明的是，将单个数据库实例拆分为多个后，之前单库中能用到的 SQL join 一般无法继续使用。如果可以调整垂直分库的设计，则优先考虑在设计上解决这个问题。如果不行，则一般有下面的两个实践。

● 全局表。这些表往往是所有模块都会用到的，如"字典表"。在这种情况下，可以在所有的数据库中都设置一份这样的全局数据。

● 字段冗余。这个方法一般用来避免 join 查询，在这里也可以使用。例如，购物篮数据中除了放用户的 ID，还放置用户名字符串。在多数据库的情况下，采用这个方法可能会遇到数据不一致的情况，需要根据业务定期做检查。

3.5.4　水平扩展

随着业务的增长，有可能会出现单个数据表，或者单个数据库无法存下业务数据的现象。例如，用户数量达到了一亿，或者新增订单数量每天超过三百万。在这种情况下，MySQL 单个数据表或单个数据库就无法容纳全部的用户数据库和订单数据了。

在部分达到了这个业务规模的企业中，对数据进行分片是解决这个问题常用的方法之一。这种实践将数据库中的数据进行水平分区，每个单独的分区称为分片。每个分片都保存在单独的数据库实例上，以分散负载。水平分片如图 3.5 所示。

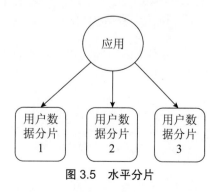

图 3.5　水平分片

水平分区方法有许多的优点，主要如下：

● 由于数据表被分割并分布到多个数据库服务器中，因此数据库中的表的总行数减少了，索引的大小也就减少了，从而提升查询性能。

● 数据库分片可以放在单独硬件上，多个分片可以放在多台机器上，这样会大幅提高性能。

不过在实践中，水平扩展数据是很困难的。实现的方法和使用的数据库类型相关，也和数据本身的特点相关。

分片会给应用程序增加额外的复杂度，同时增加的机器也会增加运维的复杂度。在决定采用这个策略时，要慎重考虑。

常见的分片方法有算法分片和动态分片。算法分片即数据通过某种算法写入不同的分片，在这种策略下，客户端可以在没有其他帮助的情况下确定数据库分区。采用动态分片时，客户端需要先读其他存储，以获取分片信息。

3.5.5　算法分片

算法分片比较简单的一个例子是使用取模算法，例如，使用数据的 ID 字段，对 3 进行取模运算，这样就能知道连接哪个数据库。这种做法的思想是将数据分成 3 份存储，如图 3.6 所示。

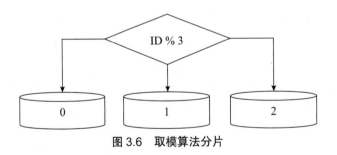

图 3.6　取模算法分片

考虑到分片的数量已经确定，在实现的时候可以将所有的分片模型写下来。在读写数据库的时候确认模型，示例代码如下：

```
# product/models.py文件
class ProductShard0(Model):
    ......                          # 取模结果为0的分片
```

```
        class Meta:
            db_table = 'product'            # 表名
class ProductShard1(Model):
    ......                                  # 取模结果为1的分片
        class Meta:
            db_table = 'product'            # 表名
class ProductShard2(Model):
    ......                                  # 取模结果为2的分片
        class Meta:
            db_table = 'product'            # 表名
# settings.py文件
DATABASES = {
    'default': {......},                    # 默认的数据库配置
    'product_shard0': {......},             # 分片0的数据库配置
    'product_shard1': {......},             # 分片1的数据库配置
    'product_shard2': {......},             # 分片2的数据库配置
}
```

按照设计，我们对产品数据的 ID 取模后将数据划分到不同的数据库中。对 3 取模后的结果始终只有 0、1、2。这里我们根据计算的结果划分模型，分别取名为 ProductShard0、ProductShard1、ProductShard2，分别代表了不同数据库中的 Product 表。为了方便管理，这3 个表都命名为 product，通过 Meta 类的 db_table 来设置表名。

同时还需要配置 3 个数据库的连接信息，在 settings.py 中的 DATABASES 配置，加上3 个分片的数据库信息，在 3.1 节已经讲解过相关的内容，这里暂时省略。

现在我们要让 Django 将模型和数据库联系起来，实现代码查询需要编写路由类，示例代码如下：

```
# product/db_routers.py文件
class ProductRouter(object):
    def db_for_read(self, model, **hints):     # 配置读操作
        if model == ProductShard0:   # 如果使用的是ProductShard0(使用第0个数据库)
            return 'product_shard0'
        elif model == ProductShard1: # 如果使用的是ProductShard1(使用第1个数据库)
            return 'product_shard1'
        elif model == ProductShard2: # 如果使用的是ProductShard2(使用第2个数据库)
            return 'product_shard2'
        else:
            return 'default'            # 默认使用default配置
    def db_for_write(self, model, **hints):
        ......

# settings.py文件
DATABASE_ROUTERS = ['product.db_routers.ProductRouter']
```

在业务代码中，需要根据产品 ID 来确定使用哪个模型，确定模型后，Django 会自动将请求导向正确的数据库。示例代码如下：

```
# product/views.py文件
def get_product_detail(request, product_id):
    mod = product_id % 3   # 对product_id进行取模运算
    if mod == 0:
        product_model = ProductShard0    # 选择分片0
    elif mod == 1:
        product_model = ProductShard      # 选择分片1
    elif mod == 2:
        product_model = ProductShard2     # 选择分片2
    else:
        raise ArithmeticError              # 抛出算术异常
    product_detail = product_model.get(pk=product_id)
    ......
```

类似地，也可以使用 using 关键字来完成分片功能，这部分留给读者练习。

通常来说，使用 MySQL 对数据进行分片，应用程序很难做到完全无感知。在具体实现时，会对业务代码进行一些调整以找到正确的数据源。业务开发者希望调用统一的 API 来操作数据库而不用考虑数据库的实际部署状况，这依赖于数据库中间件服务，我们会在后面章节谈到这个话题。

3.5.6 动态分片

在动态分片中，需要额外的定位服务来寻找数据源的位置。这种定位服务有多种方式可以实现。如果分区的数量较少，则可以为每一个分区指定数据源；如果分区数量分多，则应该为某个范围的分区指定数据源。动态分片如图 3.7 所示。

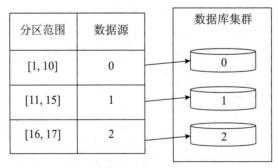

图 3.7　动态分片

在客户端读写数据前，需要先定位到数据的位置，然后进行操作。动态分片使得数据的分布更有弹性。不过这种策略实现起来很困难，会遇到客户端和定位服务数据不一致、定位数据更新、定位服务单点故障等问题。在决定采用动态分区前，一定要切合业务，考虑到各种情况。

试想一下，定位服务发生了错误，导致应用从错误的数据源中获取了数据，这对业务的影响将是灾难性的。例如，小明请求自己账户余额，却拿到了小红的账户余额数据；小刚想买 1000 元的电子设备，花的却是小强的钱。这种后果对于企业来说是不可接受的，因此在构建定位服务时往往选择高一致性的解决方案。

定位服务往往会用到共识算法和同步复制技术存储数据。在大多数情况下，定位的数据是很小的，因此计算成本很低。有一些数据库已经有了这方面的成熟方案。

MongoDB 就是这样一个流行的数据库。在 MongoDB 中，ConfigServer 存储分片的信息，mongos 执行查询路由。集群内存在多个 ConfigServer，多个 ConfigServer 之间通过同步复制来确保一致性。当一台 ConfigServer 丢失冗余时，它会进入只读状态。MongoDB 的工作过程如图 3.8 所示。

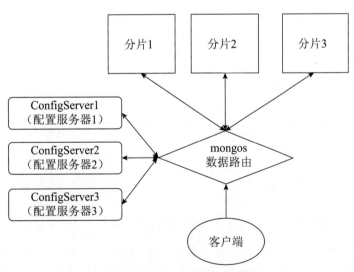

图 3.8　MongoDB 的工作过程

图 3.8 中涉及 3 个组件：分片、配置服务和路由服务。

分片用于存储数据，我们将数据分为 3 片，它们提供了高可用性和数据一致性。在生产环境中，每个分片都是一个单独的副本集。

配置服务用于存储集群的元数据，这些数据包含集群数据集到分片的映射。数据路由服务使用此元数据将操作定位到特定分片。在生产环境中为了保证高可用性，往往会配置3台 ConfigServer。

mongos 服务用于响应客户端的请求并对分片直接操作，最后将结果返回给客户端。一般情况下，mongos 也要部署多台以保证高可用性，不过为了让示意图更加简单，图 3.8 中只涉及一个 mongos 服务。

实现并维护动态分片是一件非常困难的事情。作出的决策和实际业务数据是紧密关联的，并没有一个通用的方案。要想详细地论证这个话题，需要较多的篇幅来讨论，因此这里只提供一个大致的思路和工业界的实现例子，具体实践需要读者自己探索。

3.5.7 全局ID

在开发 Web 应用时，为资源生成一个唯一标识符是非常重要的，如用户的 ID，这个标识符能帮助我们在系统中定位某一个资源。在使用单实例的 MySQL 时，可以使用自增的 ID 作为主键。

但是在数据分片的情况下，每个数据库表都有与其他表隔离的自增 ID，如果继续使用自增 ID，就可能在查询中出现问题。例如，分片 1 和分片 2 的商品表中都存在 ID 为 955 的数据，那么查找 ID 为 955 的数据时，到底应该以哪一条数据为准呢？

在数据分片的情况下，想要准确定位到某一条数据，就需要为数据生成一个全局唯一的标志（ID）。现在流行的算法是 Twitter 公司的开源算法——Snowflake 算法。

Snowflake 算法用于生成唯一的 ID。使用这个算法生成的 ID 是唯一的 64 位无符号整数，这个数是基于时间戳算出来的。完整的 ID 由时间戳、机器标识符和序列号组成。

这 64 位中，第 1 位设置为 0，后面 41 位是当前时间戳（精确到 ms），接下来的 10 位为机器 ID，最后 12 位为序列号。一个简单的实现例子如下：

```
import time
twepoch = 1213243932000   # 2008年6月12日12点12分12秒的时间戳
datacenter_id_bits = 5  # 数据中心ID
worker_id_bits = 5  # 机器ID
sequence_id_bits = 12  # 序列号
max_datacenter_id = 1 << datacenter_id_bits   # 数据中心ID能取的最大数值
max_worker_id = 1 << worker_id_bits   # 机器ID能取的最大数值
max_sequence_id = 1 << sequence_id_bits   # 序列号能取的最大数值
```

```
max_timestamp = 1 << (64 - datacenter_id_bits - worker_id_bits -
seqeunce_id_bits)
    # 时间戳能取的最大值
def make_snowflake(timestamp_ms, datacenter_id, worker_id, seqeunce_id,
twepoch=twepoch):
    # 参考twitter的算法计算ID
    sid = ((int(timestamp_ms) - twepoch) % max_timestamp)
        << datacenter_id_bits << worker_id_bits << sequence_id_bits
    sid += (datacenter_id % max_datacenter_id) << worker_id_bits
        << sequence_id_bits
    sid += (worker_id % max_worker_id) << sequence_id_bits
    sid += sequence_id % max_sequence_id
    return sid
```

使用这个算法可以保证，在一个机房的一台机器上，在同一时间内，生成了一个唯一的 ID。如果同一时间内生成了多个 ID，则可以用 ID 的最后 12 位来区分这多个 ID。

3.6　MySQL 实践

MySQL 是世界上广泛使用的开源关系数据库管理系统之一。它以高性能、高可靠性和易用性而越来越受到市场欢迎。Django 的数据层提供了各种方法来帮助开发人员充分利用数据库。

- 找出查询中的性能瓶颈。可以使用 QuerySet.explain( ) 方法来了解数据库执行 QuerySet 的细节。

- 使用索引。索引不仅仅是主键或者唯一约束键。如果某字段经常被查询到，那么绝大多数情况下应该给它加上索引。

- 计算上移。数据库的计算资源是非常宝贵的，一般情况下应该尽量将计算上移到应用层。例如，少用 order_by( )，不推荐使用存储过程。另外，QuerySet 的 count( ) 方法和 exists( ) 方法是非常快的，如果要得到数据集的行数或者确定数据是否存在，那么应该采用这些方法。

- 使用缓存。MySQL 服务器默认开启了查询缓存的功能，这是提升性能的有效方式之一。当一条查询被执行很多次时，查询结果会直接从缓存中读取。如果 SQL 中包含某些方法 [如 CURDATE( )、NOW( )、RAND( ) 等]，则数据库执行这条 SQL 语句时不会使用缓存，因此在使用的时候尽量避免使用这些方法。

- 选择正确的存储引擎。一般情况下，推荐使用 InnoDB。

- 获取想要的数据。查询的数据越多，查询的效率越慢。因为这会增加磁盘 I/O 的时间。可以使用 QeurySet 的 values( ) 方法和 values_list( ) 方法指定想要查询的字段。
- 设计 ID 字段。为每一张表设计一个 ID 字段，并设置为主键和自增 ID。这也是 Django 的默认行为。
- 批量操作。当操作多个对象时，尽量使用 bulk_create( ) 方法，这会减少 SQL 查询的数量。
- 使用 utf8mb4 编码。MySQL 的 utf8 是一种专属的编码，它能够编码的 Unicode 字符并不多；MySQL 的 utf8mb4 是真正的 UTF-8。
- 尽可能一次性获取想要的数据。多次访问数据库通常比在一个查询中检索所有数据的效率低，特别是在循环执行查询时，因此当只需要一个查询时，可能实际上执行了许多次数据库查询。在这种情况下使用 QuerySet 的 select_related( ) 方法和 prefetch_related() 方法会很有用。

 **总　　结**

数据库是 Web 应用的核心组件，这点怎么强调都是不过分的。本章首先讲解了如何使用 Django 的 ORM 来获取和更新对象，在使用 ORM 的基础上讲解了如何在 Django 中使用事务；接下来讲解了数据库并发控制策略，以及乐观锁和悲观锁在 Django 的实现方式；然后讲解了在数据库遇到单机瓶颈时的做法和思路；最后讲解了当前流行数据库 MySQL 的最佳实践。

关于 Web 应用的性能，只在数据库层面优化往往是不够的。在构建高性能的网站时，我们会用到缓存，我们将会在后面的章节学习缓存相关的内容。

 **练　　习**

问题一：乐观锁和悲观锁有什么不同？

问题二：自动提交模式有什么作用？Django 为什么默认开启自动提交模式？

问题三：什么时候会用到 QuerySet 的缓存？什么时候不会？

第4章 视 图

在 Web 应用的 MVC 结构中，视图一般包含模板和表单，用来给浏览器生成响应。在实际的处理过程中，视图会根据请求的参数从数据源中找到数据，并生成 HTML 文本或者 XMLHttpRequest 响应返回给浏览器。

本章涉及的主要知识点：

- 编写视图：学习使用函数和类编写视图。
- 路由配置：学习使用 URLConf 对象。
- 文件处理：学习在视图中编写上传和下载文件的代码。

4.1 配置 URL

URL 是用户访问网站的起点，对于一个想要成功的网站来说，URL 是非常重要的一部分。如果想要用户被网站吸引，必须确保网址足够简单、简短且友好。Django 框架对 URL 的设计没有限制，允许开发者根据需要设计 URL。

4.1.1 URL匹配

要设计应用程序的 URL，可以创建 URLconf 模块，这个模块用于将 URL 路径表达式映射到 Python 函数。当用户从 Django 支持的站点请求页面时，执行顺序如下。

（1）Django 确定要使用的根 URLConf 模块，这通常由 ROOT_URLCONF 设置，但如果传入的 HttpRequest 对象具有 urlconf 属性（由中间件设置），将使用其替代 ROOT_URLCONF 设置。

（2）Django 加载 URLConf 模块，并在其中查找 urlpatterns 变量。

（3）Django 按顺序遍历每个 URL 模式，一旦找到匹配的模式，就停止遍历。

（4）Django 调用该模式映射的视图函数。

（5）如果没有任何 URL 模式匹配，或者在此过程中抛出异常，Django 将调用适当的错误处理视图。例如：

```
from .import views    # 引入编写的视图模块
urlpatterns = [
    url(r'categories$', views.category_list), # 品类列表
    url(r'categories/([1-9][0-9]*)$', views.category_detail),   # 品类详情
]
```

分析：

● 如果想从 URL 捕获值，则要使用尖括号。

● 捕获的值可以包括转换器类型。

● 对 /categories/2018 的请求会匹配到第二条规则，Django 会调用方法 views.category_
detail（request，2018）。

可以使用命名的正则表达式组来捕获 URL 并将它们作为关键字参数传递给视图。在
Python 中，命名正则表达式组的语法是（?P<name>pattern），其中 name 是组的名称，
pattern 是要匹配的模式。下面我们用正则模式来改写上面的例子：

```
from django.conf.urls import url  # 导入URL
from . import views   # 引入自定义的视图模块
urlpatterns = [
    url(r'^categories$', views.category_list), # 品类列表
    url(r'^categories/(?P<category_id>[1-9][0-9]*)$', views.category_detail) # 品类详情
]
```

以上代码实现的效果和前面的例子完全相同，只有一个细微的区别：捕获的值作为
关键字参数而不是位置参数传递给视图函数。请求 /categories/2018 将会调用函数 views.
category_detail（request，categorey_id=2018）。

值得注意的是，无论正则表达式匹配什么类型，每个捕获的参数都作为普通 Python 字
符串传递给视图函数。

在 Django 2.1 版本中，普通匹配使用 path( ) 方法，正则匹配使用 re_path( ) 方法来替代
1.8 版本中的 url( ) 方法。在使用 url( ) 方法匹配的时候需要注意 Django 的版本。

4.1.2 配置嵌套

urlpatterns 可以包含其他 URLconf 模块，模块和模块之间会构成层级关系，示例代码
如下：

```
from django.conf.urls import include, url  # 引入include方法和url方法
```

```
urlpatterns = [
    url(r'^product/', include('sales.product.urls')),  # 商品
    url(r'^customer/', include('sales.customer.urls')), # 顾客
]
```

注意，在上面的例子中，正则表达式并不包含"$"，多了"/"。每当 Django 遇到 django.conf.urls.include( ) 方法时，它会删除与该点匹配的 URL 部分，并将剩余的字符串发送到包含的 URLconf 以进行进一步处理。

另一种可能性是 include 只包含 url( ) 实例的列表，如下面的配置代码：

```
from django.conf.urls import include, url   # 引入url方法
from sales.shoes import views as shoes_views  # 鞋应用视图
from sales.credit import views as credit_views # 信贷应用视图
credit_patterns = [  # 信贷url模式
    url(r'^reports/$', credit_views.report)
]
urlpatterns = [
    url(r'^$', shoes_views.index),  # 首页
    url(r'^help/', include('sales.help.urls')), # 帮助页面
    url(r'^credit/', include(credit_patterns)),  # 包含信贷路由配置
]
```

在上面的例子中，对 /credit/reports/ 的请求会被 credit_views.report 视图函数处理。采用配置嵌套有助于 URL 的管理，删除冗余。

4.1.3　反向解析URL

在 Django 项目中，一个常见的需求是获得最终形式的 URL 字符串，将其嵌入生成的内容中，用来导航。

实现这个效果最简单的方式是在内容中写死 URL，但这种方法费力，容易出错又不可扩展。在文档中写死业务 URL 会出现文档过时的问题。

Django 提供了反向解析 URL 的功能来避免 URL 容易过时的问题。除此之外，这个功能还为开发提供了便捷，因为用户不再遍历所有项目源代码来搜索和替换过时的 URL。

要做到反向解析 URL，首先要对 URL 进行标识，如为 URL 起一个独一无二的名字。另外还需要知道正确的 URL 及对应的视图参数类型和值。这样，URLconf 模块就有了两个作用：

● 根据用户请求的 URL，找到正确的视图函数，执行业务逻辑。

- 标识相应的 Django 视图及传递给它的参数，获取相关的 URL。

第一个作用在前面已经学习过了，现在来学习第二个作用。Django 提供了用于执行 URL 反转的工具，这些工具在不同的层次中。

- 在模板中，使用 URL 模板标签。
- 在业务代码中，使用 django.core.urlresolvers.reverse( ) 函数。
- 在处理与 Django 模型实例相关 URL 的更高级代码中，使用 get_absolute_url( ) 方法。

下面来看一个例子，还是使用之前用过的 URLconf：

```
from django.conf.urls import url    # 引入url( )方法
from . import views       # 引入自定义的视图模块
urlpatterns = [
    url(r'categories/(?P<category_id>[1-9][0-9]*)$', views.category_
detail, name='shoes-category-detail'),  # 品类详情
    ]
```

在模板中可以使用 URL 标签，带上签名设置的名字和参数，就能生成真实的连接。示例代码如下：

```
<a href="{% url 'shoes-category-detail' 2018 %}">第2018号品类</a> <!--模
板使用url-->
<ul>
{% for category_id in category_list %}
<li><a href="{% url 'shoes-category-detail' category_id %}">品类
{{ category_id }}</a></li> <!--url带上参数-->
{% endfor %}
</ul>
```

在视图代码中可以使用 reverse( ) 方法，传入 URLconf 中定义的名字和参数，生成实际使用的链接。示例代码如下：

```
from django.core.urlresolvers import reverse      # 引入reverse( )方法
from django.http import HttpResponseRedirect      # 引入重定向响应方法
def redirect_category_detail(request):            # 将请求重定向到品类详情
    ......
    category_id = 2018    # 这里写死品类id
return HttpResponseRedirect(reverse('shoes-category-detail', args=(category_id)))
# 使用reverse方法得到URL
```

如果有一天请求详情品类的 URL 发生改变，那么只需要修改 URLconf 模块，其他的地方不用修改。

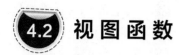

视图函数

　　视图函数（简称视图）是用来处理 Web 请求并返回响应对象的 Python 函数。返回对象可以是包含网页内容的响应，也可以是重定向响应，或者其他任何响应。视图函数"包裹"着开发加入的业务逻辑。只要能被 Python 解释器找到，这些函数可以保存在任何地方。按照惯例，可将视图函数统一放在应用或项目目录下面的 views.py 文件中。

4.2.1　视图函数

　　前面的章节已经介绍过视图函数了，我们用一个简单的视图函数来回顾一下相关内容。现在编写一个返回"高跟鞋之家欢迎您"的简单页面，示例代码如下：

```
# -*- coding: UTF-8 -*-
from django.http import HttpResponse  # 引入响应类
def hello(request):  # 打招呼的视图函数
    html = "<html><body>高跟鞋之家欢迎您</body></html>"  # 文本
    return HttpResponse(html)  # 返回响应
```

　　分析：

　　（1）声明文件的编码为 utf8，这是因为后面的代码包含了中文。

　　（2）引入 HttpResponse 包。

　　（3）定义一个名为 hello 的视图函数。每个视图函数都会接受一个 HttpRequest 对象作为第一个参数。

　　（4）视图函数返回 HttpResponse 对象。每个视图函数都应该返回一个 HttpResponse 对象。

　　Django 默认带有一些处理 HTTP 错误的视图函数，例如：

● 视图函数 django.views.defaults.page_not_found，在视图函数中抛出 HTTP404 异常时，Django 会加载该函数来处理 404 错误（页面不存在错误）。

● 500 服务器错误。如果视图函数出现异常，则 Django 会默认调用视图函数 django.views.defaults.server_error。这个视图函数仅在 DEBUG 设置为 True 的时候启用。

● 403 禁止访问错误。如果视图函数抛出了 403 异常，则 Django 会默认调用视图函数 django.views.defaults.permission_denied。

● 400 错误请求。这个视图函数的路径是 django.views.defaults.bad_request。这个视图函数也仅在 DEBUG 设置为 True 的时候启用。

Django 处理错误的默认行为是可以被覆盖的。在 URLconf 中添加自定义的处理器即可，示例代码如下：

```
# 定义handler404覆盖page_not_found( )视图
handler404 = 'mysite.views.my_custom_page_not_found_view'
# 定义handler500覆盖server_error( )视图
handler500 = 'mysite.views.my_custom_error_view'
# 定义handler403覆盖permission_denied( )视图
handler403 = 'mysite.views.my_custom_permission_denied_view'
# 定义handler400覆盖bad_request( )视图
handler400 = 'mysite.views.my_custom_bad_request_view'
```

4.2.2　请求和响应对象

Django 通过请求和响应对象来传递系统状态。当页面被请求时，Django 会创建一个包含有关请求元数据的 HttpRequest 对象，然后将这个对象作为第一个参数传给视图函数。

一般情况下，不要改变请求对象的属性。常用的请求对象属性如下。

● HttpRequest.method 属性。该属性表示这次请求的 HTTP 方法（GET 或 POST）。

● HttpRequest.GET 属性。该属性包含所有 HTTP GET 请求的参数，这是一个类似于字典类型的对象。

● HttpRequest.POST 属性。该属性包含 HTTP POST 请求的数据，这也是一个类似字典类型的对象。

● HttpRequest.META 属性。该属性包含所有 HTTP 头的字典。

● HttpRequest.COOKIES 属性。该属性包含所有 Cookie 的字典。所有键和值都是字符串。

Django 的中间件会为 HttpRequest 对象添加一些属性，有 HttpRequest.session、HttpRequest.site、HttpRequest.user。

Django 会主动创建请求对象，但是响应对象需要开发者创建。下面是一个简单例子：

```
>>> from django.http import HttpResponse  # 引入响应类
>>> response = HttpResponse("Here's the text of the Web page.")# 生成响应对象
```

响应对象和字典对象是非常相似的，使用方法也非常相似。例如，想要设置响应头，

可以像操作字典一样进行添加或删除操作:

```
>>> response = HttpResponse()   # 生成响应对象
>>> response['Age'] = 120   # 修改响应头
>>> del response['Age']   # 删除刚添加的响应头
```

响应对象比较常用的属性如下。

- HttpResponse.content 属性: 返回的内容。
- HttpResponse.status_code 属性: 返回的 HTTP 状态码。

4.2.3　模板响应对象

HttpResponse 对象可返回已经确定的内容。每次在返回响应之前确认返回的内容是一件非常麻烦的事,尤其是有时候需要在响应对象被视图构造后做一些修改,如改变模板或者放置一些公共的数据在上下文中。使用 TenplateResponse 可以解决以上问题。TemplateResponse 对象会保留视图提供的模板和上下文信息。实际的渲染只有在真正需要的时候才发生,一个简单的示例如下:

```
from django.template.response import TemplateResponse # 引入模板响应类
def blog_index(request):
    return TemplateResponse(request, 'entry_list.html', {'entries':
Entry.objects.all()})
# 传入模板和上下文
```

在 TemplateResponse 实例返回给客户端之前,必须先进行渲染。在渲染过程,模板和上下文作为输入,转换为字节流返回给客户端。在 3 种情况下,渲染会发生:

- 调用 SimpleTemplateResponse.render( ) 时。
- response.content 被显式赋值时。
- 模板响应中间件后,但在响应中间件之前。

一个 TemplateResponse 对象只能被渲染一次。第一次调用 SimpleTemplateResponse.render( ) 方法会设置响应的内容,后面再调用这个方法不会改变响应内容。不过,当显式赋值 response.content 时,响应的内容时钟会发生更改,如下面的示例代码:

```
# 创建一个模板响应
>>> from django.template.response import TemplateResponse # 引入模板响应类
>>> t = TemplateResponse(request, 'original.html', {})   # 生成模板响应对象
```

```
>>> t.render()    # 渲染模板
>>> print(t.content)  # 输出渲染后的结果
Original content

# 重新渲染不会改变内容
>>> t.template_name = 'new.html'   # 修改模板名
>>> t.render()  # 重新渲染
>>> print(t.content)  # 输出渲染后的结果
Original content

# 对content进行赋值会改变内容
>>> t.content = t.rendered_content   # 赋值
>>> print(t.content)
New content
```

4.3 视 图 类

前面我们介绍了视图函数，视图函数可调用，它接受请求并返回响应。在 Django 中，视图也可以用类来表示，这些类称为视图类。使用视图类有利于代码的重用，可提高开发的效率。同时 Django 提供了一些自带的视图类，可以为自定义的视图类做一个参考。

4.3.1　基本用法

视图类最简单的用法是直接在 URLconf 中直接使用常用的类。例如，下面的例子使用框架自带的 TemplateView，调用 as_view( ) 方法，并传入自定义的模板文件：

```
from django.conf.urls import url
from django.views.generic import TemplateView # 引入模板视图类
urlpatterns = [
    url(r'^about/', TemplateView.as_view(template_name="about.html")),
# 参数表示模板名
]
```

为了适应更多变的需求，可以继承现有视图，并覆盖属性来实现业务逻辑。示例代码如下：

```
from django.views.generic import TemplateView
class AboutView(TemplateView):   # 继承模板视图类
```

```
        template_name = "about.html"  # 自定义的模板文件
```

相应地，URLconf 也要做修改，将之前的 TemplateView 替换成上面自定义的
AboutView，同样需要调用 as_view( ) 方法。示例代码如下：

```
from django.conf.urls import url
from some_app.views import AboutView   # 上面示例自定义的视图类
urlpatterns = [
    url(r'^about/', AboutView.as_view()), # 和上面示例一样
]
```

4.3.2　视图类的优点

相比于视图函数，视图类有一些优点：

- 有利于代码重用。开发者编写自己的视图时，可以通过继承已有的视图类来复用基
  类的代码。
- 有利于提升代码的可扩展性。基于 Mixin 来扩展，新的视图类包含更多的功能。
- 代码结构更清晰。视图类可以使用不同的方法响应不同的 HTTP 请求，而使用视图
  函数需要做条件判断。

as_view( ) 方法会调用 dispatch( ) 方法，代码摘录如下：

```
def dispatch(self, request, *args, **kwargs):
    # 根据HTTP方法寻找正确的处理方法,找不到返回方法不被允许
    if request.method.lower() in self.http_method_names:
        handler = getattr(self, request.method.lower(), self.http_method_not_allowed)
    else:
        handler = self.http_method_not_allowed
    return handler(request, *args, **kwargs)
```

Mixin 是一种特殊的继承类。在面向对象编程语言中，它是一个包含其他类使用方法的
类，而不必是其他类的父类。Mixin 鼓励代码重用，可用于避免多继承可能导致的继承歧义。
在视图类中应用 Mixin 的示例代码如下：

```
from django.http import JsonResponse
class JSONResponseMixin(object):
    # 一个用于渲染JSON响应的Mixin
    def render_to_json_response(self, context, **response_kwargs):
        # 返回一个JSON响应对象
        return JsonResponse(self.get_data(context), **response_kwargs)
```

```
    def get_data(self, context):
        # 返回一个即将被json.dumps( )序列化的对象
        return context
```

这个例子是极其简单的，现实场景的业务逻辑会比这个复杂得多。现在可以在视图类中使用 Mixin 了，示例代码如下：

```
from django.views.generic import TemplateView  # 引入模板视图类
class JSONView(JSONResponseMixin, TemplateView):
# 使用Mixin和模板视图类生成新的视图类
    def render_to_response(self, context, **response_kwargs):  # 调用Mixin的方法
        return self.render_to_json_response(context, **response_kwargs)
```

如果希望在代码的不同类之间重用某些代码，那么 Mixin 会是一个非常好的选择。

 # 文件上传

相信大家在上网的过程中会遇到需要在网站上传文件的情况，如上传身份证照片验证身份、上传文档用于共享等。那么当用户在浏览器中选中文件，并且单击"上传"按钮后，后台的服务器都做了些什么呢？本章将带领您了解这方面的内容。

4.4.1　文件表单

当一个用户在 Django 网站上上传文件时，上传的数据会放在 request.FILES 对象中，这个对象包含所有上传文件。这个对象和字典对象有些相似，键是上传的文件名；值是一个 UploadedFile 对象。

Django 的表单是支持上传文件的。新建一个简单的表单，代码如下：

```
# -*- coding: utf-8 -*-
# 这个代码文件一般命名为forms.py
from django import forms  # 导入表单模块
class UploadFileForm(forms.Form):
    title = forms.CharField(max_length=50)  # 文件标题
    file = forms.FileField() # 表单字段
```

一个简单的上传文件的视图函数（这个视图函数接受 POST 方法的请求时处理文件表

单，在接受 GET 方法的请求时渲染表单）如下：

```
# -*- coding: utf-8 -*-
from django.http import HttpResponseRedirect
from django.shortcuts import render_to_response
from .forms import UploadFileForm  # 引入表单
def upload_file(request):
    if request.method == 'POST':   # 只有在POST方法时FILES会有数据
        form = UploadFileForm(request.POST, request.FILES)
        if form.is_valid():        # 校验表单
            do_smething(request.FILES['file']) # 什么也不做
            return HttpResponseRedirect('/success/url/')
    else:
        form = UploadFileForm() # 生成表单对象用于渲染
    return render_to_response('upload.html', {'form': form})
```

在上面的代码中，POST 方法中的表单被初始化时，需要传入 request.FILES。对于上传的文件，常见的做法是将其保存在文件中。示例代码如下：

```
def handle_uploaded_file(f):
    with open('some/file/name.txt', 'wb+') as destination:  # 打开文件用于写入
        for chunk in f.chunks():  # 对于比较大的文件,调用f.read()可能会占用系统过多内存
            destination.write(chunk)
```

4.4.2 文件存储

默认情况下，Django 会在本地保存文件，文件目录通过 MEDIA_ROOT 和 MEDIA_URL 设置。在操作文件时，Django 使用 django.core.files.File 对象。这个对象是对 Python 内置文件对象的一个简单封装，并提供了一些 Django 的附加功能。

Django 有一套机制来实现存储文件，以及将文件存到指定地方。存储的默认设置是 DEFAULT_FILE_STORAGE。

大多数情况下，代码中使用的是 File 对象，File 对象会将对文件的操作委托给设置的存储系统，不过存储系统也可以直接使用。示例代码如下：

```
# 引入存储系统
>>> from django.core.files.storage import default_storage
>>> from django.core.files.base import ContentFile
# 保存内容到文件
>>> path = default_storage.save('/path/to/file', ContentFile('new content'))
>>> path
```

```
'/path/to/file'
# 查看文件大小
>>> default_storage.size(path)
11
# 读取文件内容
>>> default_storage.open(path).read()
'new content'
# 删除文件
>>> default_storage.delete(path)
# 检查文件是否存在
>>> default_storage.exists(path)
False
```

Django 也支持自定义存储系统，自定义存储系统类的实现有一些限制：

- 必须继承 django.core.files.storage.Storage 类。
- 初始化时不能传入参数，因此所有的配置选项都必须在 django.conf.settings 中定义。
- 必须实现 _open( ) 方法和 _save( ) 方法。另外，如果系统提供的是本地存储，必须覆盖 path( ) 方法。
- 必须是可解构的，以便在迁移中可以对其序列化。

4.4.3 使用对象存储系统

传统的基于网络的存储技术，有网络附属存储（Network Attached Storage，NAS）和存储区域网络（Storage Area Network，SAN），这两者都存在可扩展性问题。NAS 缺乏以当前 IT 环境所要求的 PB 级操作的灵活性，而 SAN 的架构复杂，导致维护成本高，同时扩容的成本也很高。

在传统的网络文件系统中，计算机操作系统通过块存储或网络存储协议来处理访问存储的任务。这些协议管理存储分配、访问和文件属性。结构上的链式抽象，会导致可伸缩性存在问题。

现在流行的对象存储系统使用不同的方式来存储、组织和访问磁盘上的数据。它不使用文件系统，其中文件元数据与文件数据分开存储，文件数据和元数据存储为单个对象。

当前最流行的对象存储系统就是 AWS（亚马逊云服务）提供的 S3 服务。同时流行的开源的 Ceph 文件系统也提供对象存储服务，并且提供与 S3 基本数据访问模型兼容的 RESTful API。

这里假设您已经获得了 AWS S3 的服务访问权限或者搭建好了 Ceph 的对象存储服务。

我们将以 AWS S3 为例来说明如何在 Django 中使用远程对象存储服务。

　　在开始前，需要在环境中安装相应的依赖包，这里需要安装两个包：boto3 是 AWS 提供的 Python SDK，包含了操作 S3 的方法；django-storages 是一个开源的 Django 第三方应用，包含了 S3、Dropbox 等系统的 Django 存储后端。代码如下：

```
pip install boto3 # AWS的Python SDK
pip install django-storages # 自定义存储后端
```

　　修改 settings.py，在 INSTALLED_APPS 中添加 storages，在添加了这个应用后，我们才能使用定义的存储后端。示例代码如下：

```
INSTALLED_APPS = [
    'django.contrib.auth',
    ......
    'storages',
]
```

　　继续修改 settings.py，添加相关的使用配置，配置包含两部分：一部分是访问 S3 所需要的鉴权及服务信息；另一部分是配置 Django 的 DEFAULT_FILE_STORAGE。示例代码如下：

```
AWS_ACCESS_KEY_ID = 'your_access_key_id' # 访问密钥ID
AWS_SECRET_ACCESS_KEY = 'your_secret_access_key' # 访问私钥
AWS_STORAGE_BUCKET_NAME = 'site_bucket' # 创建的桶名
AWS_S3_CUSTOM_DOMAIN = '%s.s3.amazonaws.com' % AWS_STORAGE_BUCKET_NAME
# 桶对应的域名
AWS_S3_OBJECT_PARAMETERS = {
    'CacheControl': 'max-age=86400',  #设置缓存
}
AWS_LOCATION = 'files'
DEFAULT_FILE_STORAGE = 'storages.backends.s3boto3.S3Boto3Storage' # 设
置存储系统
```

　　现在来创建一个 fileupload 应用程序，并定义模型，模型包括文件的上传时间和文件的路径。代码如下：

```
from django.db import models

class Document(models.Model):
    uploaded_at = models.DateTimeField(auto_now_add=True)  # 上传时间
    upload = models.FileField() # 上传文件
```

视图函数需要处理上传的逻辑，已经上传完成展示地址，我们还想展示已经上传的文件列表，这里使用框架自带的 CreateView：

```python
from django.views.generic.edit import CreateView # 引入系统自带CreateView
from django.core.urlresolvers import reverse_lazy
from .models import Document # 刚才创建的模型
class DocumentCreateView(CreateView):
    model = Document # Document模型
    fields = ['upload', ]    # 字段
    success_url = reverse_lazy('home')
    def get_context_data(self, **kwargs):  # 获取上下文数据的方法
        context = super().get_context_data(**kwargs)
        documents = Document.objects.all() # 所有上传文档
        context['documents'] = documents # 文档传入上下文
        return context # 模板渲染的上下文
```

接下来创建模板内容，模板包含两部分，一部分用于上传文件，另一部分用于列出所有上传文件列表。示例代码如下：

```html
<!--上传文件的表单-->
<form method="post" enctype="multipart/form-data">
  {% csrf_token %}
  {{ form.as_p }}
  <button type="submit">Submit</button>
</form>
<!--用于展示的表格-->
<table>
  <thead>
    <tr>
      <th>Name</th>
      <th>Uploaded at</th>
      <th>Size</th>
    </tr>
  </thead>
  <tbody>
  <!--列出上下文传入的所有的文档-->
    {% for document in documents %}
    <tr>
    <!--展示不同的文档-->
      <td><a href="{{ document.upload.url }}"
          target="_blank">{{ document.upload.name }}</a></td>
      <td>{{ document.uploaded_at }}</td>
      <td>{{ document.upload.size|filesizeformat }}</td>
    </tr>
    {% endfor %}
```

```
    </tbody>
    </table>
```

当然真正完成功能，还需要配置 URLconf，前面已经提到过，这里就不再赘述了。

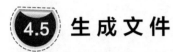 **生 成 文 件**

在网站上生成文件供下载是一个十分常见的功能，例如，财务人员生成员工的薪资报表并下载供审计，运营人员生成某个周期的运营数据供汇报，商务人员生成电子合同供打印等。常见的文件格式有 PDF、CSV 等。本节将介绍如何使用 Python 生成文件。

4.5.1 生成CSV文件

CSV 是字符分隔值文件格式，其文件以纯文本形式存储表格数据，是一种通用的、相对简单的文件格式，广泛应用于商业和科学等领域。很多程序支持某种 CSV 变体。

Python 自带了一个 CSV 库，我们先安装它：

```
pip install csv
```

csv 模块与 Django 一起使用的关键是该模块 CSV 创建成功的操作对象，类似于文件对象，而 Django 的 HttpResponse 对象也类似于文件对象。视图函数示例代码如下：

```
import csv  # 引入csv模块
from django.http import HttpResponse  # 引入响应类
def some_view(request):  # 视图函数
    # 响应头中设置内容类型是text/csv
    response = HttpResponse(content_type='text/csv')
    # 设置Content-Disposition为attachment,表示以附件形式展示文件
    response['Content-Disposition'] = 'attachment; filename="somefilename.csv"'
    # 传入响应对象生成writer
    writer = csv.writer(response)
    # 文件内容
    writer.writerow(['First row', 'Foo', 'Bar', 'Baz'])
    writer.writerow(['Second row', 'A', 'B', 'C', '"Testing"', "Here's a quote"])
    return response
```

注意：

- 响应中设置 MIME 类型为 text/csv。这个字段用于告诉浏览器这个文档是 CSV 文件。
- 响应中有 Content-Disposition 头。这个头包含了 CSV 文件的名字。
- 调用 writer.writerow 函数，向其传递一个可迭代对象，会在 CSV 文件中加入一行。
- csv 模块会处理引用，因此不必在字符串中转义引号或逗号。

当要下载的文件非常大时，视图函数处理时间过长，可能导致负载均衡器在服务器生成完成文件前断开连接，这时可以使用 StreamingHttpResponse 避免这个问题。示例代码如下：

```python
import csv  # 引入csv模块
from django.http import StreamingHttpResponse  # 引入流响应类
class Echo(object):  # 简单输出传入的值
    def write(self, value):
        # 直接返回字符,不缓存
        return value
def some_streaming_csv_view(request):  # 视图函数
    # 生成一个很大的列表,65536是很多文档单个Sheet的上限
    rows = (["Row {}".format(idx), str(idx)] for idx in range(65536))
    pseudo_buffer = Echo()
    writer = csv.writer(pseudo_buffer)
    # 和上面的例子一样
    response = StreamingHttpResponse((writer.writerow(row) for row in rows),
                                    content_type="text/csv")  # 响应数据
    response['Content-Disposition'] = 'attachment; filename="somefilename.csv"'
# 设置响应头
    return response
```

4.5.2　生成PDF文件

动态生成 PDF 文件的优点是，可以基于不同目的创建自定义 PDF。例如，针对不同用户生成不同内容。这里我们使用 reportlab 库生成 PDF。首先安装 reportlab：

```
pip install reportlab
```

和 csv 模块类似，reportlab 操作的对象和文件对象是类似的，所以与响应对象的集成方式也类似。示例代码如下：

```python
from reportlab.pdfgen import canvas  # 引入canvas模块
from django.http import HttpResponse # 引入响应类
def some_view(request):
```

```
# 响应头设置内容类型为PDF; 设置为附件下载
response = HttpResponse(content_type='application/pdf')
response['Content-Disposition'] = 'attachment; filename="somefilename.pdf"'
# 创建PDF对象
p = canvas.Canvas(response)
# 绘制PDF文档内容
p.drawString(100, 100, "Hello world.")
# 关闭文档对象
p.showPage()
p.save()
return response
```

可以看到，生成 PDF 文件的过程和生成 CSV 文件的过程是很类似的，读者可以看上面的代码和注释，这里不再赘述。

4.6 中间件

任何内核代码和用户应用程序之间的软件代码都可以是中间件。中间件可以使软件开发人员更容易实现通信和输入 / 输出，从而专心于实现业务逻辑。

而在 Django 中，中间件是处理请求 / 响应的钩子框架。它相当于一个"插件"系统，用于全局改变 Django 的输入或输出。每个中间件组件负责执行某些特定功能。

在请求阶段，调用视图之前，Django 会按照 MIDDLEWARE_CLASSES 定义的自下而上的顺序应用中间件。有两个钩子函数：process_request( ) 和 process_view( )。

在响应阶段，调用视图之后，按照 MIDDLEWARE_CLASSES 定义的相反顺序应用中间件。有 3 个钩子函数：process_exception( )、process_template_response( ) 和 process_reponse( )。

Django 中间件的调用过程如图 4.1 所示。

每个中间件都是一个 Python 类，它定义了以下一种或多种方法。

（1）process_request（request）。在 Django 决定执行哪个视图前，会在每个请求上调用 process_request( ) 方法。这个方法返回 None 或者响应对象。如果该方法返回 None，则 Django 继续往下执行；如果该方法返回响应对象，则 Django 将不会继续调用请求、视图和异常中间件，而是会应用响应中间件，然后返回结果。

（2）process_view（request，view_func，view_args，view_kwargs）。request 是一个请求对象，view_func 是 Django 将要使用的视图函数，view_args 和 view_kwargs 是传递的参数。这个方法在 Django 调用视图前被调用。该方法的返回结果、后续流程和 process_request 相似。

（3）process_template_response（request，response）。request 是 一 个 请 求 对 象，response 是一个模板响应对象。它返回的对象必须实现 render 方法。

（4）process_response（request，response）。参数含义同 process_template_response。Django 将在把响应返回到浏览器之前调用 process_response( )。它必须返回一个响应对象或流式响应对象。这个方法一定会被调用。

（5）process_exception（request，exception）。request 是一个请求对象，exception 是视图函数抛出的异常。Django 在视图函数抛出异常后调用这个方法。

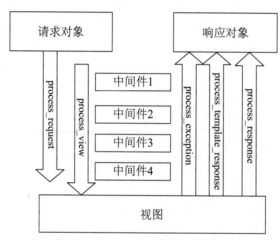

图 4.1　Django 中间件的调用过程

中间件经常用来处理和业务无关或者和所有业务都有关的逻辑。假设现在有一个需求，要求网站在每天晚上 11 点后停止服务，用户请求所有页面都返回"商店已打烊，请明日再来"的信息。

可以通过很多方法实现这样的需求，如使用脚本定时修改接入层的配置，在晚上 11 点后将所有请求导向一个静态页面。现在，我们通过修改应用来完成这个功能。

我们不希望在所有现有视图中加上这样的代码，结合本节学到的知识，我们可以编写一个中间件来完成这个功能，在该中间件中添加 process_request 方法，以拦截用户的请求。示例代码如下：

```
from datetime import datetime  # 日期类
from django.http import HttpResponse  # 响应类
class WeAreClosed(object):
    def process_request(request):
```

```
if datetime.now().hour < 23: # 如果不到23点,则正常通过
    pass
else: # 如果到了23点,则返回关门页面
    html = "<html><body>我们关门了,请明天再来</body></html>"
    return HttpResponse(html)
```

　　然后，我们需要修改 settings.py 让这个中间件生效。为了提高效率，我们将这个中间件放在中间件列表的第一个，这样过了 11 点，执行完这个中间件后，就不会再执行其他中间件的 process_request( ) 和 process_view( ) 方法了。示例代码如下：

```
MIDDLEWARE_CLASSES = (
    'your.path.WeAreClosed',
    ......
)
```

 4.7　总　　结

　　视图函数往往"包裹"着业务代码，是应用的逻辑核心。本章介绍了如何使用 Django 的 URLconf 来配置应用的 URL，以及如何使用视图函数和类视图。对于初学者来说，视图函数是最常用的编写视图的方法，而类视图更能体现面向对象的编程思想，更有利于代码的复用。

　　在业务逻辑中不可避免地要与文件打交道，其中涉及保存用户的文件和向用户提供文件下载功能。本章先介绍了使用 Django 处理文件的基本方法，然后介绍了保存文件的几种技术方案及其优缺点，最后提供了上传文件到 S3 服务和下载 PDF、CSV 文件的代码示例。

　　在业务的逻辑处理过程中，会有一些通用的功能从业务场景中抽离出来，Django 通常把这样的功能放入中间件中。

4.8　练　　习

　　问题一：使用 URL 反向解析有哪些好处？
　　问题二：请编写用于下载 Excel 文件的视图，文件包含简单数据即可。

第5章 模　板

作为有经验的 Web 开发人员，我们的目标是开发灵活且易于维护的应用程序。实现这一目标的一个重要方面是业务逻辑与展示逻辑的分离。网页模板就是用来维持这种分离的技术手段。作为一个 Web 框架，Django 具有动态生成 HTML 的功能。

本章涉及的主要知识点：

- 认识模板：学习模板的作用及种类。
- Django 的模板系统：学习使用 Django 的模板。
- 其他模板库：学习使用 Jinja2 替换 Django 自带的模板系统。

 ## 5.1　Web 模板系统

一个模板的渲染需要三方参与：

- 模板引擎：主要参与模板渲染的系统。
- 内容源：输入的数据流。比较常见的有数据库、XML 文件和用户请求这样的网络数据。
- 模板：一般是和语言相关的文本。

模板系统的工作过程如图 5.1 所示。

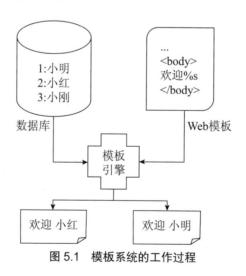

图 5.1　模板系统的工作过程

　　由图 5.1 可以看到，模板和内容源由模板引擎处理和组合，批量生成 Web 文档。在图 5.1 所示的例子中，数据来自数据库。

　　对于网页设计师来说，当网页由模板生成时，考虑使用彼此独立的组件来构建模块化的网页；对于程序员来说，模板仅用于网页的展示部分，而不会涉及复杂的业务逻辑；对于网站的其他工作人员来说，模板系统可以使运维人员更专注于技术维护，使内容提供商更专注于内容，大家的分工更明确。

　　这样的分工是非常重要的，因为同时懂得网站界面设计和业务逻辑编码的人非常少。另外，开发者经常会在不同的地方和不同的时间段工作，实时沟通非常困难。随着业务规模的扩大，如果不明确职责，不同部门合作会很麻烦。

 5.2 **Django 模板系统**

　　作为一个 Web 框架，Django 自带了一套模板系统，以动态生成 HTML 文本。Django 的模板主要包含两个部分：HTML 的静态部分和描述如何插入动态内容的一些特殊语法。这套系统功能强大，可配置性强，可以很好地支持开发者开发动态页面。

5.2.1　配置

　　和模型一样，模板的配置也在 settings.py 文件中实现，配置变量是 TEMPLATES 的列表。列表中的每一项代表一个模板引擎，默认这个列表为空。示例代码如下：

```
TEMPLATES =[    # 模板配置变量
    {
        'BACKEND': 'django.template.backends.django.DjangoTemplates', # 配置使用自带模板
        'DIRS': [ # 配置寻址目录
            '/var/www/html/site.com',
            '/var/www/html/default',
        ]
    },
    {
        'BACKEND': 'django.template.backends.jina2.Jinja2', # 配置使用Jinja2模板
        'DIRS': '/var/www/html/another_app' # 配置寻址路径
    }
]
```

在上面的代码中，BACKEND 是 Django 模板后端的代码路径，这个路径的类实现了 Django 模板后端定义的接口。DIRS 配置了模板引擎查找模板源文件的目录列表。

有两个函数可以用来加载模板：get_template( ) 和 select_template( )。这两个函数会根据传入的模板文件名加载文件，并且返回一个模板对象；不同的是，get_template( ) 接受一个文件名作为参数，select_template( ) 接受一个文件名列表作为参数。

按照上面的配置，调用 get_template（'story_detail.html'）方法时，Django 按照下面的顺序寻找模板文件：

（1）/var/www/html/site.com/story_detail.html；

（2）/var/www/html/default/story_detail.html；

（3）/var/www/html/another_app/story_detail.html。

调用 select_template（['story_list.html'，'story_detail.html']）时，查找的顺序如下：

（1）/var/www/html/site.com/story_list.html；

（2）/var/www/html/default/story_list.html；

（3）/var/www/html/another_app/story_detail.html；

（4）/var/www/html/site.com/story_detail.html；

（5）/var/www/html/default/story_detail.html；

（6）/var/www/html/anothter_app/story_detail.html。

当找到一个存在的文件时，Django 将停止寻找。

5.2.2　模板语言

Django 的模板形式比较简单，可以是一个文本文档，也可以是用模板语言标记的字符串。模板引擎可以识别模板中的特殊结构，以动态生成文本。主要的特殊结构有变量和标签。

在进行渲染的时候，需要传入渲染上下文，模板引擎根据上下文对模板中的变量进行替换，并且执行标签指示的操作，最后输出文本。上下文是一个类似字典的对象。

Django 的模板语言包含 4 个结构：变量、标签、过滤器和注释。

1. 变量

变量用"{{"和"}}"包裹起来，例如：

```
我姓{{ first_name }},我的名是{{ last_name }}
```

如果传入的上下文是 {'first_name': u'张', 'last_name': u'文君'}，那么对变量进行替换后，上面的模板就会被渲染为：

我姓张, 名字是文君

上下文传入的变量可以是字典、列表和对象，这 3 种结构在模板中都要通过 "." 来访问数据，例如：

```
{{ my_dict.key }} # 字典
{{ my_object.attribute}}  # 对象
{{ my_list.0 }} # 列表
```

如果传入的变量可以被调用，如函数，那么模板系统会调用这个函数，然后使用结果替换这个变量。

2. 标签

标签用于在渲染过程中提供逻辑控制。常见的标签有条件判断和循环逻辑控制。例如，使用 for 标签遍历可迭代对象的每一个项目。下面的示例遍历了一个运动员的列表，并渲染成 HTML 列表，代码如下：

```
<ul>
{% for athlete athlete_list %}
    <li>{{ athlete.name}}</li>
{% endfor %}
</ul>
```

下面的模板判断当前请求页面的用户是否得到验证，如果验证就展示用户名，如果没有验证就不展示用户名。代码如下：

```
{% if user.is_authenticated %} 你好, {{ user.username }}。
{% endif %}
```

对于 Django 来说，标签的含义比较模糊，这是有意而为之的。上面展示的两个例子有开始标签和结束标签，用来表示控制逻辑的开始和结束。对于不需要类似逻辑控制的标签，结束标签是不必要的，如之前提到的 URL 标签。示例代码如下：

```
{% url 'some-url-name' arg1 arg2 %}
```

3. 过滤器

过滤器用来对变量做一些处理。比如 title 过滤器，它可以将要展示的变量转换成标题的形式，即将英文单词的首字母变成大写，示例代码如下：

```
{{ some_text|title }}
```

在上下文为 {'some_text': 'tonight is going to be a good night'} 时，上面的模板会被渲染成下面的字符串：

```
Tonight Is Going To Be A Good Night
```

4. 注释

编码时一定会用到注释，用于说明代码的用途，或者注释掉部分代码用于调试。Django 模板的注释格式是 {# 注释 #}， Python 语言也支持用 "#" 进行注释。注释可以是任何模板代码，如下面的示例：

```
{# {% if foo %}bar{% else %} #}
```

使用 "#" 只能注释掉一行代码，想要注释掉多行代码，则需要使用 comment 标签。{% comment %} 和 {% endcomment %} 之间的任何代码都不会被渲染。可以在第一个标签中插入一些可选注释，用来标注注释的原因或时间，如下面的代码：

```
<p>渲染发布时间: {{ pub_date|date:"c" }}</p>
{% comment "Optional note" %}
    <p>注释掉创建时间 {{ create_date|date:"c" }}</p>
{% endcomment %}
```

5.3　模板继承

在实际开发网站的时候，可能会存在不同页面的结构和样式是一样的情况，如页面头部的导航栏、页面侧边的导航栏、页面底部的版权属信息等。如果为不同的页面单独编写模板，就会出现不同模板存在重复代码的情况，维护会变得困难。

和编写业务代码类似，要处理这个问题，比较好的做法是将公用的代码部分抽离出来，在其他地方需要用到相同功能的地方引入公用部分。

Django 的模板支持继承,是实现这种抽离一个非常好的方法。继承是 Django 模板中最强大、最复杂的功能。通过模板继承,可以建立一个页面的"骨架",这个"骨架"包含网站的所有常见元素,这意味着可以将相同的 HTML 代码部分用于网站的不同页面。

现在来实现两个简单的页面,这两个页面分别是帮助页面和主页面。这两个页面都包含顶部导航栏和底部的页脚,但是中间的显示部分不同,页面标题也不同。为了抽离出这两个页面的公共部分,我们定义一个 base.html 文件,文件内容如下:

```html
<!DOCTYPE html>
<html lang="en">
<head>
    <link rel="stylesheet" href="style.css">
    <title>{% block title %}来自简单的说明网页{% endblock %}</title>
</head>
<body>
    <div id="sidebar">
        <ul>
            <li><a href="/">主页</a></li>
            <li><a href="/help/">帮助</a></li>
        </ul>
    </div>
    <div id="content">
        {% block content %}{% endblock %}
    </div>
     <footer id="footer">我是页脚</footer>
</body>
</html>
```

我们将继承了上面这个模板的模板叫作子模板。按照上面的要求,我们要实现两个子模板,一个用于主页,一个用于帮助页面。主页的代码如下:

```
{% extends "base.html" %}
{% block title %}主页{% endblock %}
{% block content %}
<h2>欢迎! </h2>
<p>虽然这个网站什么内容都没有,但是它展示了使用模板继承的用法。</p>
{% endblock %}
```

在上面代码中,实现继承的关键是 extends 标签。它告诉模板引擎该模板扩展了另外一个模板。当模板系统渲染主页面时,首先要找到父模板,即 base.html 文件。在父模板中,引擎会找到两个 block 标签,然后用子模板中的内容填充这个区域。

继承的级数并没有限制。不过在实践中,最常用的做法是定义三级模板。第一级模板包含网站的"骨架";第二级模板包含网站功能的一个分类,如"用户中心""商品中心"等,这一级模板会包含一些列表,第二级模板继承第一级模板;第三级模板包含了主要的信息,如用户详情、商品详情等,第三级模板继承第二级模板。帮助页面的实现类似,请读者自己完成。

 ## 字符转义

安全是 Web 应用不可忽视的一部分。从模板生成 HTML 文本,有可能包含影响网页正常运行的风险。例如下面用于展示用户名的模板:

> 你好,{{ username }}

该模板看起来好像没有问题,但是隐藏着风险,攻击者可能有机会借此发起 XSS 攻击。举一个简单的例子,恶意用户可能会将自己的用户名设置为

> <script>alert('一次攻击')</script>

那么,在没有特殊处理的情况下,上面的模板会被渲染成一段执行 JavaScript 脚本的页面,脚本会在任何请求到这个用户名的页面上执行,出现一个弹出"一次攻击"的弹窗,执行的脚本如下:

> 你好,<script>alert('一次攻击')</script>

类似地,恶意用户还可以上传别的字符来改变文本的显示样式,如在上传的字符中包含 <b> 这样的 HTML 样式标签。

恶意用户可能会利用这种漏洞做潜在的坏事,因此,用户提交的数据不应该被盲目地信任和直接在网页上展示。

使用 Django 处理这种问题有两种选择。

(1)对不信任的变量执行 escape 过滤,这个过滤器会对潜在的危险字符串进行转义。这个方法依赖开发者调用的转义过滤器。鉴于开发者有可能会忘记调用这个过滤器,因此网页有可能还是会被攻击。

(2)使用 Django 自动对 HTML 文本进行转义。默认情况下,Django 会对模板中变量的输出进行自动转义,这是一个比较理想的处理方式。

具体地说，5 个字符串会被自动转义，它们分别如下："<"变为"&lt""">"变为"&gt"，单引号变为"&#39"，双引号变为"&quot" "&" 变为 "&amp"。

Django 几乎为所有的行为都提供配置，转义自然也不例外。有时候模板变量包含开发者打算作为原始 HTML 呈现的数据，那么这时可能希望内容不被转义。要想对单个变量关闭自动转义功能，则可以使用 safe 过滤器，如下面的模板代码：

```
这个会转义：{{ data }}
这个不会转义：{{ data|safe }}
```

假设传入的上下文包含了要转义的字符，如 {'data': '<b>'}，那么在渲染时，上面一行会自动转义，下面的一行不会自动转义。结果如下：

```
这个会自动转义：&lt;b&gt;
这个不会自动转义：<b>
```

另外，也可以控制对模板的自动转义，这时要用到 autoescape 标签，这个标签用来将要控制的模板包裹起来，例如：

```
{% autoescape off %}
    你好 {{ name }}
{% endautoescape %}
```

autoescape 可以接受参数 on 或者 off，这个控制的粒度很灵活，如可以将一段设置为不转义的模板的一部分设置为自动转义。示例代码如下：

```
{% autoescape off %}
    这个不会被自动转义{{ data }}.
  {% autoescape on %}
      重新开启自动转义 {{ name }}
  {% endautoescape %}
    这个也不会被自动转义 {{ other_data }}
{% endautoescape %}
```

需要注意的是，过滤器是支持字符串作为参数的。这些字符串并不会被自动转义，这背后的思想是模板的作者应该控制文本的内容。因此，开发者应该确保在编写模板时对文本进行正确的转义。

具体来说，{{ data|default: "3 < 2" }} 这样的写法应该被写成 {{ data|default: "3 < 2" }} 以确保安全。

5.5 **自定义标签和过滤器**

Django 的模板语言自带了大量的标签和过滤器，合理地使用这些标签和过滤器能够在很大程度上满足业务逻辑的需要，不过总是会存在自带功能无法满足需求的情况，这时候就需要来定制一些工具了。Django 的模板系统允许这种自定制。

5.5.1　代码路径

一般来说，自定义标签和过滤器应该统一放在一个文件中。要想创建自定义标签和过滤器，需要在应用的目录下存在一个叫作 templatetags 的包，自定义标签和过滤器存放在这个包下的某个模块中。

我们假设这个模块叫作 customize.py，现在应用的目录结构如下：

```
myapp
├── __init__.py
├── models.py
├── templatetags
│   ├── __init__.py
│   └── customize.py
├── tests.py
├── views.py
└── ........
```

为了在模板中使用自定义标签和过滤器，首先要将 myapp 导入 INSTALLED_APPS 中，然后在模板代码中添加：

```
{% load customize %}
```

{% load %} 用于声明要加载的模块，这里是 customize。要想让模块发生作用，还要在模块中定义一个名为 register 的变量，这个变量是一个 template.Library 实例。应该将这个变量在模块顶部声明，例如：

```
from django import template # 引入template类
register = template.Library() # 声明register对象
```

接下来我们将编写实际的功能。

5.5.2　编写自定义过滤器

自定义过滤器其实是一个普通的 Python 函数，这个函数接收 1 到 2 个参数。第一个参数是传入的变量，作为输入；第二个参数可以作为过滤器的参数，这个参数可以不传，也可以设置默认值。例如，在 {{ var|foo："bar"}} 中，foo 是一个过滤器，var 作为输入传入，bar 作为参数传入。

Django 的模板语言不提供异常处理，在过滤器中抛出异常会被返回成服务错误，因此过滤器应该尽量避免抛出异常。

现在我们编写一个简单的过滤器，这个过滤器将输入的截止日期和当前的日期做一个比较，然后返回不同的提醒。示例代码如下：

```
def get_due_date_string(value):
    delta = value - date.today()    # 获取今天和截止日期之前的差
    if delta.days == 0:    # 截止日期是今天
        return u"今天截止！"
    elif delta.days < 1:
        return u"过去%s天啦!" % abs(delta.days)
    elif delta.days == 1:
        return u"明天截止！"
    elif delta.days > 1:
        return u"%s天后截止" % delta.days
```

完成函数后，需要使用 Library 对象对这个函数进行注册，这样才能在 Django 的模板语言中使用刚注册的过滤器。

注册需要调用 Library 对象的 filter( ) 方法，这个方法接受两个参数，第一个是过滤器的名字（字符串），第二个是过滤器函数。也可以使用装饰器，代码如下：

```
@register.filter(name='get_due_date_string') # 使用装饰器
def get_due_date_string(value):
    .......
```

如此操作以后，就可以在模板代码中使用新建的过滤器了。

5.5.3　自定义标签

标签比过滤器要复杂一些，因为在 Django 的模板中，标签可以用来做任何事情。Django 提供了一些快捷方式来帮助开发者编写标签，比较常用的快捷方式有 simple_tag、 inclusion_tag 和 assignment_tag。

很多标签的工作方式是接受参数，并且处理后返回一个字符串。要创建这样的标签，可以使用 simple_tag。

现在想获取模型所有商品的数量。修改 customize.py 文件，添加代码并注册，代码如下：

```
from django import template
register = template.Library()
from shoes.myapp.models import Product
@register.simple_tag
def any_function():
    return Product.objects.count()
```

和自定义过滤器类似，要使用自定义标签，需要在模板中使用 {% load %} 标签加载包含自定义标签的模块，在模块中需要声明 template.Library 变量，注册标签，并且将应用加入 INSTALLED_APPS 中。

另一个常见的模板标记使用另外的模板来展示一些数据，可以用 inclusion_tag 来实现。值得注意的是，使用了 inclusion_tag 函数要返回一个字典，这个字典将作为指定渲染的上下文。示例代码如下：

```
@register.inclusion_tag('path_to_your_html_file.html')
def any_function():
    latest_products = Product.objects.order_by('-date_created')[:5]
    return {'contect': latest_products}
```

assignment_tag 有点像 simple_tag，不过它会将结果存储在给定的变量中。这种标签可以访问当前的上下文，如下面的代码：

```
@register.assignment_tag(takes_context=True)
def get_current_time(context, format_string):
    timezone = context['timezone']   # 获取上下文中的时区
    return your_get_current_time_method(timezone, format_string)
```

这个标签从上下文中获取时区信息，然后根据时区返回当前的时间，在模板中可以使用 as 参数将标签处理的结果赋予一个变量，如下面的例子：

```
{% get_current_time "%Y-%m-%d %I:%M %p" as the_time %}
<p> 现在时间是 {{ the_time }}.</p>
```

 **总　　结**

本章介绍了 Django 的模板系统。模板用于快速生成 HTML 文档，用于在浏览器上显示。事实上，不少编程语言都支持类似的功能，如 PHP、Java 语言的 JSP 等。Django 的模板系统能够很方便地将模板渲染成 Web 页面，同时提供很多高级功能。

这个模板系统使用 Python 语言实现，并提供了高度抽象的接口，因此增加自定义功能非常方便。

在实践中，Django 的模板大多用于自定义管理后台系统的实现。Django 的 MVT 设计让数据在网页上展示非常方便。

随着互联网的普及，用户对互联网网页的体验有了越来越多的要求，后端服务在处理数据的同时也要负责页面的渲染，后端服务的负担有些过重；同时业务的快速发展也要求用户体验和业务逻辑进一步解耦。面对这样的问题，出现了"前后端"分离的思路，我们将在后面的章节谈到它。

 **练　　习**

练习一：Web 模板系统一般有哪几个组件？

练习二：使用模板继承完成帮助页面的模板编写。

第6章 表　单

相信大家一定有过这样的经历：去企业应聘或者去银行办卡的时候，工作人员都会递给你一张纸，让你填上自己的姓名等信息。你填写完后，通过一个窗口把纸张递过去，工作人员接到后即开始处理你的事情。

在历史上，这种互动的形式已经存在了相当长的一段时间。在互联网兴起后，类似的事情也发生在网站上，只不过呈现给用户的页面被称为表单网页。本章将会带您学习表单网页的知识。

本章主要涉及的知识点：

- 认识表单：学习表单的作用和形式。
- Django 的表单：学习使用 Django 的表单功能。

 ## 网页表单

网页表单又叫作 HTML 表单，主要用来处理用户从页面输入发送到服务器的数据。网页表单通常会提供复选框、单选按钮和文本字段，方便用户填写各种形式的数据。

6.1.1　表单元素

在现实场景中，用户在电子商务网站上输入信用卡账号，或者在搜索网站上输入想搜索的关键字，都可能会用到表单。

HTML 中的 form 标签用来标记表单。这个标签的内容包括用户输入的数据、数据被提交到通信终端的服务器 URL、提交数据的方法。提交数据的方法一般是 GET 或者 POST。

表单可以由标准的图形用户界面元素组成。这些元素具体如下。

- text：文本输入框，允许用户输入一行文本。
- E-mail：电子邮件输入框，输入的内容需要满足电子邮件地址的格式。
- number：数字输入框，输入的内容是数字。
- password：和文本输入框类似，不过出于安全考虑，用户输入的字符一般会被 "*" 所替代。

- radio：单选按钮。
- file：选择一个文件用于上传。
- reset：重置按钮，单击之后，浏览器会将表单存储的数据变为默认值。
- submit：提交按钮，用于告诉浏览器对输入的数据做一些处理。
- textarea：多行文本输入框，和 text 类似，不过这个元素允许用户输入多行文本。
- select：下拉列表。

让用户输入购物喜好的示例表单如下：

```
<form action="/user/info/", method="post">
    <label for="name">请输入姓名</label>
    <input id="name" type="text">
    <label for="gender">男</label>
    <input id="male" type="radio" name="gender" value="male">
    <label for="female">女</label>
    <input id="female" type="radio" name="gender" value="female">
    <label for="other">其他</label>
    <input id="other" type="radio" name="gender" value="other">
    <label for="color">选择你最喜欢的颜色</label>
    <select id="color">
        <option value="">选择你喜欢的颜色</option>
        <option value="red">红色</option>
        <option value="yellow">黄色</option>
        <option value="blue">蓝色</option>
    </select>
    <label for="extra">附加说明</label>
    <input id="extra" type="textarea">
    <input type="submit" value="save">
</form>
```

上面的表单中包含：

- 一个文本框，用于让用户输入姓名。
- 一对单选按钮，用于让用户选择性别。
- 一个下拉选择框，用于让用户选择喜欢的颜色。
- 一个多行文本框，用于让用户输入一些附加的信息。
- 一个提交按钮，用于将数据发送到服务器。

当然，网页表单也可以是其他形式，如表单可以是网格形式，每个单元格包含一个文本输入元素。表单还可以是树形，每个层级代表一个种类，上层元素代表父类，下层元素代表子类。

不论表单是树形还是网格形式，都需要网页的 JavaScript 脚本能够将正确的数据发送到服务端，也需要服务端能够正确地处理这些数据。

6.1.2　提交数据

填写完表单后，单击提交按钮。表单元素中的名称和值将被编码并使用 GET 方法或 POST 方法，通过 HTTP 请求发送到服务器。请求的 mime 类型默认是 application/x-www-form-urlencoded，在使用 POST 方法时，一般使用的 mime 类型是 multipart/form-data。

如果请求的方法是 GET，则浏览器会获取 action 值（这个值为服务器终端 URL），后面跟上一个 "？"，再将表单数据集添加到后面，形成最终的请求，即对于使用了 GET 方法的请求，表单数据会编码在 URL 中。

在 GET 请求中，会对数据的编码做一些修改。例如，action 为 http：//www.example. com/user_info，带有请求参数 name=Wang hong、gender=male、hobby=swimming+reading，经过编码后的结果如下：

```
http%3A%2F%2Fwww.example.com%2Fuser_info%3Fname%3DWang%20Hong%26gener%3
Dmale%26hobby%3Dswimming%2Breading
```

那么什么时候应该使用 GET 方法，什么时候应该使用 POST 方法呢？按照 HTTP 协议规范，当且仅当表单的处理请求是幂等请求时，才使用 GET 方法，通常情况下这样的请求纯粹用于查询，而不是上传数据。也有一些其他情况，即使是幂等请求，也应该使用 POST 方法，如请求的 URL 过长或者请求的字符中带有非 ASCII 码。另外，当表单数据集中带有敏感信息时，使用 POST 方法会比 GET 方法安全一些。

在浏览器上，用户通过检查 GET 请求的 URL，可以得知请求的表单数据。用户将完整的请求保存到书签中，以便下次查询。GET 请求可能会被浏览器缓存，在请求数据不经常变动的情况下，使用缓存能带来更快的体验。

在服务端接收请求后，根据请求方法的不同，处理方式也不同。两种请求方法使用了不同的编码，因此服务端需要使用不同的解码机制对数据进行解码后再做下一步的处理。

6.2　Django 表单

开发网页表单是一件麻烦的事情。在不借助框架的情况下，开发者需要编写表单的 HTML 代码，在服务端代码里验证并清洗输入的数据。如果数据出现错误，则需要重新返回带有错误消息的表单，告知用户哪个地方出了问题；如果数据正常，则需要处理用户数据后，返回页面告知用户表单提交成功。

Django 提供了一系列的工具来构建表单。使用 Django 构建的表单可以很方便地接受来自用户的输入，对数据进行处理后，返回响应。使用 Django 的表单不仅能够简化和自动化表单的编写，而且往往比开发者自行编写的表单更安全。

6.2.1　处理流程

在之前的章节中，我们已经接触了 Django 的表单处理。先来回顾一下这个流程，视图接受一个请求，执行所需操作，包括从模型中读取数据，生成并返回 HTML 页面，生成页面可能是模板加上下文渲染的结果。

事实上，除了响应用户的请求外，我们还需要处理用户提交的数据，并在出现任何错误时重新显示页面，这就是表单发挥作用的地方。Django 处理表单的工作流程如图 6.1 所示。

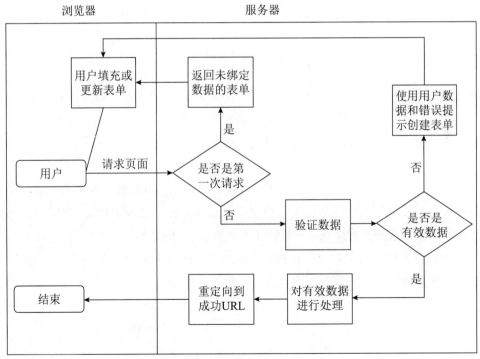

图 6.1　Django 处理表单的工作流程

如图 6.1 所示，Django 的表单主要做了 6 件事。

（1）当用户第一次请求的时候返回默认的表单。默认的表单可能包含空字段，或者预先填充了初始值，如将某个时间字段设置为当前的日期。此时，Django 认为该表单是"未绑定"的，因为表单不包含用户输入数据。

（2）从请求中接受数据，将数据绑定到表单中。也就是说，当需要展示表单时，直接使用这部分数据，其中可能也包含一些错误信息。

（3）对数据进行清理和验证。清理过程可以删除输入中的恶意内容（如无效的字符），然后将输入转换为 Python 对象；验证检查值是否适合该字段，如检查字符的长度，或者日期是否在某个范围内。

（4）如果检测到用户输入的数据无效，则重新显示表单，这次的表单包含用户输入的值和相关的错误信息。

（5）如果用户输入的信息验证有效，则会执行必要的业务逻辑，如将数据存储到数据库、发送电子邮件、返回搜索的结果或者上传一个文件等。

（6）完成所有操作后，用户被重定向到另一个页面。

6.2.2 Form类

Django 表单的核心组件是 Form 类。和 Model 类相似，Form 类抽象了表单的呈现形式和工作方式。Model 类的字段可以映射到数据库表字段，类似地，Form 类的字段可以映射到 HTML 用户界面元素。Form 类的字段也是类，这些类用于管理表单数据，并在表单数据提交到服务器后执行验证工作。

回想一下，在渲染模板时，接受请求后，我们在视图中获取数据（如请求数据库），将这些数据传入模板上下文，然后使用模板变量将这些数据渲染成 HTML 文本。在模板中渲染表单和渲染其他类型的对象几乎一致，不过也存在一些差别。

对于不包含数据的模型对象，在模板渲染的时候几乎没什么用。对于不包含数据的表单对象，模板非常有必要去渲染，因为我们希望用户能够提交自己的数据。

这个差别会反映在视图代码中。在视图中处理模型对象时，一般会先从数据库中读出数据来初始化对象；而在处理表单对象时，直接在视图中初始化就行。

前面我们已经提供了一个表单的 HTML 代码，现在来用 Django 实现，代码如下：

```
# forms.py文件
```

```
from django import forms
class UserInfoForm(forms.Form):
    GENDER_CHOICES = [        # 性别选项
        ('male', u'男'),
        ('female', u'女'),
        ('other', u'其他')
    ]
    COLOR_CHOICES = [         # 颜色选项
        ('red', u'红'),
        ('yellow', u'黄'),
        ('blue', u'蓝'),
    ]

    name = forms.CharField(label=u'姓名', max_length=100')    # 姓名
    gender = forms.CharField(label=u'性别',
    widget=forms.RadioSelect(choices=GENDER_CHOICES))    # 性别
    color = forms.ChoiceField(choices=COLOR_CHOICES)        # 颜色
    extra = forms.CharField(label=u'其他', widget=forms.textarea)  # 其他
```

值得注意的是，上面的表单渲染结果既不会包含 form 标签，也不会包含一个提交按钮，这些必须在模板中定义。

每个 Form 对象都会包含一个 is_valid( ) 方法，这个方法会检查所有字段。当调用这个方法并验证通过时，会返回 True，并且将表单的数据复制到 cleaned_data 属性中。

通常情况下，返回表单页面和处理表单数据的视图是同一个。这样做可以复用相同的逻辑，使代码更好维护。视图代码示例如下：

```
# views.py文件
from django.shortcuts import render
from django.http import HttpResponseRedirect
from .forms import UserInfoForm
def get_user_info(request):
    # 如果是POST方法,处理表单数据
    if request.method == 'POST':
        form = UserInfoForm(request.POST)
        # 验证表单数据
        if form.is_valid():
            # 可以在个代码块中对数据进行操作
            # 成功后重定向到新的页面
            return HttpResponseRedirect('/thanks/')
    # 如果是其他方法(GET等),创建一个空模板
    else:
        form = UserInfoForm()
    # 渲染模板
    return render(request, 'user_info.html', {'form': form})
```

上面的代码表现如下：

如果请求的方法是 GET 方法，则创建一个不带数据的 UserInfoForm 对象，这个对象将在模板中渲染成一个表单页面。如果请求的方法是 POST 方法，则使用请求携带的数据初始化一个 UserInfoForm 对象，这个过程称为"绑定数据到表单对象"，创建的对象是一个绑定的表单对象。

调用 is_valid( ) 方法对数据进行验证，如果返回结果不为 True，则使用模板对该对象进行渲染。此时渲染的结果不再为空，而是包含带有用户提交的数据和用户需要修正部分的提示信息。

如果 is_valid( ) 方法返回 True，那么可以在表单对象的 cleaning_data 属性中找到所有经过验证的表单数据。接下来可以使用这些数据来处理业务逻辑，如将数据存储到数据库，或者发送一封电子邮件。完成业务逻辑后，一般会向浏览器发送 HTTP 重定向请求，让其跳转到处理成功的页面。

在模板中需要写的代码并不会很多，最简单的示例如下：

```
<form action="/user/info", method="post">
    {%.csfr_token %}
    {{ form }}
    <input type="submit" value="save">
</form>
```

6.2.3　ModelForm类

很多时候，表单的字段和数据库的字段是紧密关联的。在业务代码中获取字段，然后将相同的字段存入数据库可能被认为是"啰唆"的。例如，从上传商品的表单页面中获取新建商品的 title 字段和 description 字段，验证数据后，创建商品模型的对象，同样使用 title 字段和 description 字段初始化。

出于简化逻辑的考虑，Django 允许从一个模型中创建一个表单类，新建的表单类通过继承 ModelForm 类和定义模型属性来与模型关联起来。示例代码如下：

```
from django.forms import ModelForm
from product.models import Product

class ProductForm(ModelForm):
    class Meta:
```

```
model = Product    # 关联到模型类
fields = ['title', 'description', 'attributes', 'date_created']
```

在验证模型表单时，需要进行两步操作。第一步是做验证表单，第二步是验证模型对象。验证表单会调用 is_valid( ) 方法，就像验证普通表单一样。验证模型调用 clean( ) 方法，这个方法会调用模型类的 full_clean( ) 方法。

ModelForm 类有 save( ) 方法。这个方法会将表单中绑定的模型数据保存在数据库中。ModelForm 的子类接受一个模型对象作为关键字，如果参数包含了模型对象，则 save( ) 方法会更新这个对象；如果没有传入模型对象，则 save( ) 方法会创建指定模型的对象。示例代码如下：

```
>> from product.models import Product
>> from product.forms import ProductForm
# 从POST数据中创建一个表单对象
>> f = ProductForm(request.POST)
# 保存一个商品对象
>> new_product = f.save()
# 传入一个存在的商品对象,使用POST的数据更新该对象
>> one_product = Product.objects.get(pk=1)
>> f = ProductForm(request.POST, instance=one_product)
>> f.save()
```

如果表单对象没有被验证，则调用 save( ) 方法会检查 form.errors 来验证表单。如果数据没有通过校验，则会抛出 ValueError 异常。

6.2.4 表单集合

在需要提交多个表单的页面中，若用户多次单击“提交”按钮，则可能会给其带来不好的体验；有时候多个表单可能存在业务上的联系，一起提交这些表单是有必要的。Django 提供了一些工具来帮助管理同一个页面上的多个表单。

例如，用户想要同时创建多个商品，可以使用下面的代码轻松实现：

```
>> from django.forms import forset_factory
>> ProductFormSet = formset_factory(ProductForm)
```

执行上面的代码，即可创建一个名为 ProductFormSet 的表单集合。遍历这个集合，然后像使用常规表单一样操作集合的每个元素。

```
>> formset = ProductFormSet()
>> for form in formset:
... print(form.as_table())
```

formset_factory 函数可接受一些额外的参数。例如，执行下面的代码可创建一个包含两个表单的集合：

```
>> ProductFormSet = formset_factory(ProductForm, extra=2)
```

可以为表单集合中的每个表单设置初始值，这会大大提高表单集合的可用性，节省不少工作，如下面的例子：

```
>> ProductFormSet = formset_factory(ProductForm, extra=2)
>> import datetime
>> from product.forms import ProductForm
>> formset = ProductFormSet(initial=[
... {'title': u'商业产品',
    'description': u'简单的产品描述',
    'date_created': datetime.date.today()}
...])
```

对表单集合的验证和对单个表单的验证差不多。表单集合也有一个 is_valid 方法，调用这个方法可以对多个表单发起验证，非常方便。

在视图和模板中使用表单集合和使用表单的方式相似。示例代码如下：

```
# product/views.py 文件
from django.forms import formset_factory
from django.shortcuts import redner_to_response
from product.forms import ProductForm  # 引入表单对象
def manage_products(request):
    ProductSet = formset_factory(ProductForm)  # 创建商品表单集合
    if request.method == 'POST':
        formset = ProductSet(request.POST, request.FILES)
        if formset.is_valid():
            # 数据验证通过后处理一些业务逻辑
            pass
    else:
        formset = ProductFormSet()
    # 返回渲染模板
    return render_to_response('manage_products.html', 'formset': formset)

# manage_products.html文件
<form method="post" action="">
```

```
{{ formset.management_form }}
<table>
    {% for form in formset %}
    {{ form }}
    {% endfor %}
</table>
</form>
```

6.3 AJAX 表单

在完成数据验证及数据处理后，会重定向到一个新的请求，这样可以避免重复提交表单，但会导致整个页面的刷新。用户不太喜欢刷新页面，因为这有时意味着重新加载页面所需要的所有资源，需要更多的等待时间。这时候就可以使用 AJAX 技术来优化用户体验。

6.3.1 AJAX技术

AJAX（异步 JavaScript 和 XML 的简称）是一组 Web 开发技术，用来在客户端创建异步 Web 应用程序。Web 应用程序使用 AJAX 可以异步从服务器发送和接收数据，而不会干扰现有页面的显示和行为。

这项技术将数据交换和数据展示解耦，基于 AJAX 技术的网页可以动态地更改网页的显示内容，而无须重新加载整个页面。

虽然 AJAX 名字中带有 XML，但是在现实的开发场景中，数据交互常常使用 JSON 格式，而不是 XML 格式。

开发中常常用 JavaScript 中的 XMLHttpRequest 对象来执行 AJAX。AJAX 的执行流程如图 6.2 所示。

AJAX 包含了下面几种技术。

● HTML 和 CSS 技术：用于展现页面。

● 文档对象模型（DOM）：用于动态显示数据。

● JSON 或者 XML 格式：用于服务端和客户端交换数据。

● XMLHttpRequest 对象：用于通信。

● JavaScript 语言：将上面的技术整合起来。

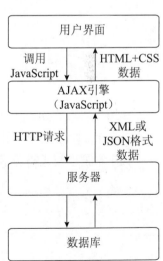

图 6.2　AJAX 的执行流程

6.3.2 动态表单

在表单中引入 AJAX 可以带来如下好处。

● 减少服务器发回的数据量。

● 只渲染页面的部分内容，提升客户端性能。

● 减少了渲染未更改部分所花费的时间。

现在来实现一个简单的动态表单。示例代码如下：

```python
# views.py文件
from django.shortcuts import redirect
from django.shortcuts import render
from product.models import Product
from product.forms import ProductModelForm
def product_info(request, pk):
    product = Product.objects.get(pj=pk)
    if request.is_ajax():
        template = 'form.html'
    else:
        template = 'page.html'
    if request.method == "POST":
        form = ProductModelForm(request.POST, instance=product)
        if form.is_valid():
            form.save()
            if not request.is_ajax():
                return redirect('/success/page')
    else:
        form = ProductModelForm(instance=product)
    return render(request, template, {'form': 'form'})
```

示例代码逻辑如下：如果请求是一个 AJAX 请求，那么返回并渲染表单部分；如果请求不是一个 AJAX 请求，那么重新加载整个页面。

接下来是模板代码，示例如下：

```html
# form.html文件
<form action="/path/to/url" method="POST" class="dynamic-form">
    {% csrf_token %}
    {{ form }}
    <button type="input"> 提交 </button>
</form>

# page.html文件
<% extends 'base.html' %>
```

```
{% block main %}
    {% include 'form.html' %}
{% endblock %}

{% block script %}
<script>
${document}.on('submit', 'form.dynamic-form', function(form){
    var $form = $(form);
    $.ajax({
        type: form.method,
        url: form.action,
        data: $form.serialize(),
        success: function(data) {
            $form.replace(data);
        }
    });
});
</script>
{% endblock %}
```

这是一个非常简单的例子，不过只完成了基本的功能。其实借助 AJAX 不仅可以动态渲染表单，而且可以做更多的事情。我们会在后面的章节继续讲解相关内容。

 # 6.4 　验 证 码

全自动区分计算机和人类的公开图灵测试（CAPTCHA）俗称验证码，是一种区分用户是计算机还是人的自动程序。

在互联网注册、登录、发帖、投票等应用场景中，都存在被机器人刷造成各类损失的风险。如果不对各类机器垃圾行为加以防范，"灌水"、垃圾注册、恶意登录、刷票、"撞库"及"羊毛党"等用户行为一旦发生，将对产品自身发展和用户体验造成极大的影响。

很多网站的做法是在上述的应用场景中采用验证码，以防范攻击。验证码的工作原理是生成一个可以由计算机来评判的问题，这个问题只有人类才能解答。由于计算机无法解答这个问题，因此能够解答出这个问题的用户就可以被认为是人类。

验证码比较简单的实现是生成一张包含扭扭曲曲字符的图片，用户在看清楚图片上的字符后将自己识别的字符输入一个文本框，在提交数据的时候一起提交上去。服务器接到请求后，对验证码进行验证：如果通过，则继续对数据进行处理；如果不通过，则返回"验证码错误"类似的信息。

6.4.1　表单验证码

开源社区有很多 Django 验证码的实现工具，我们这里选取 django-simple-captcha 来实现一个简单的验证码。

首先安装该第三方库，在命令行中输入如下命令：

```
pip install django-simple-captcha
```

需要注意的是，django-simple-captcha 依赖 PIL 和 Pillow 生成图像，需要在系统中安装 libz 库、jpeg 库和 libfreetype 库。

然后将 captcha 添加到 settings.py 文件中的 INSTALLED_APPS 列表中。接下来执行下面的命令将 captcha 模型应用到数据库，并在 urls 中添加 captcha 相关的配置。

```
# 命令行
python manage.py migrate

# urls.py文件
urlpatterns += [
    url(r'^captcha/', include('captcha.urls')),
]
```

在代码中应用 captcha 相当简单。在定义表单类后，添加一个 CaptchaField 字段即可以。示例代码如下：

```
from django import forms
from product.models import Product
from catpcha.fields import CaptchaField  # 引入CaptchaField

class CaptchaProductForm(forms.ModelForm):
    captcha = CaptchaField()            # 验证码字段
    class Meta:
        model = Product
```

视图代码几乎不需要变动，按照之前的逻辑对数据进行校验即可。如果用户响应中没有提供有效的验证码，则表单会抛出 ValidationError 异常。示例代码如下：

```
def update_product(request):
    if request.method == "POST":
        form = CaptchaProductForm(request.POST)
        if form.is_valid():
```

```
                # 如果通过验证,说明验证码正确,数据也正确
                human = True
        else:
            # 生成带有验证码的表单
            form = CaptchaProductForm()
        return render_to_response('update_product.html', locals())
```

上面的视图代码和之前的例子几乎没有差别。验证码相关的功能已经被封装在了表单类中。在接受 GET 请求时，视图返回带有验证码的页面；在接受 POST 请求时，调用 is_valid( ) 方法会对验证码一同校验。

6.4.2　AJAX验证码

captcha 同样可以用于 AJAX 表单。示例代码如下：

```
from django.views.generic.edit import CreateView
from captcha.models import CaptchaStore        # 用于生成验证码
from captcha.helpers import captcha_image_url   # 获取验证码链接
from django.http import HttpResponse
import json

class AjaxProductForm(CreateView):
    def form_invalid(self, form):        # 验证码不正确
        if self.request.is_ajax():        # 判断是否为AJAX请求
            cptch_key = CaptchaStore.generate_key()   # 生成验证码
            json_response = {
                'status': 0,          # 表示请求不成功
                'for_errors': form.errors,    # 表单的错误信息
                'new_cptch_key': cptch_key,   # 验证码
                'new_cptch_image': captcha_image_url(cptch_key)   # 验证码链接
            }
            return HttpResponse(json.dumps(json_response), content_type='application/
json')
    def form_valid(self, form):      # 验证码正确
        form.save()
        if self.request.is_ajax():    # 判断是否为AJAX请求
            cptch_key = CaptchaStore.generate_key()     # 生成验证码
            json_response = {
                'status': 1,          # 表示请求成功
                'new_cptch_key': cptch_key,    # 验证码
                'new_cptch_image': captcha_image_url(cptch_key)   # 验证码链接
            }
            return HttpResponse(json.dumps(json_response), content_type='application/
json')
```

有时候会出现用户无法认清生成的验证码的情况，为了应对这种情况，网站一般会在验证码旁边加上一个"刷新"按钮，用户单击"刷新"按钮，就能从服务器重新获得一个二维码。

为了刷新验证码而刷新整个页面，对于用户体验来说这并不是很好，最好是只刷新验证码，网页的其他部分不刷新。实现这样部分刷新的功能要在网页使用 AJAX，需要编写一些 JavaScript 代码来监听"提交"按钮的点击事件，这里采用 jQuery 编写一个简单的例子：

```
# 模板代码
<form action="." method="POST">
    {{ form }}
    <input type="submit" />
    <button class="js-captcha-refresh">
</form>
# JavaScript代码
$(".js-captcha-refresh").click(function(){
    $form = $(this).parents('form');
    $.getJSON($(this).data('url'), {}, function(json) {
        // 获取验证码和验证码图片链接
        $(".captcha").attr("src", result)
    });
    return false;
})
```

6.5 总　　结

本章讲解了 Django 的表单系统。表单用于用户在网站上提交数据，这部分数据可用来帮助网站了解用户，提升用户的体验，是网站非常重要的一部分。

Django 提供了非常好用的工具来创建和管理表单，使用这些工具能够迅速地开发出表单页面。

随着互联网的发展，用户对网站体验要求越来越高，同时移动设备的流行带来了新的技术和挑战。因此，在面向终端用户的网页中，表单的使用已经越来越少（我们将在后面的章节中讲解这部分内容）。不过，在后台管理页面中，表单依然有用武之地。

6.6 练　　习

练习一：Django 表单的工作流程是什么？

练习二：AJAX 技术能带来什么好处？

第 7 章　Django 和缓存

Web 2.0 带来了动态网站。不同的用户在同一个页面看到的信息可能是完全不同的。每次用户请求页面时，Web 服务器都会进行各种计算来创建访问者看到的页面。这些计算有查询数据库、模板渲染和各种业务逻辑。

和最初 Web 1.0 服务器从文件中读取网页内容并返回相比，动态网站的计算量要大得多，所需要的资源要更多、更昂贵。对于大多数用户来说，这可能不构成问题，但是对于比较大的网站来说，这是一个必须考虑的问题，这时缓存就有用武之地了。

本章主要涉及的知识点：

● 认识缓存：学习什么是缓存及缓存的多种形式。

● Django 中的缓存：学习如何使用 Django 提供的缓存 API。

● 缓存的写入策略：学习缓存写入策略及其应用场景。

● 分布式缓存系统：学习高可用缓存架构及其在 Django 中的应用。

Web 缓存系统

在计算机系统中，为了提升性能，一些软件或者硬件会将数据保存下来，在未来请求这些数据时能够快速返回。存储在缓存中的数据可能是较早计算的结果，也可能是其他数据的副本。

在缓存中如果找到了数据，我们称之为"命中"；没有找到数据，我们称之为"未命中"。从缓存中读取数据往往比从数据源中读取数据或者计算数据更快。命中的次数越多，命中率越高，往往系统响应的速度就越快。

缓存有多个种类，本节将介绍 Web 缓存。顾名思义，Web 缓存主要用来临时存储 Web 数据（如网页、图像和其他类型的 Web 多媒体），以减少服务器的延迟，提升用户体验。

Web 缓存可用于各种系统，按照 Web 内容存储的位置可分为客户端缓存和服务端缓存。

7.1.1　Redis缓存

Redis 是一个开源的键值内存存储系统，可以作为缓存中间件使用，在互联网企业中非常流行。它支持多种数据结构，如字符串、散列、列表、集合、带有范围查询的排序集等。下面我们来了解一下如何在 Python 中使用 Redis。

这里假设已经有了一个 Redis 服务，不妨认为这个服务监听本机的 127.0.0.1 的 6379 端口。首先安装 redis-py，这是一个 Python 的 Redis 客户端，提供了操作 Redis 的接口。

```
# pip install redis
Collecting redis
   Downloading https://files.pythonhosted.org/packages/ac/a7/cff10cc5f11
80834a3ed564d148fb4329c989cbb1f2e196fc9a10fa07072/redis-3.2.1-py2.py3-
none-any.whl (65kB)
    100% |████████████████████████████████| 71kB 350kB/s
Installing collected packages: redis
Successfully installed redis-3.2.1
```

使用 redis-py 的一般流程：新建到 Redis 服务的连接，调用 redis-py 的接口向 Redis 发送请求，根据请求的结果以决定下一步的业务逻辑。下面的示例将使用 Python 命令行模式来展示如何使用 redis-py：

```
>>> import redis
>>> r = redis.Redis(host='127.0.0.1', port=6379)   # 创建到Redis服务的连接
>>> r.set('foo', 'bar')         # 将foo的值设置为bar
True                            # 返回True表示操作成功
>>> r.get('foo')                # 获取foo的值
'bar'                           # foo的值为bar,和set操作设置的值一致
>>> r.expire('foo', 10)         # 设置foo的值在10s后过期
True                            # 操作成功
>>> r.get('foo')                # 过10s后再执行get操作
>>>
>>> r.set('foo', 'bar', 10)     # 调用set方法传入过期时间
True
>>> r.get('foo')
'bar'
>>> r.get('foo')
```

上面的示例在创建连接后获得一个 Redis 对象，调用对象的 set 方法设置了键为 foo、值为 bar 的键值对，用此方法返回 True；然后调用对象 get 方法获取键为 foo 的值，返回 bar。另外，通过调用 expire 方法设置过期时间 10s，10s 后再次调用 get 方法，将无法像之前一样获得 bar。也可以在调用 set 方法时传入过期时间，让存入的数据在一定时间后过期。

Redis 支持多种数据类型，这为开发页面带来了不少便利，如散列。下面是一个使用散

列数据结果的例子：

```
>>> r.hset("user:1", "gender", "male")     # 调用hset方法设置一个散列数据
1L
>>> r.hget('user:1', "gender")                 # 调用hget方法获取gender的值
'male'
>>> r.hmset("user:1", {"username": "tom", "password": "tompass"}) # 同
时设置多个键
True
>>> r.hgetall('user:1')    # 获取user:1的所有数据
{'username': 'tom', 'gender': 'male', 'password': 'tompass'}
```

散列类型常被用来表示对象，使用起来很方便。上面的例子展示了调用 hset 方法设置一个键值，调用 hget 方法获得一个键值。在需要同时设置多个键的时候，可以调用 hmset 方法；同样地，可以调用 hgetall 方法获取 user：1 的所有数据。

在 Python 语言中，列表是常用的数据结构，Redis 中也有对应的数据结构。示例代码如下：

```
>>> r.lpush("active_users", "tom")      # 结果为["tom"]
1L
>>> r.lpush("active_users", "jerry")    # 结果为["jerry", "tom"]
2L
>>> r.rpush("active_users", "may")      # 结果为["jerry", "tom", "may"]
3L
>>> r.lrange("active_users", 0, 1000) # 获取范围内的列表记录
['jerry', 'tom', 'may']
>>> r.rpop("active_users")     # 取出最右边的值,列表中的数据为["jerry", "tom"]
'may'
>>> r.lpop("active_users")     # 去除最左边的值,列表中的数据为["tom"]
'jerry'
```

上面的代码展示了使用 Redis 列表的常用操作。调用 lpush 方法在列表头插入数据；调用 rpush 方法在列表尾插入数据。调用 rpop 方法取出尾部数据；调用 lpop 方法取出头部数据。调用 lrange 方法会列出一个范围内的数据。

和 Python 一样，Redis 支持集合类型，集合是一个无序的字符串集合，如下面的代码：

```
>>> r.sadd("databases", "mysql")        # 向集合databases中加入mysql
1                                        # 操作成功
>>> r.sadd("databases", "redis")        # 向集合databases中加入redis
1                                        # 操作成功
>>> r.sadd("databases", "redis")        # 向集合databases中加入redis
0                                        # 操作失败
>>> r.smembers("databases")             # 列出databases集合
```

```
set(['redis', 'mysql'])
>>> r.srem("databases", "redis")                    # 删除集合中的某个元素
1                                                    # 操作成功
```

上面的代码展示了使用集合的常见操作。调用 sadd 方法往集合中添加一个元素，调用 srem 方法从集合中删除一个元素，调用 smembers 方法列出集合的所有元素。集合元素不允许重复，因此加入一个已经存在的元素时会返回 0，这个方法可以用来测试元素是否在集合中。

Redis 还支持有序集合，这个数据类型和集合很像，也是不重复的字符串集合。不同的是，每个元素都有一个"分数"，集合内的元素按照这个"分数"进行排序。示例代码如下：

```
>>> r.zadd("players", {"player1": 1})       # 加入player1,分数为1
1
>>> r.zadd("players", {"player2": 5})       # 加入player2,分数为5
1
>>> r.zrange("players", 0, 10, withscores=True)  # 按照分数排序并展示元素和分数
[('player1', 1.0), ('player2', 5.0)]
```

7.1.2　HTTP缓存

一般情况下，HTTP 缓存通常仅限于对 GET 请求的响应。缓存的键值通常由请求方法和目标 URI 组成。下面的页面通常是会被缓存的：

- 对 GET 请求返回状态码为 200 的响应。
- 状态码为 301（永久重定向）的响应。
- 状态码为 404 的响应。
- 状态码为 206 的响应。

HTTP 协议定义了 Cache-Control 头，用于指定请求和响应的缓存机制。通过为这个头设置不同的值可以使用不同的缓存策略。

- no-store：禁止进行缓存。不缓存任何请求和响应，每次请求都应该发送到服务器，并且下载完整响应。
- no-cache：强制确认缓存。不管本地副本是否过期，在使用本地副本前，到源服务器进行有效性校验。
- public：公共缓存。响应可以被中间人缓存，中间人如中间代理、CDN 等。
- private：私有缓存。缓存只供单个用户使用，中间人不能缓存。

- max-age：资源被认为是新鲜的最长时间。这是一个比较重要的指令，例如，通过设置 Cache-Control：max-age=2592000，服务器告诉客户端这个资源 30 天后过期。对于不怎么变动的文件来说，这个值应该尽量设置得大一些。
- must-revalidate：必须要验证。在本地副本过期前，可以使用本地副本。本地副本一旦过期，必须去源服务器进行有效性校验。

一般来说，缓存被用到的次数越多，网站的响应能力和性能就越好。有人会认为，那就应该将缓存的时间设置得越大越好。对于那些更新时间固定的资源来说，这种做法没问题，可以将过期时间设置得接近更新的周期。但是还存在资源更新不那么频繁的情况，这在网站中是很常见的。例如，JavaScript 文件和 CSS 文件更新的周期就很不固定。当这些文件更新的时候，我们希望浏览器能够马上响应，让用户能够立即用到新的功能。

缓存的资源到期后，需要对其进行验证或再次获取。需要注意的是，只有在服务器提供强验证器或弱验证器时才能进行验证。

ETag 可以作为强验证器使用。如果服务器响应中带有 ETag 头，则客户端可以在请求头中带 If-None-Match 头，以便验证缓存。

Last-Modified 可以作为弱验证器使用。如果响应中带有 Last-Modified 头，则客户端可以在请求中带 If-Modified-Since 头，以验证缓存。

当客户端发出验证请求时，服务器可以忽略验证请求，并返回状态码为 200 的响应，该响应带有完整的资源；也可以返回状态码为 304 的响应，该响应不带有内容，用于指示浏览器使用该资源的缓存。

HTTP 还会用到 Vary 字段，以指示下游在缓存时应该考虑的策略。例如，Vary:Accept 表示响应是根据请求中的 Accept 头生成的。带有不同 Accept 头的请求可能会获得不同的响应。

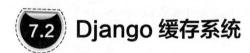

7.2 Django 缓存系统

Django 自带一个强大的缓存系统，使用这套缓存系统可以保存动态生成的页面，而不用每次都耗费大量的计算来重新渲染。同时，Django 还提供了不同的缓存粒度，如可以缓存某个视图或者整个站点。

7.2.1 配置缓存

要想正常使用 Django 的缓存系统，需要进行一些配置，这些配置会告诉 Django 缓存数据存在哪里。和 Django 的其他功能一样，缓存的配置也是在 settings.py 文件中实现的，用于配置的缓存的变量是 CACHES。

下面来看看如何在 Django 中配置使用 Redis。Django 默认不支持 Redis 作为缓存的存储后端，不过我们可以从开源项目中获得相应的工具满足我们的需求，这里我们使用 django_redis 项目来进行配置。

首先需要安装 django-redis 包，打开命令行软件，输入下面的代码进行安装：

```
# 命令行
pip install django-redis
```

安装完后，在 settings.py 文件中定义 CACHES 变量，作为缓存的配置。CACHES 和之前接触过的 DATABASES 很像，是字典类型的数据，并且可以定义多个后端，没有后端有唯一的标识符。示例代码如下：

```
# settings.py文件
CACHES = {
    'default': {
        "BACKEND": "django_redis.cache.RedisCache",        # 设置后端类的路径
        "LOCATION": "redis://127.0.0.1:6379/1",            # 缓存后端的连接方式
        "OPTIONS": {
            "CLIENT_CLASS": "django_redis.client.DefaultClient"  # 配置选项
        }
    }
}
```

在上面的配置中，定义了一个名为 default 的缓存后端。这其中：

● BACKEND 设置为 django_redis.cache.RedisCache，RedisCache 是刚才安装的库中定义的缓存类，字符串是这个类的代码路径。

● LOCATION 设置为 redis: //127.0.0.1: 6379/1，这是 Redis 服务的监听 IP 地址和端口，后面的 1 是使用的数据库编号。

● OPTIONS 定义了一些额外的参数，如连接到后端服务的客户端。

django-redis 不仅提供了基本的连接配置，而且可以配置连接池。缓存的连接池用于优化客户端到缓存服务建立连接成本太高的问题。示例配置如下：

```
CACHES = {
    "default": {
        "BACKEND": "django_redis.cache.RedisCache",
        ......
        "OPTIONS": {
            "CONNECTION_POOL_KWARGS": {"max_connections": 100}
        }
    }
}
```

这里配置了一个最大连接数量为 100 的连接池。

7.2.2　使用缓存

Django 提供了操作缓存的接口，使用这些接口可以按照业务需求缓存任意数据。要使用这些接口，首先要获取 Django 的缓存对象。示例代码如下：

```
>>> from django.core.cache import caches
>>> cache = caches['default']
# 如果default没有定义,Django会抛出InvalidCacheBackendError异常
# 上面的操作有些麻烦,Django提供了一种快捷方式获取缓存对象
>>> from django.core.cache import cache
# 上面引入的对象和caches['default']一样
```

获取缓存客户端后，就可以开始操作缓存了。调用的 API 基本上和单独使用 Redis 对象保持一致。例如：

```
>>> cache.set("some_key", "hello, redis", 30)
>>> cache.get("some_key")
'hello, redis'
# 等待30s后再次调用,缓存已经过期
>>> cache.get("some_key")
None
# get方法可以传入默认值
>>> cache.get('some_key', "has expired")
'has expired'
# 在知道缓存不存在的时候,可以使用add方法创建
>>> cache.set('new_key', 'initial value')
>>> cache.add('new_key', 'New value')
>>> cache.get('new_key')
'Initial value'
# 同时设置多个键值
>>> cache.set_many({'a': 1, 'b': 2, 'c': 3})
```

```
{'a': 1, 'b': 2, 'c': 3}
# 同时获取多个键值
>>> cache.get_many(['a', 'b', 'c'])
{'a': 1, 'b':2, 'c': 3}
```

在实际场景中，多个业务共用一个缓存服务是很常见的。毕竟，多一个缓存服务就多一份维护成本。在缓存的键值上做一些改动，是满足这个需求比较简单的做法。Django 提供了 KEY_PREFIX 设置参数来标示一个键值的方法。不同的业务可使用不同的 KEY_PREFIX，生成不同的键值，最后达到区分业务的效果。

有时候会有批量删除缓存键值的需求，满足这种需求最简单的方式是删除所有的键值，不过这可能会带来一些风险。比较好的方式是为某一批键值设置标识，根据这个标识找到所有的键值，然后批量处理。Django 提供的 VERSION 参数可以用来进行标记。示例代码如下：

```
# 设置版本号为2
>>> cache.set('my_key', 'hello', version=2)
# 不指定版本号,将找my_key
>>> cache.get('my_key')
None
# 指定版本号,将可以找到缓存
>>> cache.get('my_key', version=2)
'hello'
```

通过上面的两个例子可以看出，Django 对传入的键值其实进行了处理。实际缓存系统存储的是一个新的键值，默认的处理函数如下：

```
def make_key(key, key_prefix, version):
    return ':'.join([key_prefix, str(version), key])
```

也可以通过设置 KEY_FUNCTION 来自定义生成键值的函数。想要使用调用 Redis 对象的 API，可以通过 django_redis 获取原始的连接。示例代码如下：

```
>>> from django_redis import get_redis_connection
>>> con = get_redis_connection("default")
>>> con
<redis.client.StrictRedis object at 0x2dc4510>
```

7.2.3　缓存页面

如果条件允许，使用缓存最简单的方式是缓存整个站点。修改 settings.py 文件中的

MIDDLEWARE_CLASSES 可以很轻松地做到这一点。如下面的例子:

```
# settings.py文件
MIDDLEWARE_CLASSES = (
    'django.middleware.cache.UpdateCacheMiddleware',
    'django.middleware.common.CommonMiddleware',
    'django.middleware.cache.FetchFromCacheMiddleware',
)
```

在网站页面众多的时候,这种策略就不太实用了。实践中更常见的策略是缓存某个页面,并设置缓存过期的时间,在 Django 中相当于缓存单个视图的输出。如下面的代码:

```
# views.py文件
from django.views.decorators.cache import cache_page
@cache_page(60 * 15)
def dummy_view(request):
    # 执行业务逻辑
    ......
```

cache_page 方法接受缓存的时间作为参数。在上面的例子中,dummy_view 视图生成的内容会被缓存 15min。若要缓存视图类,则可以在 URLConf 中调用 cache_page。示例代码如下:

```
from django.views.decorators.cache import cache_page
url(r'^my_url/?$', cache_page(60*60)(MyView.as_view())),
```

Django 没有提供通用缓存函数结果的装饰器。不过,参考 cache_page,我们可以自己实现一个缓存装饰器。示例代码如下:

```
from django.core.cache import cache
from functools import wraps
def cached(function, cache_time=60):
    # 设置缓存时间
    if cache_time == 0:
        cache_time = None
    @wraps(function)
    def get_cache_or_call(*args, **kwargs):
        # 获取函数模块名
        module_name = function.__module__
        # 获取类名
        if ismethod(function):
            class_name = function.im_class.__name__
```

```
        else:
            class_name = ""
    # 获取函数名
    function_name = function.__name__
    # 使用函数模块名、类名、函数名和参数生成缓存的key
    cache_key = ''.join([module_name, class_name, function_name] + list(args))
    # 查询缓存结果
    cached_result = cache.get(cache_key)
    # 如果缓存不存在
    if cached_result is None:
        # 得到函数返回值
        result = function(*args, **kwargs)
        # 将结果存入缓存,这里要注意result是None的情况
        cache.set(cache_key, result, cache_time)
        # 返回结果
        return result
    # 如果缓存存在,则直接返回
    else:
        result = cached_result
        return result
return get_cache_or_call
```

上面的装饰器是一个示例，可将函数所在模块、函数名及参数组合起来，构成键值。如果在缓存中找到这个键值，则直接返回缓存的结果；如果找不到，则重新计算并将结果缓存起来。代码中使用 cached 的方法如下：

```
@cached(1000)
def some_func():
    result = 0
    # 做一些计算量比较大的工作并将结果存入result
    ......
    return result
```

cached 的方法也并不是一个通用的方法，读者应该根据具体的业务场景对其做适当的修改。

7.2.4 使用HTTP缓存

Vary 是一个 HTTP 响应头，它决定了对于未来的一个请求，应该是使用缓存还是向服务器发出新的请求。例如，如果网页的内容取决于客户端语言，则该响应头应该被设置为 Vary：Accept-Language。

　　默认情况下，Django 的缓存系统使用请求的完整链接作为缓存的键值，即所有请求到这个链接都会使用相同的缓存版本。如果生成的网页内容和请求的头有关，则可以使用 Vary 头来告诉缓存机制页面输出取决于哪些头。

　　Django 提供的 vary_on_headers 装饰器可方便定义要使用哪些头来定义缓存，如下面的示例代码：

```
from django.views.decorators.vary import vary_on_headers

@vary_on_headers('User-Agent')  # 定义Vary:User-Agent
def my_view(request):
    # ...
```

　　调用这个装饰器后，Django 的缓存机制将为每一个 User-Agent 缓存单独的页面。使用 vary_on_headers 的另一个优点是，如果 Vary 头已经存在，则这个装饰器会向 Vary 头中添加字段，相对于 response['Vary']='user-agent' 的写法，更能保证正确性。

　　vary_on_headers 可以接受多个值，如下面的示例代码，会告诉下游服务要根据 User-Agent 和 Cookie 头来设置缓存：

```
@vary_on_headers('User-Agent', 'Cookie')
def my_view(request):
    # ...
```

　　在实际的开发场景中，根据 Cookie 来定制缓存策略是非常常见的，因此 Django 提供了 vary_on_cookie 装饰器，如下面的两段代码完全等效：

```
@vary_on_cookie
def my_view(request):
    # ...
# 这两段代码完全等效
@vary_on_headers('Cookie')
def my_view(request):
    # ...
```

　　在业务逻辑中添加 Vary 头的内容也是可以的。例如，业务需要在执行不同逻辑时添加不同的 Vary 头，这时候可以使用 Django 的 patch_vary_headers 装饰器。示例代码如下：

```
from django.utils.cache import patch_vary_headers
def my_view(request):
    # ...
```

```
response = render_to_response('template_name', context)
patch_vary_headers(response, ['Cookie'])  # 将响应对象和头字段作为参数传入
return response
```

用户通常会面对两种缓存，一种是本地的浏览器缓存，另一种是网络服务提供商的缓存。前一种称为私有缓存，后一种称为公共缓存。公共缓存面临着隐私问题，例如，用户一定不想让自己的网站账号和密码存在公共缓存中。

HTTP 协议中的 cache-control 头用来控制这种缓存策略，Django 也提供了相应工具来定义 cache-control 头，如下面的代码：

```
from django.views.decorators.cache import cache_control
@cache_control(private=True)  # 设置响应中的cache_control为private
def my_view(request):
    # ...
```

值得注意的是，cache_control：private 和 cache_control：public 应该是互斥的，如果设置了 private，那么响应中的 private 将会被移除。和设置 Vary 头类似，Django 也提供了可以在业务中根据不同的逻辑设置不同的 cache_control 值的工具。示例代码如下：

```
from django.views.decorators.cache import patch_cache_control
from django.views.decorators.vary import vary_on_cookie
@vary_on_cookie
def list_products(request):
  # 如果用户未验证,则设置cache_control为public
    if request.user.is_anonymous():
        response = render_only_public_entries()
        patch_cache_control(response, public=True)
    else:
    # 如果用户已验证,则设置缓存时间为1h
        response = render_private_and_public_entries(request.user)
        patch_cache_control(response, must_revalidate=True, max_age=3600)
    return response
```

7.3 缓存替换策略

我们经常会把某个时间点最常用的数据放在缓存中，这些数据有时候也称为"热点数据"。应用能够从缓存中快速获取数据，从而提升应用性能。在现实中，缓存的容量是固定的，缓存应该只保存最常被访问的那些数据。

当缓存已满时，必须要有一套策略，以清理不那么重要的数据，从而让新的热点数据能够加入缓存中。

最近最少使用算法是常用的缓存替换算法（Least Recently Used，LRU）。顾名思义，该算法会优先丢弃最近最少使用的项目。要做到这一点，要求该算法必须知道缓存项目什么时候被使用。

实现跟踪缓存项目的效果是有一定代价的。一般的实现方式是消耗存储空间来记录缓存的"年龄"，并基于"年龄"跟踪"最近最少使用"的缓存。在这样的实现中，每次使用一个缓存时，它的"年龄"就会增加，如图 7.1 所示。

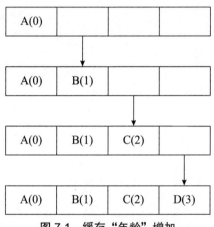

图 7.1　缓存"年龄"增加

图 7.1 所示的缓存系统一共能放下 4 块缓存，当 A、B、C、D 依次填入时，缓存系统会根据最近使用情况更新它们的"年龄"，数字越大，表示使用时间离当前时间越近。如图 7.2 所示，此时缓存空间已经被占满，要想放置其他缓存，必须要淘汰部分已有缓存。

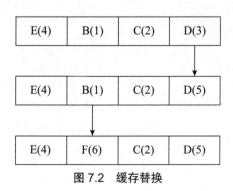

图 7.2　缓存替换

在图7.2中，当要存入新的缓存E时，由于现有的空间已满，系统发现A的"年龄"值最小，因此将其淘汰，将E放置在原来A的位置上。除了插入操作会更新"年龄"外，使用缓存也会更新"年龄"值，因此使用D后，D的"年龄"值变为5。和缓存A一样，插入新值F会占据原来B所在的位置。

Django 2.1 版本自带的内存缓存使用了 LRU 算法。缓存的替换算法还有很多，如先进先出（Fist In First Out，FIFO）算法、后进先出（Last In First Out，LIFO）算法、随机替换（Radom Replace，RR）算法等。用户可以根据业务需要选择合适的内存替换策略。LRU算法在 Django 中的实现代码如下：

```
import time
from django.core.cache.backends.base import BaseCache
from django.utils.synch import RWLock
from django.conf import settings
# 配置缓存的最大数量
MAX_KEYS = getattr(settings, 'LRU_MAX_KEYS', 1000)
class LRUCache(BaseCache):
    """
    Django本地缓存
    """
    def __init__(self, _, params):
        BaseCache.__init__(self, params)
        self._params = params
        self._cache = {}
        try:
        # 设置最大缓存键值数量
            self._max_entries = int(params.get('max_entries'))
        except:
            self._max_entries = MAX_KEYS
        self._call_seq = {}
        self._call_list = []
        self._lock = RWLock()
    def _lru_purge(self):
     # 执行LRU算法,清除缓存
        if self._cached_num > self._max_entries:
            key, val = self._call_seq.popitem()
            self.delete(key)
    def add(self, key, val, timeout=3600):
     # 添加缓存
        if not self.has_key(key):
            self.set(key, val, timeout)
    def set(self, key, val, timeout=3600):
     # 设置缓存
        self._lock.writer_enters()
```

```
    try:
        # 更新缓存 "年龄"
        self._cache[key] = (val, time.time() + timeout)
        self._cached_num = len(self._cache)
        self._refresh(key)
        self._lock.writer_leaves()
        # 清除缓存
        self._lru_purge()
    except TypeError:
        pass
def _refresh(self, key):
# 更新调用序列
    try:
        del self._call_seq[key]
    except:
        pass
    try:
        self._call_seq.update({key: None})
    except:
        pass
def get(self, key, default=None):
    # 换取缓存
    self._lock.reader_enters()
    try:
        val, exp_time = self._cache.get(key, (default, 0))
        self._lock.reader_leaves()
        # 查看是否过期,如果过期就删除
        if exp_time < time.time():
            self.delete(key)
            val = default
        else:
        # 更新 "年龄"
            self._refresh(key)
    except:
        pass
    finally:
        return val
def delete(self, key):
# 删除缓存
    self._lock.writer_enters()
    try:
        del self._cache[key]
    except KeyError:
        pass
    try:
        del self._call_seq[key]
    except:
```

```
            pass
        self._cached_num = len(self._cache)
        self._lock.writer_leaves()
    def has_key(self, key):
     # 判断键值是否存在
        return self._cache.has_key(key)
    def clear(self):
     # 清空缓存
        [self.delete(key) for key, val in self._cache.iteritems()]
```

7.4 写入策略

当系统将数据写入缓存时，必须在某些时候将数据存储到存储系统中，如数据库。这是因为，虽然缓存能够提升系统的性能，但是缓存往往存在内存中，是容易丢失的，如系统断电，或者缓存相关的进程退出。因此，选择合适的策略来持久化数据是非常重要的，下面来学习几种常见的写入策略。

7.4.1 Cache-Aside模式

许多的商业缓存提供直读（Read-Through）和直写（Write-Through）/后写（Write-Behind）操作。如果使用了这些系统，则应用程序可以通过缓存来检索数据。如果数据不在缓存中，则系统会从数据存储系统中检索数据并将其添加到缓存中。对缓存数据的修改也会自动同步到数据存储系统。

对于不提供此功能的缓存系统来说，应用程序负责缓存数据的更新。Cache-Aside 模式可以根据需要将数据从存储系统加载到缓存中。采用这种模式不仅可以利用缓存提高性能，而且有助于让缓存中的数据和数据存储系统中的数据保持一致。Cache-Aside 模式的工作过程如图 7.3 所示。

使用 Cache-Aside 模式有一些地方要注意，首先要注意缓存数据的生命周期。很多缓存系统实现了一个过期策略，即如果在指定的时间段内未访问数据，则将其从缓存中删除。要保证过期策略与应用程序的访问模式匹配。过期时间不宜设得太短，因为这会导致应用程序不断从数据存储系统中检索数据并将其添加到缓存中；同样地，过期时间也不宜设得太长，因为数据可能会过时。

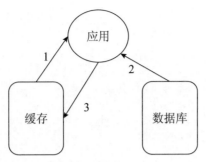

1. 判断元素是否在缓存中
2. 如果元素不在缓存中，则从数据库读取元素
3. 将元素的备份存入缓存

图 7.3　Cache-Aside 模式的工作过程

另外，需要注意数据的一致性。这种模式并不会保证数据存储系统和缓存之间的一致性。数据存储系统中的元素可能随时会被更改，这些更改不会自动同步到缓存中。在存在多个数据存储系统的系统中，数据频繁进行同步，可能会让问题变得严重。

当数据出现更新的时候，要防止出现缓存数据过期的情况，最简单的做法是先更新数据库，然后让缓存中的数据过期。这样下次查询不会命中缓存，从而从数据存储系统中重新读取，然后写入缓存。

那么为什么不在更新数据存储系统后更新缓存，而是让缓存失效呢？这里主要考虑一个并发问题。假设这里有两个进程——进程 A 和进程 B，它们先后更新数据库。如果在更新数据存储系统后更新缓存，在使用 Redis 的情况下，更新缓存是一个网络操作，有可能出现在 B 进程更新缓存后，A 进程再次更新缓存的情况。此时缓存保存的是 A 版本，也就是较旧的版本。

那么，使用 Cache-Aside 就不会有并发问题了吗？不是的，例如，一个读操作没有命中缓存，从而到数据存储系统读取数据；此时执行一个写操作，写完数据库后缓存失效；然后之前的读操作又把老的数据放了进去，这时就会产生脏数据。这个例子在理论上说明，使用这个策略也存在并发问题，不过在实际中出现并发问题的概率非常低。

在 Django 中实现 Cache-Aside 模式的示例代码如下：

```
from django.core.cche import cache
from .models import Product
def get_product_detail(product_id):
    # 从缓存获取数据
    cache_product = cache.get(product_id)
```

```
# 如果数据存在则返回
if cache_product:
    return cache_product
# 如果数据不存在,则从数据库读取数据,并缓存
else:
    product_detail = Product.objects.get(pk=product_id)
    if product_detail:
        cache.set(product_id, product_detail.title)
    return product_detail.title
```

7.4.2　Write-Through模式

和 Cache-Aside 模式不同，在 Write-Through 模式中，只要将数据写入数据库，就会在缓存中添加数据或更新数据，如图 7.4 所示。

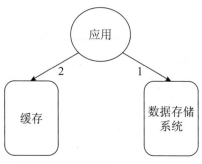

1. 写入数据存储系统
2. 写入缓存

图 7.4　Wirte-Though 模式

Write-Through 模式的工作流程如图 7.5 所示。

这个模式有两个优点：

● 缓存数据永远不会过时。由于每次将数据写入数据库时都会更新缓存数据，因此缓存数据始终都是最新的。

● 用户体验更好。每次写入数据都包括两次操作：写入数据库和写入缓存。这增加了系统的延迟。对于用户来说，相比检索数据，更新数据的延迟更能容忍。

这个模式也存在两个缺点：

● 丢失数据。在启动新缓存节点的情况下，无论是节点故障还是向外扩展，新的节点都不会有之前的数据，直到数据库有数据的添加和更新，数据才会写入缓存。

● 占用空间。在这个模式下，大部分数据可能不会用到，这无疑会占据缓存系统大量的空间。

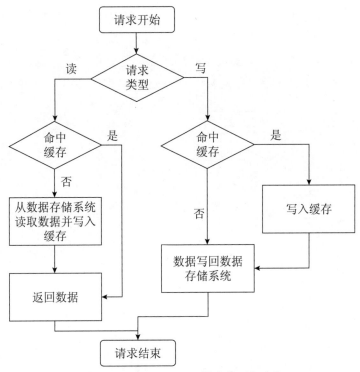

图 7.5 Write-Through 模式的工作流程

示例代码如下：

```
from django.core.cche import cache
from .models import Product
def update_product(product_id, product_title):
    proudct = Product.objects.get(pk=product)
    product.title = title
    # 写入数据库
    product.save()
    # 写入缓存
    cache.set(product_id, product_title)
```

和 Write-Through 类似的还有 Read-Through，即在读取数据的时候写入缓存。

7.4.3 Write-Back模式

Write-Back 模式和 Write-Through 模式有所不同。Write-Back 模式的写入操作最开始只对缓存生效，对数据存储的写入将会推迟。直到修改的内容要被替代时，数据才被存储到数据存储系统中。这种模式有时候又称为 Write-Behind 模式。

这个模式实现起来较为复杂。实现这种模式需要记录哪些缓存会被替换掉，在这些数据被替换的时候，才将其写入数据存储系统。Write-Back 模式的工作流程如图 7.6 所示。

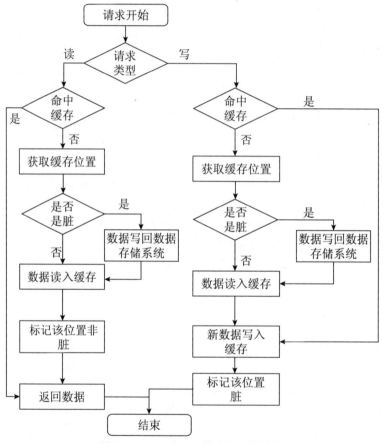

图 7.6　Write-Back 模式的工作流程

这种模式能够大幅提升系统的写入性能，可以在一定程度上应对数据库障碍，并且可以容忍一些数据库停机时间。不过使用这种策略可能会带来数据的丢失，因为缓存服务本身可能宕机。因此，在做技术选型的时候需要仔细考虑。

高可用缓存系统

7.5

由于能够有效提高系统的性能，缓存的应用越来越广泛。在很多架构中，缓存系统已经是非常关键的一部分。缓存系统的失效有时甚至意味着整个系统的宕机，引发雪崩效应。因此，人们越来越重视缓存系统本身的高可用性，开源软件中也出现了缓存高可用的方案和缓存失效的应对措施。

7.5.1　Redis集群

Redis 集群支持多个 Redis 节点以集群的方式存储数据，数据会自动分片保存。在分区的情况下，Redis 集群可以保证一定程度的可用性，即在一个节点不可用的情况下，整个集群依然可以正常提供服务。但是在大多数主节点都不可用的情况下，整个集群也会不可用。

Redis 集群是 Redis 3.0 以后版本提供的功能。其主要有两个特性：一个是数据的自动分区存储，另一个是集群的高可用性，即部分节点不可用不影响集群的可用性。Redis 集群结构如图 7.7 所示。

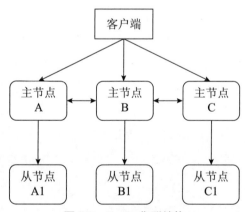

图 7.7　Redis 集群结构

Redis 集群没有使用传统的一致性哈希来分配数据，而是采用一种称为"哈希槽"的方式来分配数据。集群默认分配了 16384 个槽，在分配的时候，会采用算法 CRC16（key）%16384 的计算结果，将数据分配到不同的节点上。

Redis 集群中的每个节点负责存储数据槽的一个子集。假设有 3 个节点：A 节点存储

0 ～ 5500，B 节点存储 5501 ～ 11000，C 节点存储 11001 ～ 16383。根据公式计算结果，如果结果大于 0 而小于 5500，那么数据将存储到 A 节点上。

这种特性使增加或删除节点非常容易。要加入 D 节点，只需要将 A、B、C 的部分槽转移到 D 上；同理，要删除 C，只需要将 C 的槽转移到 A 和 B 上，当 C 节点的数据被转移和清空后，就可以删除 C 节点了。

Redis 集群支持主从模式，从节点会保存主节点的全部数据。在上面的例子中，假设 B 节点不可用，那么 5501 ～ 11000 槽将不能提供服务。此时 B1 节点会升级为主节点，系统的可用性不受影响。不过，如果 B 节点和 B1 节点同时不可用，则 5501 ～ 11000 槽不能继续提供服务。

Redis 集群不会保证数据的强一致性。部分场景可能会出现数据丢失的现象，丢失数据的第一个原因可能是 Redis 集群的主节点异步向从节点复制数据。在客户写入数据时，会经过下面的过程。

（1）数据写到主节点 B。

（2）主节点 B 返回"OK"。

（3）主节点将数据复制到从节点 B1。

可以看到，主节点 B 在向客户端返回"OK"之前，并不会等待 B1 的确认写入的回应。这样做主要出于性能考虑，因为不能让客户等待太长时间。假如第 2 步执行成功，在第 3 步执行前 B 不可用，此时 B1 会升级为新的主节点，那这次写入就永远失效了。

有的场景还可能出现网络隔离导致写入丢失的情况。假设 A、C、A1、B1、C1 和 B 之间出现了网络隔离，客户端和 B 之间的网络联通正常。客户端向 B 写入成功，如果网络没有很快恢复，B1 成为了新的主节点，那么客户端向 B 写入的数据就会丢失。

Django 并不直接支持 Redis 集群模式，我们可以使用第三方库 redis-py-cluster 来使用 Redis 集群。首先安装 redis-py-cluster，然后新建 redis_connection.py 文件，并写入代码：

```
# 命令行
pip install redis-py-cluster
# redis_connection.py文件
from rediscluster import StrictRedisCluster
startup_nodes = [
    {"host": "127.0.0.1", "port": "7000"},  # A节点
    {"host": "127.0.0.1", "port": "7001"},  # B节点
    {"host": "127.0.0.1", "port": "7002"},  # C节点
```

```
        {"host": "127.0.0.1", "port": "7003"},   # A1节点
        {"host": "127.0.0.1", "port": "7004"},   # B1节点
        {"host": "127.0.0.1", "port": "7005"},   # C1节点
]
rc = StrictRedisCluster(startup_nodes=startup_nodes, decode_responses=True)
```

后面的代码只需要从 redis_connection 模块中引入 rc 对象即可。

7.5.2　Codis集群

Codis 是一个高性能 Redis 集群方案，也是一个分布式 Redis 解决方案。对于上层应用来说，连接到 Codis 代理和连接到原生 Redis 服务没有明显的区别。上层应用可以像使用单机 Redis 一样使用 Codis，Codis 底层会处理请求的转发、不停机的数据迁移等工作。Codis 的架构如图 7.8 所示。

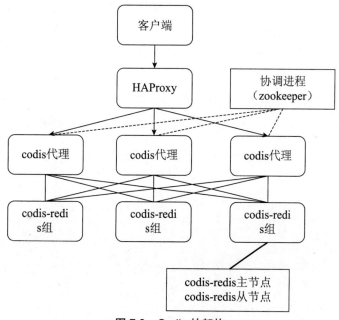

图 7.8　Codis 的架构

由图 7.8 可以看到，Codis 是一个比较复杂的解决方案，需要由专业的运维团队来负责 Codis 服务的搭建。

Codis 集群主要由以下组件组成。

- Codis 服务：基于 Redis 3.2.8 开发，支持槽相关的操作和数据迁移，可以将其看作一个 Redis 服务。
- Codis 代理：客户端连接的 Redis 代理服务，实现了 Redis 协议。同一个业务集群可以部署多个代理服务。

另外，Codis 还提供了集群管理工具、管理界面和命令行工具，用于对集群进行管理。

7.5.3　缓存穿透和雪崩

操作安装了缓存组件的系统查询数据时，一般是先查缓存，如果没有命中，则查询数据存储系统。存在这样一种情况，某个数据不存在，每次查询这个数据都不会命中，这将导致每次对这个数据进行查询都会访问缓存和数据库。

攻击者一旦发现这样的数据，就可以通过反复请求这个数据来攻击系统。一旦发生这样的情况，缓存将起不到保护后端存储系统的目的。这种访问叫作缓存穿透。

可以使用布隆过滤器来应对缓存穿透问题。布隆过滤器是一种概率数据结构，可以有效验证某个数据肯定不在集合中。它占用的空间非常小，是一种非常高效的数据结构。

Redis 4.0 以后版本提供了布隆过滤器数据结构，如果 Redis 版本太低，则可以使用第三方库来实现相关功能，如 pyreBloom。安装相关依赖包的命令行和使用示例如下：

```
# 命令行
brew install hiredis
git clone https://github.com/seomoz/pyreBloom
cd pyreBloom && pip install -r requirements.txt && python setup.py install
# Python测试代码
import pyreBloom
# 传入键值、容量和错误率
p = pyreBloom.pyreBloom('aBloomFilter', 10000, 0.01)
p.bits
p.hashes
tests = ['hello', 'how', 'are', 'you', 'today']
p.extend(tests)
p.contains('hello')   # 测试键值是否存在
# True
```

在缓存服务器重启，或者大量缓存在同一时间失效的时候，可能会有多个进程同时参与构建缓存的情况，这种情况称为"惊群"效应。多个进程同时参与重新构建缓存，会对系统造成大量压力，甚至出现后端服务崩溃，造成雪崩的情况。

避免雪崩有两种常用的方法。第一种是在缓存失效后，通过加锁或者队列来控制读数据库和写缓存的线程数量，这样可以显著降低系统压力。第二种是为不同的缓存设置不同的过期时间，让缓存失效的时间点尽量均匀。

7.6　总　　结

缓存能够有效提升网站系统的性能，在互联网中应用非常广泛，是非常重要的组件。本章首先介绍了 HTTP 定义的缓存和开源缓存软件 Redis（前者用于在客户端提供缓存，提升用户响应速度，而后者用于缓存计算的结果，能够提升服务的响应速度，提升用户体验）；然后介绍了 Django 框架自带的缓存系统，以及如何利用这个系统来编写业务代码；接下来介绍了常见的缓存替换和写入策略；最后介绍了 Redis 集群和 Codis 集群等高可用的缓存方案，以及防止缓存穿透和雪崩的方法，合理使用这些方案和方法能够有效提升缓存系统的可用性。

7.7　练　　习

练习一：缓存的作用是什么？

练习二：使用缓存有哪几种常见的模式？

第 8 章 Django 和消息队列

一个用户数量很大的网站平时会处理大量的请求。一个请求可能是 CPU 型任务，也有可能是 I/O 型任务。有些任务可能需要复杂的算法和处理复杂的上游服务调用链。处理这些任务时，要耗费大量时间和资源，服务器有可能被这些任务阻塞而无法处理更多的请求。

解决这个问题的一种常见的做法是，让应用程序将请求通过消息传递系统传递给另一个异步处理这些请求的服务。应用程序不再同步处理每一个请求。我们将解决这个问题的系统称为异步任务系统。

本章主要涉及的知识点：

- 认识消息队列：学习什么是消息队列。
- Celery 框架：学习如何在 Django 中应用 Celery 框架。
- 消息队列的最佳实践：学习如何在生产环境中应用消息队列可能遇到的问题和问题的解决方案。
- 高可用消息队列：学习高可用消息队列架构。

 ## 8.1 消息队列

消息队列允许应用程序通过彼此发送消息进行通信。在目标程序繁忙时，消息队列提供临时消息存储空间。消息队列系统一般提供异步通信协议，这意味着消息的发送方和接收方不需要同时与消息队列交互。

这和邮箱类似，在互联网还没有那么流行的时候，亲友想要与我们联系，往往会写一封信，这封信最后会寄到我们的邮箱，等我们有空的时候就打开邮箱，拿出信件，获得信件中的信息。

8.1.1 消息队列系统

队列是计算机系统中常见的数据结构。队列中的数据按照进入队列的顺序排好，等待处理。消息是发送方和接收方应用程序之间传输的数据。例如，让系统在某时某刻发送一封电子邮件，可以是一条消息。

消息队列系统的基本结构很简单。有一些应用程序称为生产者，它们创建消息并将这些消息传递到消息队列。另外一些应用程序称为消费者，它们连接到队列，获取消息并处理这些消息。放置在队列中的消息将被存储起来，直到消费者来检索它们。消息队列系统的结构如图 8.1 所示。

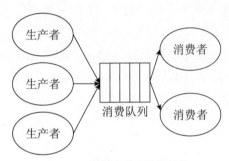

图 8.1　消息队列系统的结构

消息队列提供异步通信协议，放入消息队列的消息不需要立即得到响应。一个常见的示例是电子邮件。当发送电子邮件时，发件人可以继续处理其他事情，而电子邮件接收方无须立即响应。

若系统的一部分对系统的另一部分存在依赖，则称两者的这种关系为耦合。一般的程序设计实践推荐将系统的不同模块分开，这称为解耦。使用消息队列将生产者和消费者的逻辑解耦，因为它们不需要同时与消息队列交互。

两个系统模块之间实现解耦，意味着它们可以在不直接连接的情况下进行通信。解耦通常是系统结构良好的标志。通常来说，一个解耦的系统更容易维护、扩展和测试。

在充分解耦的系统中，若一个进程因为挂掉无法处理来自队列的消息，则其他消息依然可以添加到队列中；挂掉的进程重新起来后，可以继续处理这些消息。

将应用程序的不同部分分离并用异步的方式来进行通信有益于团队合作，因为不同的模块可以独立发展，负责不同模块的团队可以使用不同的语言进行编写。

使用消息队列后，应用程序不同模块的进程可以彼此独立。一个模块的进程永远不需要调用另一个进程，或者将通知发布到另一个进程。生产者负责生产消息，然后将消息放入队列；消费者负责从队列中获取消息，然后进行处理。这种处理消息的方式使生产者和消费者都易于扩展。

假设系统每秒都会收到许多请求，每个请求都需要很长的时间去处理，并且在业务上不允许任何请求丢失。而系统必须做到高可用并且随时准备好接受新请求，因此不能被之前收到的请求长时间占据。

在这种情况下，最好在 Web 服务和请求处理服务之间放置一个队列。Web 服务器接受到请求后，将这个请求放入队列中，然后去接受下一个请求；与此同时，另外一个进程从队列中按顺序读取消息并且处理请求。这两个进程不需要彼此等待。如果在短时间内收到大量请求，这样系统能够有效处理它们。如果请求的数量实在庞大，则消息队列将负责保留这些请求。

随着业务的发展，用户数和请求数都持续增长，如果系统要扩容，则只需要增加更多的服务器进程来处理更多的请求，以及增加更多的消费者进程来消费队列中的消息。

8.1.2　使用消息队列

在现实的应用场景中，系统管理员（专业运维）负责安装好消息队列软件，做好配置，并定义消息队列的名字以供使用。当然，随着现在云计算越来越普及，一些团队会使用云服务提供商提供的消息队列服务。

起几个进程，负责监听队列中的消息；再起几个进程，负责将消息传送到队列。消息队列服务负责存储消息，等待应用程序的连接。在很多的系统架构中，消息队列又称为消息代理（broker）。消息传递的确切语义通常有很多选项，包括如下内容。

- 持久化选项：消息可能保存在内存中，写入磁盘，如果有特殊的需求，则也可以考虑将消息写入数据库。
- 安全选项：哪些应用程序可以访问消息。
- 消息生命周期选项：为消息队列或者消息设置有效时间。
- 消息过滤选项：一些消息队列系统支持过滤数据，这样消费者只能看到符合某些要求的消息。
- 消息交付策略选项：配置是否需要保证消息至少发送一次，或者不超过一次。
- 路由策略选项：在有很多队列的系统中，配置哪些服务器应该接收消息。
- 批处理策略选项：配置消息是否应该立即发送，或者系统应该稍微等一下并尝试一次发送多条消息。
- 入队标准选项：配置将消息视为入队的标准。
- 消息消费确认选项：配置当消息被消费者接收时，是否通知消息的生产者。

在消息系统发展的早期，消息队列使用专有的封闭协议，这限制了不同操作系统和编程语言在不同环境中交互的能力。

随着时代的发展，人们认识到这种封闭协议不利于开发大规模的应用。现在已经有了新的公共协议来解决这个问题，比较常见的有 AMQP、STOMP、MQTT 等协议。一些开源的项目实现了这些协议，被许多互联网公司采用，用来构建异步系统。流行的开源软件有 RabbitMQ、Apache Kafka、NSQ 等。

8.1.3　AMQP

高级消息队列协议（Advanced Message Queuing Protocol，AMQP）是一种消息传递协议，可使符合要求的应用程序之间进行通信。0-9-1 版本是目前 AMQP 广泛使用的版本，因此 AMQP 定义的通信模型也称为 AMQP 0-9-1 模型。

实现了 AMQP 的软件通常称为消息代理。它负责从生产者接收消息，并将消息路由到消费者。AMQP 是一个网络协议，因此消息生产者、消息消费者和消息代理可以部署在不同的机器上。

AMQP 模型的工作方式如下：生产者将消息发布到交换机（exchange），交换机有点像现实生活的邮局，负责将消息分发到队列，分发的规则称为绑定。接下来代理将消息发送给订阅了队列的消费者；或者消费者从队列中主动拉取消息，如图 8.2 所示，这种模式也称为发布（publish）- 订阅（subscribe）模式。

生产者发布消息时，可以指定各种消息的属性，这种属性称为元数据。某些元数据可能被代理使用，其余部分则完全对代理透明，仅由订阅消息的应用程序使用。

由于 AMQP 是一个网络协议，在网络不可靠的情况下，可能会出现消息被消费者读取后，没有正常处理消息的情况。TCP 中有 ACK 确认报文，AMQP 也有类似的消息确认概念：当消息传递给消费者时，消费者会自动通知代理或应用程序开发者手动通知代理。当开启消息确认功能时，代理只有在收到消息的确认通知后才会从队列中删除这个消息。

生产者产生的消息首先会发送到 AMQP 的交换机，交换机接收消息，将消息路由到 0 个或多个队列。AMQP 代理提供 4 种交换类

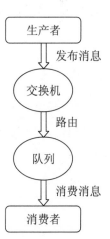

图 8.2　AMQP 模型

型，分别是直接交换（direct exchange）、扇出交换（fanout exchange）、主题交换（topic exchange）和标头交换（headers exchange）。默认的交换类型为直接交换。

直接交换根据消息中的路由键值将消息分配到队列。直接交换非常适合在单播路由中使用，它的工作方式如下：队列通过路由键值（routing_key）K 与交换机绑定；当新的消息到达时，检查消息中的键值 R，如果 R 等于 K，则将消息路由到队列中。直接交换的工作方式如图 8.3 所示。

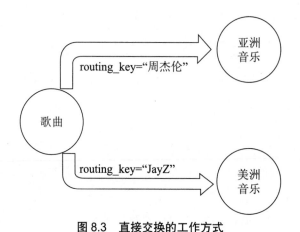

图 8.3　直接交换的工作方式

扇出交换将消息路由到绑定它的所有队列中，这时 routing_key 将被忽略。如果有 N 个队列绑定到一个扇出交换机，当有新消息到达时，新消息会被路由到这 N 个队列中。这种工作方式很适合消息广播的场景。扇出交换的工作方式如图 8.4 所示。

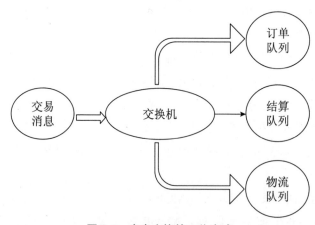

图 8.4　扇出交换的工作方式

　　主题交换根据 routing_key 与队列和交换机之间绑定的规则，将消息路由到一个或多个队列。这种交换适合于消息多播的场景。

　　标头交换有点类似于直接交换。消息中的标头属性用于进行路由，而不是 routing_key。

　　AMQP 中的队列用于存储消息。在使用队列前必须先声明队列，如果队列不存在，则先创建一个队列。队列必须要有一个名字。队列可以设置为持久化的，持久化队列会将消息存到磁盘，这样代理服务重启后，队列可以继续运行，不丢失数据。

8.1.4　使用RabbitMQ

　　RabbitMQ 是一个实现了 AMQP 的消息代理系统。该系统接收并且转发消息。现在假定本地已搭建起了一个 RabbitMQ 服务，服务监听的 IP 和端口分别是 127.0.0.1 和 5672。

　　本章将使用 Pika 包来演示如何在 Python 中使用 RabbitMQ 服务。打开命令行工具，使用 pip 安装 Pika 包。

```
# 命令行
$ pip install pika
Collecting pika
  Downloading
https://files.pythonhosted.org/packages/78/1a/28c98ee8b211be21d4a9f4ef1687c4d36f93
02d47fcc28b81f9591abf6d8/pika-1.0.1-py2.py3-none-any.whl (148kB)
    100% |████████████████████████████████| 153kB
1.0MB/s
Installing collected packages: pika
Successfully installed pika-1.0.1
```

　　接下来向搭建的消息代理发送消息，我们连接的地址是 127.0.0.1：5672，如果使用的是远程 RabbitMQ 服务，则需要将代码中的连接信息修改成相应的网络信息，同时要注意执行代码的客户端机器和远程服务的防火墙配置。

```
# send.py文件
#!/usr/bin/env python
# -*- coding: utf-8 -*-
import pika
# 创建连接
connection = pika.BlockingConnection(pika.ConnectionParameters('127.0.0.1', 5672))
channel = connection.channel()
# 声明队列
channel.queue_declare(queue='product')
```

```
# 发布消息
channel.basic_publish(exchange='',routing_key='women', body='I love shoes')
print(" [x] Sent 'I love shoes!'")
# 关闭连接
connection.close()
```

上面的代码首先创建了一个到 RabbitMQ 服务的连接对象。在发送消息之前，需要先确认队列存在，如果向一个不存在的队列发送消息，则 RabbitMQ 会丢弃这个消息。这里我们声明了一个名为 product 的队列。

在 RabbitMQ 中，消息不能直接发送到队列中，而是需要一个交换机作为中转。这里指定的 exchange 是一个空的字符串，意味着使用默认的交换机；同时指定了 routing_key，指定消息应该去哪个队列；发送的消息为 "I love shoes"。

为了方便调试，我们输出一条信息。运行这个脚本后，如果能看到 "[x] Sent 'I love shoes!'" 这样的消息，说明消息已经成功发送到 RabbitMQ 了。

接下来看消费者的代码。消费者需要从消息队列接收消息，对消息进行处理，在这里把接收的消息简单地输出到屏幕上。代码如下：

```
# _*_ coding: utf-8 _*_
#!/usr/bin/env python
# receive.py文件
import pika
# 创建连接
connection = pika.BlockingConnection(
    pika.ConnectionParameters('127.0.0.1', 5672))
channel = connection.channel()
# 声明队列
channel.queue_declare(queue='product')
# 定义回调函数
def callback(ch, method, properties, body):
    print(" [x] Received %r" % body)
channel.basic_consume(
    queue='product', on_message_callback=callback, auto_ack=True)
print(' [*] Waiting for messages. To exit press CTRL+C')
# 开始消费消息
channel.start_consuming()
```

消费者首先要连接到 RabbitMQ，确定队列是否存在，这部分的代码和生产者一样，值得注意的是，使用 queue_declare 创建队列是幂等的，可以多次运行这个命令，只有一个队列会被创建。

从队列中接收消息要复杂一些。上面的代码演示了如何注册一个回调函数，每次接收到消息，Pika 库都会调用这个回调函数。这个消费者会进入一个永远不会停的循环，等待数据并调用回调函数。

这里先执行 send.py，然后执行 receive.py。如果一切正常，则 send.py 会输出 [x] Sent 'I love shoes!'，receive.py 会输出接收到的消息。输出结果如下：

```
# python send.py
[x] Sent 'I love shoes!'
# python receive.py
[*] Waiting for messages. To exit press CTRL+C
[x] Received 'I love shoes!'
```

8.2　Django 和 Celery 框架

在使用 RabbitMQ 作为消息中间件时，生产者和消费者的代码编写不可避免地要涉及诸多与 RabbitMQ 相关的细节，如建立连接、关闭连接、处理异常等。在应该专注于业务逻辑的代码中，关心这样的细节是非常烦琐的事情。

另外，在处理业务逻辑时，可能会遇到比较复杂的情况，如一个任务依赖另外一个任务的执行结果等。在业务代码上硬编码类似的逻辑会让代码最终变得难以维护。因此，抽象出更灵活的任务模型是很有必要的。本节将要介绍的 Celery 框架就用于解决类似的问题。

8.2.1　任务类

Celery 是基于分布式消息传递的异步任务框架。它既支持实时的操作，也支持按时调度。执行的最小单元称为任务，任务既可以异步执行，也可以同步执行。

任务类是 Celery 应用的核心，它既定义了调用任务时的行为（即发送消息），也定义了接收消息时的行为。每个任务类都必须有一个独一无二的名字，发送的消息中会带上这个名字，以便消费者能够找到要执行的正确函数。

理想情况下，任务函数应该被设计为幂等的，即使用相同的参数多次调用该函数也不会产生副作用。由于消费者无法检测任务是否幂等，所以默认任务不幂等，在执行前会提前确认消息，以便已经启动的任务永远不会再次执行。

如果在设计上能保证任务的幂等性，则可以为消费者设置 acks_late 属性，让消费者执行完任务后再确认消息。如果消费者在执行任务的过程中挂掉，如机器断电或手动终止消费者进程，那么确认的任务会发送给另外一个消息者来执行。

可以使用 task 装饰器来创建一个任务类，task 装饰对象必须是可执行的，如下代码：

```
from product.models import Product
from celery import Celery
# 创建Celery应用
app = Celery('product')
# 装饰create_product方法生成一个新的任务
@app.task
def create_product(title, descriotion):
    Product.objects.create(title=title, description=description)
```

如果没有为任务明确地指定名字，那么 task 装饰器将根据定义任务的模块及任务函数名称来自动生成一个名字。也可以在创建任务时显式地指定任务的名字，最佳的做法是使用模块名作为名称空间，这样即使在另外的模块中定义了同一个名称的函数，也不会产生冲突，如下面的代码：

```
>>> @app.task(name='tasks.add')
>>> def add(x, y):
...       return x + y
>>> add.name
'task.add'
```

在任务执行出现可恢复的异常时，可以重试任务，并且可以设置重试的次数，如下面的伪代码在登录微博失败时重试 3 次：

```
@app.task(bind=True, max_retries=3)
def send_weibo_status(self, oauth, tweet):
    try:
        weibo = Weibo(oauth)
        weibo.update_status(tweet)
    except (Weibo.FailWhaleError, Weibo.LoginError) as exc:
        raise self.retry(exc=exc)
```

Celery 的任务一共有 6 种状态，它们分别如下。

● PENDING：表示任务正处于等待执行或未知状态。

● STARTED：表示任务已经开始。

● SUCCESS：表示任务执行成功。

● FAILURE：表示任务执行失败。

- RETRY：表示任务正在被重试。
- REVOKED：表示任务已经被撤销。

可以通过调用 update_state 方法来自定义任务的状态，代码如下：

```
@app.task(bind=True)
def upload_files(self, filenames):
    for i, file in enumerate(filenames):
        if not self.request.called_directly:
        # 用自定义的状态更新任务状态
            self.update_state(state='PROGRESS',
                meta={'current': i, 'total': len(filenames)})
```

8.2.2 在Django中使用Celery

Celery 3.1 版本及以后版本均支持 Django，因此不需要第三方包做中介，在 Django 中可以直接使用 Celery 包。首先安装 Celery 包，打开命令行软件，使用 pip 安装 Celery。代码如下：

```
$ pip install celery
Collecting celery
  Downloading
https://files.pythonhosted.org/packages/5c/a1/a3dd9d8bfa09156ec2cba37f
90accf35c0f4ecc3980d96cb4fb99e56504b/celery-4.3.0-py2.py3-none-any.whl
(413kB)
    100% |████████████████████████████████| 419kB
449kB/s
......
Installing collected packages: vine, amqp, kombu, billiard, celery
Successfully installed amqp-2.4.2 billiard-3.6.0.0 celery-4.3.0 kombu-4.5.0
vine-1.3.0
```

要在 Django 项目中使用 Celery，必须要定义一个 Celery 实例。项目结构如下：

```
e_shoes/
├── manage.py
└── e_shoes
    ├── __init__.py
    ├── settings.py
    ├── urls.py
    └── wsgi.py
├── product
......
```

推荐新建文件 e_shoes/e_shoes/celery.py，并在文件中声明 Celery 实例，然后在 e_shoes/e_shoes/__init__.py 文件中引入声明的实例。代码如下：

```
# 文件e_shoes/e_shoes/celery.py
# coding: utf-8
from __future__ import absolute_import, unicode_literals
import os
from celery import Celery
# 为Celery应用配置Django配置模块
os.environ.setdefault('DJANGO_SETTINGS_MODULE', 'e_shoes.settings')
app = Celery('e_shoes')
# 将命名空间配置为CELERY,所有的Celery相关配置都应该有CELERY_前缀
app.config_from_object('django.conf:settings', namespace='CELERY')
# 自动发现任务模块
app.autodiscover_tasks()

# 文件e_shoes/e_shoes/__init__.py
from __future__ import absolute_import, unicode_literals
from .celery import app as celery_app
__all__ = ('celery_app',)
```

在上面的配置中，使用 Django 的配置模块作为 Celery 的配置，这样在项目中就不需要定义多个配置文件了。然后定义 Celery 配置的命名空间 CELERY，这意味着 Celery 的配置必须要以 CELERY_ 开头，如代理配置为 CELERY_BROKER_URL。

定义任务的一个通用做法是在应用目录下创建一个 task.py 文件，在其中定义任务，定义了 Celery 实例后，还必须做一些配置，让 Celery 应用可以正确找到消息中间件服务、存储任务结果的后端服务和任务序列化格式，如下面的代码：

```
# setting.py文件
CELERY_BROKER_URL = 'amqp://guest:guest@127.0.0.1//'
CELERY_ACCEPT_CONTENT = ['json']
CELERY_RESULT_BACKEND = 'amqp'
CELERY_TASK_SERIALIZER = 'json'
```

上面定义在 settings.py 文件中的配置都是以"CELERY_"开头的，分别定义了消息中间件的访问地址、任务的序列化格式、任务结果的存储后端和可接受的任务格式。

完成上面的配置后，可以使用下面的命令行开启消费者服务：

```
# 命令行
celery -A e_shoes worker -l info
```

现在异步系统结构就变成了图 8.5 所示的结构。

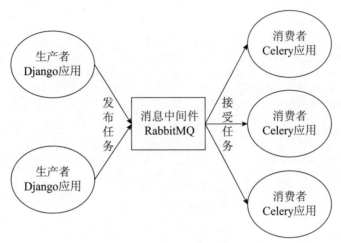

图 8.5 异步任务系统结构

假设现在有一个需求，在商品创建后向供应商发送电子邮件，我们可以用新建的异步系统来完成该需求。首先创建 e_shoes/product/tasks.py 文件，在其中定义执行电子邮件发送的任务，之后在创建商品的视图函数中调用该任务。

发送电子邮件的任务逻辑如下：获取创建的产品，得到相关供应商电子邮件列表，然后调用 send_mail 发送电子邮件。伪代码示例如下：

```python
# e_shoes/product/tasks.py文件
from e_shoes.product import Product
from e_shoes import app
from django.core.mail import send_mail
@app.task
def notify_supplier(product_id):
    product = Product.objects.get(pk=product_id)
    # 获取供应商电子邮件,返回列表,get_supplier_email_list需另外实现
    email_list = get_supplier_email_list(product_id)
    # 发送电子邮件
    send_mail(
        u'新商品创建了',
        u'商品title:%s, 商品描述: %s' % (product.title, product.description),
        'no_reply@example_e_shoes.com',
        email_list
    )
```

视图函数的逻辑如下：接受创建商品的请求，从请求的数据中创建商品对象，并存储到数据库中，然后调用 notify_supplier 将任务发送到消息队列中。代码如下：

```
# e_shoes/product/views.py文件
from django.forms import formset_factory
from django.shortcuts import redner_to_response
from product.forms import ProductModelForm  # 引入模板表单类
from product.tasks import notify_supplier
def manage_products(request):
    if request.method == 'POST':
        form = ProductModelForm(request.POST)
        if form.is_valid():
            # 保存数据并发送通知
            data = form.save()
            notify_supplier.delay(data.id)
    else:
        form = ProductModelForm()
    # 返回渲染模板
    return render_to_response('manage_products.html', 'form': form)
```

视图中调用 notify_supplier 的 delay 方法，将任务发送到消息队列中。更新代码后，重新启动消费者，会从消息队列中获取并执行这个任务。

8.2.3　定时任务

系统中经常需要定时地去执行一些任务，如每隔半个小时检查数据库中是否有脏数据，每天上午 9 点向老板发送昨天的数据报表等。简单的任务可以使用类 UNIX 系统下的 Shell 脚本编写，使用 crontab 来执行。对于更复杂并且和业务相关性更强的任务，我们希望使用 Python 语言来编写，以方便维护。

Celery 框架提供的 beat 调度器可以帮助我们解决这个问题。这个调度器会定期发布任务到消息队列，然后由集群中的可用工作节点来执行任务。这样，之前的异步任务系统结构就变成了图 8.6 所示的结构。

使用 Celery beat 调度器必须确保只有一个 beat 调度程序正在运行，不然会有重复的任务发送到消息系统中。这是一个中心化的系统，这意味着不需要同步调度器之间的状态，服务可以在不用锁的情况下运行，同时意味着该调度器面临单点故障风险。

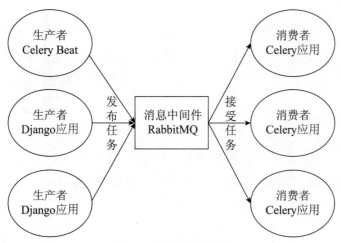

图 8.6 新异步任务系统

使用 Celery beat 比较好的实践是使用 crontab 调度类型，这个调度类型的语法和类 UNIX 系统下的 crontab 非常相似，可以实现灵活调度。例如，在每周一的上午 7 点 30 分向老板发送汇报邮件，代码如下：

```
from celery.schedules import crontab
app.conf.beat_schedule = {
    # 每周周一上午7点30分执行
    'boss-email-every-monday-morning': {
        'task': 'tasks.boss_email',
        'schedule': crontab(hour=7, minute=30, day_of_week=1),
        'args': (),
    },
}
```

使用 crontab 类型的调度还可以实现很多调度策略，例如：

● crontab( )：每分钟执行一次。

● crontab(minute=0, hour=0)：每天午夜执行。

● crontab(minute=0, hour='*/3')：每隔 3 小时执行一次。

● crontab(0, 0, day_of_month='2')：每个月的第二天执行一次。

因为调度策略和时间有关，时区的设置是必要的。Celery 会用到 Django 中的 TIME_ZONE，也可以通过设置 CELERY_TIMEZONE 来指定 Celery 应用的时区。

要启动 beat 服务，可以在命令行中使用 Celery 的 beat 子命令，也可以将 beat 服务嵌入消费者服务中，不过在生产环境中并不推荐这样做。

```
# 命令行
# 启动Celery beat服务
$ celery -A e_shoes beat
# 把beat服务嵌入在消费者服务中,在生产环境中不推荐这样做
$ celery -A e_shoes worker -B
```

8.2.4 任务路由

使用 Celery 后，Celery 会默认在消息代理上创建一个队列。如果需要执行的任务不多，则可以只使用 Celery 默认队列，所有的任务都会转到同一个队列中。

假设有 A 和 B 两类任务，A 任务执行时间长，B 任务执行时间短；同时有一个队列和四个消费者。生产者先发送 10 个 A 任务到队列，再发送 10 个 B 任务，这时会发生什么呢？我们会发现所有的消费者都在处理 A 任务，而没有消费者处理 B 任务。

解决方案是将不同任务发送到不同的队列，然后由不同的消费者执行任务。Celery 提供了队列和任务路由的配置，具体如下：

```
# e_shopes/e_shoes/settings.py文件
from kombu import Queue, Exchange
# 声明两个exchange,分别命名为default和product
default_exchange = Exchange('default', type='direct')
product_exchange = Exchange('product', type='direct')
# 设置default和product_tasks队列
CELERY_QUEUES = (
    Queue('default', default_exchange, routing_key='task.#'),
    Queue('product_tasks', product_exchange, routing_key='product.#'),
)
# 设置默认的队列名为default
CELERY_DEFAULT_QUEUE = 'default'
# 设置默认的exchange为default
CELERY_DEFAULT_EXCHANGE = 'default'
# 设置默认的routing_key为default
CELERY_DEFAULT_ROUTING_KEY = 'task.default'
# 将一个任务路由到product_tasks队列
CELERY_ROUTES = {
    'product.tasks.boss_notify': {
        'queue': 'product_tasks',
        'routing_key': 'product.notify',
    },
}
```

上面的配置声明了两个转换，分别命名为 default 和 product；声明了两个队列，分别命名为 default 和 product_tasks。在 CELERY_QUEUES 中配置队列和 exchange 的绑定关系。

设置 default 队列为默认队列，设置 defualt exchange 为默认 exchange。

CELERY_ROUTES 用于配置任务的路由。上面的配置将 product.tasks.boss_notify 任务发送到 product_tasks 队列中。

要想避免之前提到的问题，需要启动两个消费者服务，一个用于消费 default 队列中的任务，另一个用于消费 product_tasks 队列中的任务。在启动消费者进程的时候可以通过 -Q 指定要监听的队列，在命令行中输入如下命令：

```
# 命令行
# 监听default队列
$ celery -A e_shoes worker -Q default
# 监听product_tasks队列,需要另外开一个命令行终端
$ celery -A e_shoes worker -Q product_tasks
```

上面的命令会分别启动两个消费者服务，一个用于消费 default 队列中的任务，另一个用于消费 product_tasks 队列中的任务。

8.2.5　任务工作流

之前主要使用 delay 方法来调用任务，使用 delay 方法能满足大多数简单的业务需求。在一些更复杂的业务场景下，可能需要将一个任务作为参数传递给另一个任务。

Celery 提供了签名来封装单个任务，包括任务调用参数、执行选型，以便发送给其他函数。现在有一个简单的相加运算的函数 add，使用 signature 创建一个签名：

```
# tasks.py文件
@app.task
def add(x, y):
return x+y
# 命令行
>>> from celery import signature
>>> s = signature('tasks.add', args=(2, 2), countdown=10)
```

可以使用 apply_async 的 link 参数将创建的签名作为回调函数传入。任务只有在执行成功的情况下调用回调函数，并将执行的结果作为参数传递给回调函数。例如，下面的代码先计算 2+2 得到 4，再计算 4+8，得到结果 12：

```
# 命令行
# 将签名作为回调函数传入
>>> add.apply_async((2, 2), link=add.s(8))
```

Celery 还支持其他签名，如 group、chain、chord、map、startmap 和 chunks，将这些签名组合起来使用可以完成复杂的工作流。

group 可用于并行执行多个任务。调用 group 函数，传入多个签名作为参数会生成一个新的 group 签名。调用这个 group 签名会在当前进程中依次地应用任务，返回一个 GroupResult 对象，该对象可用于跟踪执行结果，如下面的例子：

```
# 命令行
# 创建有两个任务的group
>>> g = group(add.s(2, 2), add.s(4, 4))
# 执行group,计算2+2和4+4
>>> res = g()
# 获取group执行结果
>>> res.get()
[4, 8]
```

之前已经提到使用 link 进行回调，为了更方便地将任务链接在一起，Celery 提供了 chain 签名，如计算（4+4）*8*10：

```
# 命令行
>>> from celery import chain
>>> from tasks import add, mul
# 计算(4+4)*8*10
>>> res = chain(add.s(4, 4), mul.s(8), mul.s(10))
>>> res.get()
640
```

使用 chord 签名可以在所有的任务完成后调用回调函数，如对所有任务的执行结果求和：

```
# 命令行
>>> from celery import chord
>>> res = chord((add.s(i, i) for i in xrange(10)), xsum.s())()
>>> res.get()
90
```

map 签名和 Python 自带的 map 工作方式类似，它接收一系列任务，并依次执行它们，如下面的例子：

```
# 命令行
>>> from tasks import xsum
>>> ~xsum.map([range(10), range(100)])
[45, 4950]
```

8.2.6　最佳实践

第一个实践是忽略不需要的结果。Celery 默认会将任务执行的结果存储起来，存储结果会消耗一些资源和时间。如果任务执行的结果不重要，则可以设置 ignore_result 忽略结果。这个配置可以是全局的，也可以在创建任务和执行任务时配置，如下面的例子：

```python
# settings.py文件中全局配置
CELERY_TASK_IGNORE_RESULT = True
# 任务声明时设置ignore_result
@app.task(ignore_result=True)
def some_task():
    so_something()
# 执行任务时设置ignore_result
result = some_task.apply_async(ignore_result=True)
```

第二个实践是避免启动同步子任务。让一个任务等待另外一个任务是非常低效的，如果消费者进程资源耗尽，则可能还有死锁的问题。可以使用回调机制来编排之前的任务调度，使其异步化。

第三个实践是合理使用 Celery 的异常处理机制。异常处理是很多开发者会忽略的地方，在很多时候忽视任务的失败是可以接受的。但有时候任务对第三方服务有依赖，在第三方服务遇到偶发性错误的时候（如网络错误），任务也会失败，遇到这样的情况，最好使用 Celery 自带的异常捕获和重试机制。例如，在捕获到网络异常时进行重试：

```python
@app.task(bind=True, default_retry_delay=300, max_retries=5)
def my_task_a():
    try:
        do_something()
    # 在遇到网络问题时重试
    except NetworkException as e:
        self.retry(e)
```

第四个实践是任务中不要传入数据库对象作为参数。从数据库获取的对象最好不要直接传给异步任务，因为在任务执行的时候，数据可能已经过期了。比较好的实践是传入数据的标识（如 ID），异步任务在执行的时候通过标识重新获取数据。

第五个实践是添加监控。现在开源的 flower 工具提供了监控的网页。安装 flower 后可以使用 celery 子命令启动一个网站服务，网站默认的端口是 5555。

```
# 命令行
# 安装flower包
$ pip install flower
# 运行flower服务
$ celery -A e_shoes flower
```

 8.3 高可用消息队列

消息代理在 IT 企业中有着广泛的应用，是不可或缺的中间件。消息代理服务一旦宕机，对所有依赖于该服务的业务都会产生影响；如果不能快速恢复，则这会给企业带来巨大的损失。因此，保证消息代理服务的高可用性是非常必要的。

8.3.1　RabbitMQ高可用

前面我们演示使用的是单点的 RabbitMQ 服务，容易遇到单点故障。除了单点模式外，RabbitMQ 还支持集群模式，可以在单点不可用的情况下，维持服务可用。RabbitMQ 集群如图 8.7 所示。

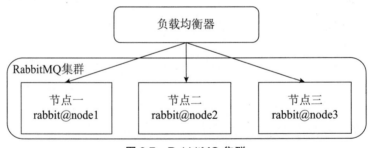

图 8.7　RabbitMQ 集群

RabbitMQ 集群中没有特殊节点，所有节点的地位都是对等的。节点之间通过 hostname 或者域名互相发现，并且互相之间使用相同的 Cookie 来验证通信。

在集群中，除了消息队列数据，所有的数据和状态都在所有节点之间复制。要在多个节点之间同步消息队列数据，可以通过队列的镜像，将数据发布到各个节点中。RabbitMQ 的每个队列都有一个主节点，该节点称为队列主节点。所有对该队列的操作都要先通过主节点，然后复制到其他节点。

发布到队列的消息将复制到所有镜像节点中。无论消费者连接到哪个节点，最后都会连到队列的主节点上。主节点确认消息被消费后，镜像节点会丢弃该消息。因此，队列镜像可以增强服务的可用性，但不会跨节点分配负载。

如果主节点发生故障，则存在最久的镜像节点将被提升为新的主节点。根据队列中设置的镜像参数，未完全同步的镜像节点也可以被提升为主节点。

将所有的节点设置为镜像节点是最保守的选择。这将为集群中的所有节点带来额外的性能压力，如网络 I/O、磁盘 I/O 和存储空间的使用。在大多数情况下，没有必要为每个队列中的所有节点设置镜像。

推荐做法是为大多数的节点设置镜像。例如，若有 5 个节点，那就为 3 个节点设置镜像；若有 3 个节点，那就为 2 个节点设置镜像。

8.3.2　NSQ系统

RabbitMQ 是非常优秀的开源软件，提供了众多优秀的工具可供用户使用，不过在生产环境中，它也有着集群难以维护和扩展的问题。另外一个优秀的开源消息中间件是 NSQ。NSQ 的设计非常简单，只需要理解 3 个核心概念即可明白。

- 主题（topics）：程序发布消息的逻辑键，在程序首次发布消息时，会创建主题。
- 通道（channels）：通道和"队列"有点相似。当一条消息发送到主题时，这条消息会复制到所有相关通道中。消费者将从指定的通道中读取消息。如果没有消费者读取消息，则通道会保存消息并排队。
- 消息（messages）：消费者读取消息后，可以选择完成消息，表明消息已经正常处理，或者对它们重新排队。

NSQ 系统的架构如图 8.8 所示。

如图 8.8 所示，NSQ 系统主要由两个组件构成：nsqd 和 nsqlookupd。

（1）nsqd。nsqd 服务是 NSQ 系统的核心。每个 nsqd 节点都是独立运行的，相互之间不共享状态。当 nsqd 节点启动时，它会向一组 nsqlookupd 节点注册自己，并广播哪些主题和通道存储在该节点上。

（2）nsqlookupd。nsqlookupd 集群有点像 consul 或者 etcd，不过在设计上没有强一致性。每个 nsqlookupd 都存储着 nsqd 节点向其注册的数据。客户端连接到 nsqlookupd 节点以确定要读取的 nsqd 节点。

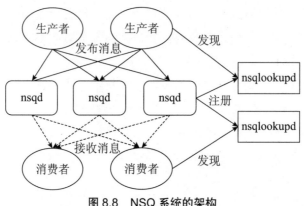

图 8.8　NSQ 系统的架构

NSQ 的协议非常简单、性能强大且易于运维。它在设计上支持分布式部署，即一个节点不可用，不影响其他节点的运行，这也使它扩展起来非常容易。不过它也有一些缺点，如不支持复制（这也是它运行简单的原因之一）。

8.4　总　　结

在现代云架构中，应用程序被分解为多个规模较小且更易于开发、部署和维护的独立构件模块。使用消息队列可以为这些分布式应用程序提供通信和协调。使用消息队列可以显著简化应用程序的编码，同时提高性能、可靠性和可扩展性。

本章首先讲解了什么是消息队列，以及在应用程序开发和运维中使用消息队列的好处；然后讲解了 AMQP，以及实现 AMQP 的 RabbitMQ 的使用方法；接下来学习了如何使用 Django 和 Celery 来构建一个简单的异步任务系统。消息队列在现代软件系统中占有非常重要的位置，保证消息队列服务本身的稳定性和高可用性是非常重要的。最后我们学习了 RabbitMQ 和 NSQ 这两个非常优秀的开源消息系统高可用的架构。

8.5　练　　习

练习一：消息队列能给系统带来什么好处？

练习二：Celery 的任务一共有几种状态？

第 9 章 Django 与安全

Web 应用程序是信息安全程序的一个分支，专门处理网站、Web 应用程序和 Web 服务的安全性；它借鉴了应用程序安全性的原则，但专门应用于 Internet 和 Web 系统。

本章主要涉及的知识点：

- Django 安全：学习 Django 中的安全中间件。
- 数据安全：学习如何使用 Django 保证用户数据安全。

 **9.1 安全中间件**

保护用户数据是网站设计的必要部分，在互联网安全意识日益加强的今天，用户对网站的安全性有着越来越高的要求。作为一个成熟的框架，Django 在发展的过程中积累了许多安全方面的功能，可帮助用户处理常见的问题。

9.1.1 跨站点脚本防护

跨站点脚本（Cross Site Scripting，XSS）是 Web 应用程序中一种常见的计算机漏洞。在 XSS 攻击中，攻击者将恶意客户端脚本注入网页，当其他用户在浏览器上打开该网页或单击某个按钮时，恶意脚本将会执行。

Django 的模板系统通过转译 HTML 文本中"危险"的特定字符来应对 XSS 攻击。例如，攻击者在上传的数据中包含了代码：

```
<script>alert('Attacker alert');</script>
```

如果简单地把这部分代码直接在浏览器上渲染，则用户打开包含恶意代码的页面时，就会弹窗提示"Attacker alert"，这无疑是非常不好的体验。现实中有更恶意的行为，例如，社交网站影响力较大的用户中了木马病毒后上传恶意脚本，在平台上扩散计算机病毒。XSS 攻击的模式如图 9.1 所示。

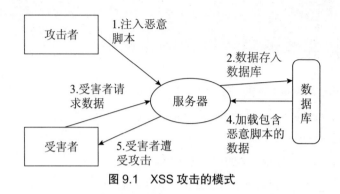

图 9.1　XSS 攻击的模式

为了应对可能存在的恶意攻击，在渲染用户上传的数据时，Django 模板会将这部分数据渲染成

```
&lt;script&gt;alert(&#39;Attacker alert&#39;);&lt;/script&gt;
```

从最后渲染的结果可以看出，Django 将 ">" 替换成了 "&gt" 将 "<" 替换成了 "&lt"，将 "'" 替换成了 "'"。这部分代码的实现路径为 django/utils/html.py，摘录如下：

```
def escape(text):
    return mark_safe(force_text(text).replace('&', '&amp;')\
        .replace('<','&lt;')\
        .replace('>','&gt;')\
        .replace('"', '&quot;')\
        .replace("'", '&#39;'))
```

经过这样的处理之后，浏览器既能够正常显示字符 <script>alert（"Attacker alert"）；</script>，也不会执行这段脚本。

XSS 攻击也有可能来自其他不受信任的数据源，如 Cookie、Web 服务的返回或者上传的文件。如果要给这些数据"消毒"，则需要另外编写代码。

9.1.2　跨站点伪造请求防护

跨站点请求伪造（Cross-Site Request Forgery，CSRF）是一种攻击，攻击者迫使终端用户在其已通过身份验证的 Web 应用程序上执行不需要的操作，执行这些操作无须用户知情或同意。

恶意网站可以通过多种方式传输这样的命令，如特制的图像标签、隐藏的表单和

JavaScript XMLHttpRequest 请求。如果用户不幸"中招"，则攻击者可以强制用户执行状态的请求，如转移资金、更改电子邮件等。

攻击者为了达成目的，会首先生成有效的恶意请求。现在假设您正在为银行开发一个网站，网站使用下面的方式完成转账：

```
Post http://bank.com/transfer.do HTTP/1.1 acct=bob&amount=100
```

攻击者（名叫"老赵"）现在创建一个恶意网页，该网页包含银行转账的表单，代码如下：

```
<form action="http://bank.com/transfer.do" method="POST">
<input type="hidden" name="acct" value="老赵"/>
<input type="hidden" name="amount" value="100000"/>
<input type="submit" value="查看我的图片"/>
</form>
```

用户打开攻击者提供的网页，单击"查看我的图片"后，100000 元人民币就被转到"老赵"的账户去了，如图 9.2 所示。

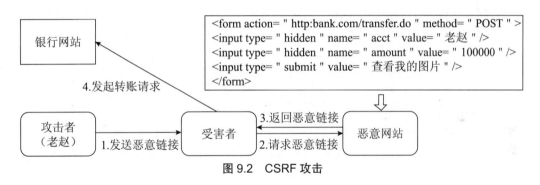

图 9.2　CSRF 攻击

Django 应对这种攻击的方式是在表单中定义包含 {%csrf_token%} 的模板标记。此令牌将包含在 HTML 文本中，代码如下：

```
<input type='hidden' name='csrfmiddlewaretoken' value='0QRWHnYV
g776y2l66mcvZqp8alrv4lb8S8lZ4ZJ UWGZFA5VHrVfL2mpH29YZ39PW' />
```

这相当于 Django 为当前用户和当前浏览器生成了一个特定的密钥，如果请求不包含该字段，或者该字段不正确，则该请求将被 Django 服务器拒绝。这样，即使用户单击了"查看我的图片"按钮，由于攻击者并不知道该字段的存在或者该字段的值，因此请求会被服务器拒绝，转账行为就不会发生了。

csrf_token 是默认开启的标签，渲染的代码路径为 django/template/defaulttags.py，关键代码摘录如下：

```
class CsrfTokenNode(Node):
    def render(self, context):
  # 从上下文中获取csrf_token
        csrf_token = context.get('csrf_token')
        if csrf_token:
            if csrf_token == 'NOTPROVIDED':
                return format_html("")
            else:
                # 渲染HTML页面
                return format_html('<input type="hidden" name="csrfmiddlewaretoken"
                              value="{}">', csrf_token)
        ......
```

Django 将 CSRF 的处理封装成了中间件 CsrfViewMiddleware，代码路径在 django/middleware/csrf.py 文件中。生成 token 的代码摘录如下：

```
class CsrfViewMiddleware(MiddlewareMixin):
    def process_response(self, request, response):
    ......
        # 设置token
        self._set_token(request, response)
        response.csrf_cookie_set = True
    ......
```

在验证请求时，服务器先从 Cookie 中获取一个 token，如果该 token 不存在，则服务器拒绝请求。然后服务器从表单请求中获取 token，如果两个 token 不匹配，则服务器拒绝请求；如果匹配，则服务器接受请求。关键代码摘录如下：

```
def process_view(self, request, callback, callback_args, callback_kwargs):
    csrf_token = request.META.get('CSRF_COOKIE')
    # 如果请求中不带token,则服务器拒绝请求
    if csrf_token is None:
        return self._reject(request, REASON_NO_CSRF_COOKIE)
    request_csrf_token = request.POST.get('csrfmiddlewaretoken', '')
    if not _compare_salted_tokens(request_csrf_token, csrf_token):
     // 如果token不匹配,则服务器拒绝请求
        return self._reject(request, REASON_BAD_TOKEN)
    return self._accept(request)
```

Django 可以设置全局或特定视图禁用 CSRF。全局禁用的方法如下。

（1）在 setting.py 中，移除或注释掉 'django.middleware.csrf.CsrfViewMiddleware'。

（2）编写禁用的中间件，并将其加入中间件列表中。示例代码如下：

```
from django.utils.deprecation import MiddlewareMixin
class DisableCsrfCheck(MiddlewareMixin):
def process_request(self, request):
    # 全局设置不检查CSRF
    setattr(request, '_dont_enforce_csrf_checks', True)
```

可以使用 csrf_exempt 装饰器禁用单个视图 CSRF 防护。示例代码如下：

```
from django.http import HttpResponse
from django.views.decorators.csrf import csrf_exempt
# 配置单视图不检查csrf
@csrf_exempt
def my_view(request):
    return HttpResponse('Hello world')
```

注意：安全无小事，在禁用 CSRF 防护时，一定要考虑周详。

9.1.3　SQL注入防护

SQL 注入是一种代码注入技术，用于攻击数据驱动的应用程序，攻击者将恶意的 SQL 语句插入输入字段中，服务器一旦接受输入并执行，数据就会遭到攻击。SQL 注入通常用于攻击网站，也可用于攻击任何类型的 SQL 数据库。

SQL 注入攻击可让攻击者篡改现有数据、破坏数据或使其不可用和成为数据库管理员，图 9.3 所示是一个 SQL 注入攻击的例子。

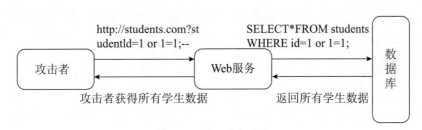

图 9.3　SQL 注入攻击

在 Django 中，几乎每次处理数据库请求都会用到模型和 QuerySet，模型会根据数据库驱动程序，生成正确的 SQL。

以 MySQL 的插入语句为例，实现的代码路径为 django/db/models/sql/compiler.py，实现类为 SQLInsertCompiler。示例代码如下：

```python
class SQLInsertCompiler(SQLCompiler):
    def as_sql(self):
        result = ['INSERT INTO %s' % qn(opts.db_table)]
        # 插入字段
        result.append('(%s)' % ', '.join(qn(f.column) for f in fields))
        ......
        # 占位符填入参数
        result.append("VALUES (%s)" % ", ".join(placeholder_rows[0]))
        params = [param_rows[0]]
        return [(" ".join(result), tuple(chain.from_iterable(params)))]
    def execute_sql(self, return_id=False):
        with self.connection.cursor() as cursor:
            for sql, params in self.as_sql():
                # 执行查询语句
                cursor.execute(sql, params)
        ......
```

可以看到，Django 使用参数来构造查询，即查询语句和参数是分开定义的。这是因为参数可能是用户提供的，可能包含不安全因素。语句的转义将由底层的数据库驱动提供。

在使用参数化查询的情况下，数据库服务器不会将参数视为 SQL 指令的一部分来处理，而是在数据库完成 SQL 指令的编译之后，才套用参数运行，因此即使参数含有恶意指令，由于已经编译完成，恶意指令也不会被数据库所运行。

另外，Django 支持开发者编写原生 SQL。如果决定使用原生 SQL，开发者需要自己处理参数问题。例如，下面的代码将参数和查询语句进行了分离：

```
>>> lname = 'Doe'
>>> Person.objects.raw('SELECT * FROM myapp_person WHERE last_name = %s', [lname])
```

9.1.4　点击劫持

恶意站点将另一个正常站点用 frame 内嵌进来，攻击者捕获用户在正常站点的操作和数据，这种攻击称为点击劫持。

防止点击劫持最流行的方法是让网站不被其他网站用 frame 嵌套进来。实现这种防护有两种方法：X-Frame-Options 头和 JavaScript 破解代码。

Django 提供的中间件 XframeOptionsMiddleware 可用来处理点击劫持，这个中间件使用 X-Frame-Options 头来进行防护攻击行为，该防护方式在大多数浏览器上有效。代码路径为 django/middleware/clickjacking.py，示例代码如下：

```
class XFrameOptionsMiddleware(MiddlewareMixin):
    def process_response(self, request, response):
        if response.get('X-Frame-Options') is not None:
            return response
        .......
        # 在返回中添加X-Frame-Options
        response['X-Frame-Options'] = self.get_xframe_options_value(request,
response)
```

其中，X-Frame-Options 的默认值是 SAMEORIGIN，表示只允许当前站点嵌套内容。

根据需求可以在项目的 settings.py 文件中修改 X_FRAME_OPTIONS 属性来改变这个行为，X_FRAME_OPTIONS 属性除了 SAMEORIGIN 外，还有另外两个选项，具体如下。

● DENY：不允许任何域名嵌套网站的内容。

● ALLOW-FROM uri：允许指定的 URI 嵌套当前的页面。

9.1.5　访问白名单

在某些情况下，Django 使用客户端提供的 Host 头构造 URL。可以通过设置 ALLOWED_HOSTS 列表，让服务仅接受来自可信主机的请求。

ALLOWED_HOSTS 列表的值可以是一个完整的域名，如 www.example.com，在这种情况下，它们将与请求的主机标头完全匹配（不区分大小写，不包括端口）。列表的值也可以是一个子域通配符，如 example.com，在这种情况下，example.com、test.example.com、www.example.com 都会通过验证。

默认情况下，这个列表是一个空的列表；在开启了 DEBUG 模式的情况下，这个列表的默认值是 ["localhost"，"127.0.0.1"，"[：：1]"]。

实现这个机制的代码路径为 django/http/request.py，代码摘录如下：

```
class HttpRequest:
    def get_host(self):
        # 获取请求中带的Host
        host = self._get_raw_host()
        allowed_hosts = settings.ALLOWED_HOSTS
```

```
        # 分离出域名和端口
        domain, port = split_domain_port(host)
        # 判断验证是否成功
        if domain and validate_host(domain, allowed_hosts):
            return host
        else:
            raise DisablloedHost(msg)
```

 9.2 数据安全

在 IT 企业中，数据是核心资产。数据丢失的事件一旦发生，不仅会造成直接的经济损失，而且会影响企业在客户和用户心中的形象和信誉。因此，保护数据是一件非常重要的工作。数据安全涉及多个方面的工作，并且和业务的相关性较大。本节将重点讨论应用层的防护和 Django 框架提供的安全选项。

9.2.1 密码保护

很多时候，开发 Web 应用需要设计一个用户系统。一旦系统涉及用户的隐私信息，开发者必须慎重对待。经常在网上能看到类似"CSDN 明文存储用户数据被泄露"这样的新闻，这样的事情一旦发生，用户对网站的信任度会直线下降。合格的开发者要把保护用户数据作为重中之重。这其中首要的就是保护账户密码。用户账户数据库经常被黑客入侵，假如网站被攻破，必须采取有效措施保护用户的密码。

很明显，用户的密码不能明文存储，一旦数据库被攻破，用户的密码也就泄露了。所以，必须采取相应措施来保护密码，以防止网站被攻破时发生信息泄露事件。最好的办法是对密码进行加密。

哈希算法是一个单向函数。它可以将任意大小的数据转化为特定长度的"指纹"，并且无法被反向计算。即使数据源只做了一丁点儿改动，哈希算法的结果也会完全不同。这使哈希算法非常适用于保存密码，因为我们需要加密后的密码无法被破解，同时能保证正确校验每个用户的密码。使用 Python 的 hashlib 示例如下：

```
# 命令行
>>> import hashlib
>>> hashlib.sha256("hello").hexdigest()
```

```
'2cf24dba5fb0a30e26e83b2ac5b9e29e1b161e5c1fa7425e73043362938b9824'
>>> hashlib.sha256("hello").hexdigest()
'2cf24dba5fb0a30e26e83b2ac5b9e29e1b161e5c1fa7425e73043362938b9824'
>>> hashlib.sha256("hbllo").hexdigest()
'58756879c05c68dfac9866712fad6a93f8146f337a69afe7dd238f3364946366'
```

不过，黑客依然能够通过一些方法来破解密码，其中比较典型的有字典攻击、暴力破解和查表法。

破解哈希加密算法最简单的方式是尝试猜测密码，对猜测的值进行哈希，并检查结果是否等于被破解的哈希值。如果相等，那么猜测的值就是正确的密码。采用字典攻击方式的攻击者会使用一个文件，这个文件包含单词、短语、公共密码和其他可能用作密码的字符串。攻击者使用文件中的字符串一个个去匹配密码，匹配成功的话，就找到了密码。暴力破解的方式类似，采用该方式的攻击者会尝试每个可能的字符组合去匹配密码，如果匹配成功，就找到了密码。

相比起来，查表法的效率比较高。这种方法会准备好一份数据，里面包含可能的密码及密码对应的哈希值。在攻击时，只需要遍历数据中的哈希值，并将其与目标哈希值进行比对，就能找到正确的密码。

查表法之所以能起作用，是因为对相同的密码进行哈希运算，其结果是一样的。我们可以加入一个随机的因子来避免这种攻击，加入的随机数称为"盐"。在检查密码是否正确的时候，我们也需要"盐"，因此它通常与哈希结果一起存储在数据库中。加"盐"后，生成密码的过程如图 9.4 所示。

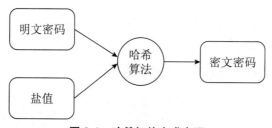

图 9.4 哈希加盐生成密码

盐值确保攻击者不能使用查表法之类的攻击方法来快速破解密码，但是它不能阻止暴力破解和字典攻击。高端显卡和自定义硬件每秒可计算数十亿个哈希值，因此这些攻击依然有效。

为降低暴力破解的攻击速度，可以使用慢哈希函数来对密码进行加密，让攻击者即使投入价格高昂的设备，仍不能在短时间内破解成功。常用的慢哈希算法有 PBKDF2 和 bcrypt。

在这方面，Django 提供了一个非常好的例子。Django 采用哈希加盐方法来保存密码，并且默认使用了 PBKDF2 算法。代码路径为 django/contrib/auth/hashers.py，生成密码的代码如下：

```python
class PBKDF2PasswordHasher(BasePasswordHasher):
    # 算法为pbkdf2_sha256
    algorithm = "pbkdf2_sha256"
    # 迭代次数
    iterations = 180000
    digest = hashlib.sha256
    def encode(self, password, salt, iterations=None):
        ......
        # 生成密码,密码构成为算法+迭代次数+盐+哈希值
        hash = pbkdf2(password, salt, iterations, digest=self.digest)
        hash = base64.b64encode(hash).decode('ascii').strip()
        return "%s$%d$%s$%s" % (self.algorithm, iterations, salt, hash)
    def verify(self, password, encoded):
        # 解析出算法、迭代次数、盐和哈希值
        algorithm, iterations, salt, hash = encoded.split('$', 3)
        assert algorithm == self.algorithm
        # 计算出哈希值,并将其与存入的哈希值进行比对
        encoded_2 = self.encode(password, salt, int(iterations))
        return constant_time_compare(encoded, encoded_2)
```

9.2.2　安全连接

用户在享受互联网带来的便利时，也容易受到欺骗和攻击。例如，攻击者拦截在用户和某个用户常用的网站之间，收取双方消息，并注入新的消息，以达到获取用户身份、银行卡等有价值的信息的目的，这种攻击方式称为"中间人攻击"，如图 9.5 所示。

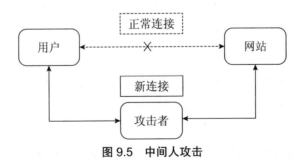

图 9.5　中间人攻击

要防范"中间人攻击"，在网站上采用 HTTPS 是很好的方式。HTTPS 是超文本传输协议的扩展，它能够使计算机网络进行安全通信。HTTPS 使用传输层安全（Transport Layer Security，TLS）协议或安全套接层（Secure Sockets Layer，SSL）对通信进行加密。

服务端和客户端仍然使用 HTTP 进行通信，在通信过程中通过安全连接来加密和解密它们的请求和响应。HTTPS 主要做了两件事：

（1）对访问的网站进行身份验证；

（2）传输过程中保护交换数据的隐私和完整性。

客户端和服务端之间采用了双向加密，可以防止窃听和篡改数据，这在一定程度上保证了用户浏览网页时不会被冒名顶替者欺骗。HTTPS 建立连接的过程如图 9.6 所示。

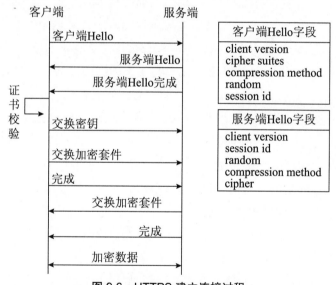

图 9.6　HTTPS 建立连接过程

从形式上看，SSL/TLS 证书只是一个文本文件，任何人都可以利用一些现有的工具轻易创建一个证书。防止这种情况的有效办法是数字签名。它允许一方验证另一方的合法性。有两种情况可以让用户信任一个证书：

（1）这个证书在用户信任的证书列表中；

（2）这个证书能够证明自己被证书列表的证书控制器所信任。

第一种情况很简单。计算机和浏览器都会预先安装来自证书颁发机构（CA）的可信 SSL 证书列表。用户可以查看、添加、删除这些证书，在现实场景中，这些证书会由

Symantec、Comodo 等非常安全、可靠性高的组织来颁发。第二种情况会复杂一些，需要用到数字签名。

SSL/TLS 证书会用到公钥 / 私钥对。公钥作为证书的一部分被公开，而私钥需要得到很好的保护。这对非对称密钥通过在 SSL 握手中用于交换双方的另一个密钥来对数据进行加密和解密，即客户端使用服务器的公钥来加密对称密钥，并将其安全地发送到服务器，然后服务器使用其私钥对其进行解密。任何人都可以使用公钥进行加密，但只有服务器可以使用私钥进行解密。

数字签名的使用正好相反。证书由一个权威机构"签署"，权威机构在证书上记录"我们已经证实此证书的控制者拥有对证书上列出的域名具有控制权"。

记录的方式如下：授权机构使用其私钥对证书的内容进行加密，并将该密文附加到证书上，作为数字签名。任何人都可以使用授权机构的公钥解密这个签名进行验证。因为只有授权机构才能使用私钥加密内容，所以只有授权机构能够真正创建一个有效的签名。

因此，如果服务器生成拥有由 Symantec 公司签署的微软证书，那么浏览器不必相信它。只需要用 Symantec 公司的公钥来验证证书上的签名，如果有效，那这个证书就是合法的。Symantec 公司会采取措施确保其签署的组织确实拥有 microsoft.com 域名。如果客户端信任 Symantec 公司，那么也可以信任该证书。

在技术上，用户并不需要验证是否应该信任发送证书的一方，而是应该信任证书包含的公钥。SSL 证书是完全公开的，因此任何攻击者都可以获取微软证书，拦截客户对 microsoft.com 的请求，并向其提供合法证书。

但是，在实际通信中，客户端会从证书中获得微软公钥，并用它来加密会话。由于攻击者没有微软私钥，因此无法解密用户上传的数据，通信也就无法进行了。

对于 Django 应用来说，如果想要得到 HTTPS 提供的保护，并在服务器上启用，可能还需要一些配置：

（1）设置 SECURE_SSL_REDIRECT 为 True，这会将 HTTP 的请求重定向到 HTTPS。

（2）如果浏览器最初通过 HTTP 连接（这是大多数浏览器的默认设置），现有的 Cookie 可能已经泄露了。这时应该设置 SESSION_COOKIE_SECURE 和 CSRF_COOKIE_SECURE 为 True，告诉浏览器仅通过 HTTPS 连接发送这些 Cookie。

以上配置有些是 Django 应用直接响应用户请求时需要设置的。按照 LNMP（Linux+Nginx+MySQL+Python）架构，应该由 Nginx 来处理 HTTPS 相关的配置。假设服务的域名是 www.example.com，Django 应用监听的 IP 和端口分别为 172.0.0.3 和 8080，对应的 Nginx 配置示例如下：

```
upstream e_shoes {
    server 172.0.0.3:8080;
}
server {
    listen               443 ssl;
    server_name          www.example.com;
    ssl_certificate      www.example.com.chained.crt;
    ssl_certificate_key www.example.com.key;
    location / {
     proxy_pass http://e_shoes;
     }
}
```

9.2.3 请求签名

使用 HTTPS 也不能完全保证通信安全。如果攻击者用某种方式让用户相信了假冒的证书和公钥，那么其还是能够进行中间人攻击的。在这种情况下可以使用密码签名，以判断请求和相应的数据是否被攻击者篡改。请求签名多用于下面的场景：

（1）生成"找回账号"链接，让遗忘了密码的用户找回账号；

（2）确保表单中的数据没有被篡改；

（3）生成一次性秘密的 URL 来允许对某些资源临时访问，如生成下载文件的链接。

Django 提供了一些有用的 API 来帮助开发者对数据进行加密签名。当使用 startproject 命令创建新的项目时，settings.py 文件中会有一个 SECRET_KEY 变量，这个变量是签名数据的关键，必须要妥善保护。

Django 用于签名的代码位于 django.core.signing 模块中，使用示例如下：

```
# python manage.py shell
>>> from django.core.signing import Signer
>>> signer = Signer()
# 对数据进行签名
>>> value = signer.sign(u'测试数据')
# 签名结果包含原数据和签名值
>>> value
'\xe6\xb5\x8b\xe8\xaf\x95\xe6\x95\xb0\xe6\x8d\xae:m0f77CkGkq0bh29FXkQtwdd3oaI'
# 还原值
>>> origin = signer.unsign(value)
>>> origin
```

```
u'\u6d4b\u8bd5\u6570\u636e'
# 对签名后的数据进行修改后,不能正确还原
>>> value += 'm'
>>> origin = signer.unsign(value)
Traceback (most recent call last):
  File "<console>", line 1, in <module>
  File "/usr/local/lib/python2.7/site-packages/django/core/signing.py",
line 181, in unsign
    raise BadSignature('Signature "%s" does not match' % sig)
BadSignature: Signature "m0f77CkGkq0bh29FXkQtwdd3oaIm" does not match
```

可以看到,调用 sign 方法对数据签名后,得到的结果包含了原数据和签名。签名结果调用 unsign 方法能成功还原数据;如果对签名结果有修改,将抛出 signing.BadSignature 异常,这意味着数据已被篡改。

和加密密码一样,如果不希望相同的字符串每次出现都具有一样的签名,则可以在签名的时候"加点儿盐"。示例代码如下:

```
# python manage.py shell
>>> value = signer.sign(u'测试数据')
>>> signer.sign(u'测试数据')
'\xe6\xb5\x8b\xe8\xaf\x95\xe6\x95\xb0\xe6\x8d\xae:m0f77CkGkq0bh29FXkQtwdd3oaI'
>>> signer = Signer(salt='extra')
>>> value = signer.sign(u'测试数据')
'\xe6\xb5\x8b\xe8\xaf\x95\xe6\x95\xb0\xe6\x8d\xae:Lh9jRp23SIj095gDN6WCZxV-_j8'
>>> signer.unsign(value)
u'\u6d4b\u8bd5\u6570\u636e'
```

另外,Django 还提供了 TimestamSigner 来验证数据是否在指定时间签名,如果过了签名时间,将抛出异常。示例代码如下:

```
# python manage.py shell
>>> from django.core.signing import TimestampSigner
>>> signer = TimestampSigner()
>>> value = signer.sign('hello')
>>> signer.unsign(value)
u'hello'
>>> signer.unsign(value, max_age=1)
......
SignatureExpired: Signature age 16.0660870075 > 1 seconds
>>> signer.unsign(value, max_age=100)
u'hello'
```

9.2.4　重放攻击

即使使用 HTTPS 保证了通信安全，攻击者仍然可以捕获到通信流量。尽管不知道流量内容的含义，攻击者却仍然可以使用抓取的流量重新构造数据报文，对服务再次发起请求或延迟一段时间后发起请求，以达到自己的特殊目的。这种攻击手段称为"重放攻击"。

例如，用户 A 在向网站验证身份时，需要发送自己的用户名和密码；攻击者窃听了这次的验证请求，并保留了请求的数据报文。随后攻击者向网站验证身份时，发送自己保留的报文。服务器以为发送请求的是用户 A，通过验证，此时攻击者就能以 A 的身份登录网站了。重放攻击的过程如图 9.7 所示。

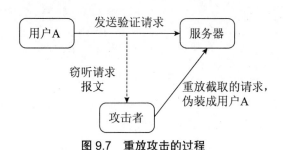

图 9.7　重放攻击的过程

防止重放攻击通用的思路是为每一次会话或请求生成一个独一无二且只能使用一次的标识。应对重放攻击有 4 种比较常见的手段。

第一种手段是生成会话令牌。工作方式如下：

（1）服务端生成一次性使用的令牌并将其发送给客户端。客户端用这个令牌转换密码并发送给服务端。

（2）服务端用令牌对存储的密码进行同样的计算，与上传的结果进行匹配。

（3）只有在匹配成功的情况下才验证用户登录成功。

（4）攻击者捕获双方的通信报文，并向服务端发起登录请求；服务端此时生成不同令牌并返回。攻击者截取的流量中的令牌和此时服务端的令牌不一致，因此验证不通过。

第二种手段是生成一次性密码（OTP）。它和会话令牌很类似，生成的密码会在一段时间后过期。例如，谷歌验证器生成的就是一次性密码。

第三种手段是使用随机数和消息验证码。

第四种手段是时间戳。采用这种方式，服务端需要定时广播，在时间上和客户端达成同步。客户端在发起请求的时候带上当前的时间戳，服务端结合自己的时间对收到的时间戳进行验证。只有当前时间和请求的时间戳的差值在一定时间范围内时，服务端才接受请求。

下面通过一个例子来演示如何通过验证时间戳来应对重放攻击。客户端和服务端约定：将请求头重的 nonce 字段中的值作为校验的对象；客户端和服务端约定好密钥对，客户端持有公钥，服务端持有私钥，用于对 nonce 字段的值进行加密和解密。

对于包含隐私数据的请求，客户端每次都会带上 nonce 值，客户端生成 nonce 并带入请求。Python 示例代码如下：

```
import time
import request
nonce = int(time.time())
# 请求主页
r = requsts.get("https://e_shopes.example.com/login", headers={"nonce": nonce})
```

服务端收到请求后，将 nonce 头提取出来，与服务器当前时间戳进行比较，如果当前时间小于 nonce 或者超过 nonce 60s，则服务端将拒绝请求。在实际场景中，并不是所有的视图都需要验证 nonce，因此可将验证 nonce 功能实现为一个装饰器，方便添加。验证装饰器的实现示例如下：

```
# coding=utf-8
from functools import wraps
from django.utils.decorators import available_attrs
import time
# 装饰器名为nonce_validate
def nonce_validate():
    def _nonce_validate(view_func):
        @wraps(view_func, assigned=available_attrs(view_func))
        def _wrapped_view(request, *args, **kwargs):
            # 从请求中获取nonce值
            nonce = request.META.get("HTP_nonce", None)
            if nonce:
                time_interval = int(time.time()) - int(nonce)
                # 不满足条件则抛出异常
                if time_interval < 0 or time_interval > 60:
                    raise Exception(u"nonce验证失败")
            # 获取nonce失败抛出异常
            else:
                raise Exception(u"缺少nonce头")
            return view_func(request, *args, **kwargs)
        return _wrapped_view
```

```
    return _nonce_validate
# 使用示例
@nonce_validate
def my_view(request):
  pass
```

如果要对所有的请求都进行时间戳验证，则可以用同样的验证逻辑实现一个中间件。在实际场景中，客户端和服务端一般会约定密钥对来对 nonce 值进行签名和验证。验证的过程稍微复杂一些，我们会在第 10 章继续讲解。

 9.3　总　　结

互联网上存在着别有目的的黑客组织，他们会用各种手段套取他人的信息，这些攻击手段有跨站点脚本攻击、跨站点伪造请求攻击、SQL 注入攻击、点击劫持、中间人攻击、重放攻击等。

Django 框架提供了大量工具来应对这些攻击。这些工具大多以中间件的形式嵌入应用中，使用起来非常方便。本章介绍了这些攻击手段的原理和从源码中分析 Django 应对这些攻击的方式。另外，本章还介绍了密码加密技术和 HTTPS 工作原理，并以加密签名技术为例介绍了多种应对重放攻击的方式。

 9.4　练　　习

问题一：我们能完全避免暴力破解吗？为什么？

问题二：HTTPS 的证书是如何工作的？

第 10 章　Django 和访问控制

在实际运行中，网站可能有多种用户，不同用户使用网站的方式是不同的。例如，对于简单电商网站来说，其有终端用户、供应商和网站管理员 3 种不同类型的用户。系统应该能够识别不同类型的用户的身份，并且对不同类型的用户开放不同的资源访问权限。

本章主要涉及的知识点：

- 认证系统：学习多种验证用户身份的方法和如何在 Django 中实现这些方法。
- 访问控制策略：学习多种访问控制策略和如何应用这些策略。

10.1　认 证 方 式

用户身份验证是用来确认尝试登录或访问资源的用户标识的过程，是保护网站和用户数据安全的必要措施。在互联网发展的历史中出现了多种认证用户的方法，它们有着各自的特定应用场景。Django 提供了一些现成的工具，使用这些工具可以很方便地开发或自定义认证系统。

10.1.1　HTTP基本访问认证

HTTP 基本访问认证是一种简单的认证方式，大家经常使用的用户名加密码登录方式很多时候就是采用了这种认证方式。在这种认证方式中，请求需要包含 Authorization 头，内容为 Basic < 凭证 >，凭证字符串是由冒号连接用户名和密码，然后用 Base64 进行编码后的结果。HTTP 基本访问认证流程如图 10.1 所示。

与 Django 认证相关的模块都在 django.contrib.auth 中，需要做一些配置来开启。修改 settings.py 文件中的 INSTALLED_APPS

图 10.1　HTTP 基本访问认证流程

和 MIDDLEWARE_CLASSES 配置，代码如下：

```python
# settings.py文件
INSTALLED_APPS = [
    ......
    # 身份验证框架的核心应用,包含默认的模型
    'django.contrib.auth',
    # 允许权限与创建的模型相关联
    'django.contrib.contenttypes',
    ......
]
MIDDLEWARE = [
    ......
    # 管理会话的中间件
    'django.contrib.sessions.middleware.SessionMiddleware',
    # 使用会话将用户与请求相关联
    'django.contrib.auth.middleware.AuthenticationMiddleware',
    ......
]
```

借助 Django 提供的工具，可以很方便地在服务端实现基本访问认证的功能。示例代码如下：

```python
# _*_ coding: utf-8 _*_
from functools import wraps
# 装饰器实现基本认证功能
def http_basic_auth(func):
    @wraps(func)
    def _decorator(request, *args, **kwargs):
        from django.contrib.auth import authenticate, login
        if request.META.has_key('HTTP_AUTHORIZATION'):
            # 获取Authorization头
            authmeth, auth = request.META['HTTP_AUTHORIZATION'].split(' ', 1)
            # 如果采用basic认证方式
            if authmeth.lower() == 'basic':
                # 解码用户名和密码
                auth = auth.strip().decode('base64')
                username, password = auth.split(':', 1)
                # 验证用户,并登录
                user = authenticate(username=username, password=password)
                if user:
                    login(request, user)
        return func(request, *args, **kwargs)
    return _decorator
```

在上面的代码中，首先从请求中获取 Authorization 头的内容，Django 会将所有的头加上 HTTP_ 前缀，并将其转换为大写形式，因此获取 Authorization 头的代码为 request.META['HTTP_AUTHORIZATION']。

如果获取到头内容，则将其用 Base64 进行解码，获取用户名和密码，尝试进行验证和登录。http_basic_auth 是一个装饰器，实现了基本访问控制功能。使用示例如下：

```
@http_basic_auth
@login_required
def my_view(request):
    ......
```

10.1.2　访问令牌

在客户端调用服务端 API 时，访问令牌是常用的认证方式。访问令牌可以是不透明的字符串或 JSON Web 令牌。令牌告诉 API 服务，令牌的持有者已被授权访问 API 并被授权执行某些特定操作。访问令牌的工作方式如图 10.2 所示。

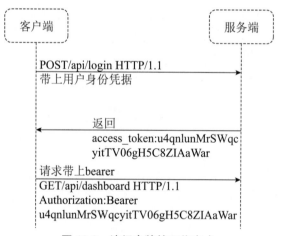

图 10.2　访问令牌的工作方式

访问令牌的优点如下。

（1）令牌是无状态的。令牌包含了验证所需的所有信息，这样使服务器不必存储会话状态，有利于系统的弹性伸缩。

（2）令牌的生成和验证分离。这使"单点登录"实现起来很方便。

（3）访问控制粒度的控制更细。通过令牌可以轻松指定用户角色和权限，以及用户可以访问的资源。

JSON Web 令牌（JWT）是现在流行的令牌实现方式。一个 JWT 包含 3 部分：头、有效载荷和签名。对头和有效载荷进行 Base64 编码后，用一个 "." 将其连接起来，最后通过算法生成签名。

头记录一些令牌的元数据，包括令牌类型和用于签名的哈希算法。有效载荷包含令牌的声明数据。一个 JWT 的例子如下：

```
eyJ0eXAiOiJKV1QiLCJhbGciOiJIUzI1NiJ9.eyJtZXNzYWdlIjoiSldUIFJ1bGVzISIsIm
lhdCI6MTQ1OTQ0ODExOSwiZXhwIjoxNDU5NDU0NTE5fQ.-yIVBD5b73C75osbmwwshQNRC7
frWUYrqaTjTpza2y4
```

令牌内容并没有加密，因此需要加入签名，以防止信息内容被篡改。如果不知道签名的密钥，而对信息进行了篡改，则服务端进行校验时会判定校验不合法，从而拒绝请求。

现在基于 Django 实现一个简单的 JWT 验证功能。JWT 的实现采用 pyjwt，首先对其进行安装和测试，代码如下：

```
# 命令行
$ pip install pyjwt
......
Successfully installed pyjwt-1.7.1
# Python命令行
>>> import jwt
# 生成JWT
>>> encoded_jwt = jwt.encode({'some': 'payload'}, 'secret', algorithm='HS256')
>>> encoded_jwt
'eyJhbGciOiJIUzI1NiIsInR5cCI6IkpXVCJ9.eyJzb21lIjoicGF5bG9hZCJ9.4twFt5Nizn
N84AWoo1d7KO1T_yoc0Z6XOpOVswacPZg'
# 解析出JWT
>>> jwt.decode(encoded_jwt, 'secret', algorithms=['HS256'])
{u'some': u'payload'}
```

接下来在视图中实现生成 JWT 的功能，实现的逻辑如下：先从请求中获取用户的凭据（简单起见，假设采用用户名加密码的形式），验证通过后生成 JWT，返回给用户。代码如下：

```
import jwt, json
from django.contrib.auth import authenticate
# 简单起见,使用Django自带的User模型
from django.contrib.auth import User
from django.http import JsonResponse
```

```
from django.views import View
from django.conf import settings
# 基于类的视图
class Login(View):
    def post(self, request, *args, **kwargs):
    # 从请求中获取用户名和密码,这里忽略实现
        username, password = get_credentials(request)
        # 验证用户
        user = authenticate(username=username, password=password)
        # 用户验证通过
        if user:
            payload = {'id': user.id, 'email': user.email}
            jwt_token = {'token': jwt.encode(payload, settings.SECRET_KEY)}
            # 返回jwt_token
            return JsonResponse(jwt_token, status_code=200)
        # 验证失败
        else:
            return JsonResponse({'err' :'Unauthorized'}, status_code=401)
```

在用户获取到 JWT 后,下次请求会在 Authorization 头中带上这个令牌,服务端接受令牌后,先对令牌进行验证,验证通过后正常返回数据。代码如下:

```
import jwt
import json
from django.conf.settings import SECRET_KEY
from django.http import JsonResponse
# 简单起见,使用Django自带的user模型
from django.contrib.auth import User
class IndexView(View):
    def get(self, request, *args, **kwargs):
        # 获取Authorization头
        authmeth, jwt_token = request.META['HTTP_AUTHORIZATION'].split(' ', 1)
        if authmeth.lower() == 'bearer':
            # 从头中获取签名算法
            alg = json.loads(jwt_token.split('.')[0].decode('base64')).get('alg')
            # 获取有效载荷
            payload = jwt.decode(jwt_token, SECRET_KEY, algorithms=[alg])
            try:
                user = User.objects.get(email=payload['email'],
                        id=payload['id'], is_active=True)
            except User.DoesNotExist:
                return JsonResponse({'err' :'Unauthorized'}, status_code=401)
            # 正常返回数据
            data = {}
            return JsonResponse(data, status_code=200)
        ......
```

以上实现相当简单。在实际应用中，JWT 会带有令牌的生命周期、用户的操作权限等内容，读者应该根据业务需求自行定制。

10.1.3　签名验证

在对安全性要求较高的场景下，有时候会用到签名验证。签名会以下列方式保护请求。

（1）验证请求者的身份。签名可确保具有有效访问密钥的人员发送了请求。

（2）保护传输数据。为了防止请求在传输过程中被篡改，请求中的一些元素会被用来计算请求的摘要，并将摘要包含在请求中。

（3）防止潜在的重放攻击。可以设置请求的有效声明周期，超过某个时间范围的请求将被拒绝。

要完成签名验证，用户首先要生成一个密钥，通常服务器会提供一些工具来帮助用户生成这样的密钥，用户和服务器都保存这个密钥。签名验证的过程如图 10.3 所示。

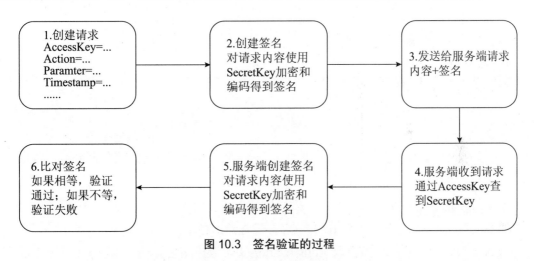

图 10.3　签名验证的过程

现在以一个 GET 请求为例来简单实现应用了签名认证的请求和响应。在请求开始前，用户生成了密钥 ACCESS_SECRET_KEY 和该密钥的标识 ACCESS_KEY_ID，服务器通过 ACCESS_KEY_ID 能够找到密钥。客户端生成请求的示例代码如下：

```
# coding=utf-8
import hashlib, hmac
# 使用requests库发起HTTP请求
```

```
import requests
# 请求凭据
ACCESS_KEY_ID = 'xxxxxxxx'
SECRET_ACCESS_KEY = 'xxxxxxxxx'
# GET方法
method = 'GET'
endpoint = 'http://example.shoes.com'
# 请求的资源地址
canonical_uri = '/'
# 请求参数
parameters = {'action': 'get_product', 'version': '2019-05-21'}
# 签名算法
algorithm = 'HMAC-SHA256'
def get_signature(alg, http_method, request_parameters, uri):
    # 生成签名加入Authorization头
    # 参数进行排序
    sorted_parameters = sorted(request_parameters.items(), key=lambda d: d[0])
    canonical_querystring = "&".join(p[0]+'='+p[1] for p in sorted_parameters)
    canonical_request = http_method + '\n' + uri + '\n' + canonical_querystring
    # 签名
    string_to_sign = alg + '\n' + '\n' + hashlib.sha256(
        canonical_request.encode('utf-8')).hexdigest()
    sign = hmac.new(SECRET_ACCESS_KEY, string_to_sign.encode('utf-8'),
        hashlib.sha256).hexdigest()
    return sign
signature = get_signature(algorithm, method, parameters, canonical_uri)
# 构建Authorization头
authorization_header = 'CANONICAL ' + algorithm + ' ' + ACCESS_KEY_ID + ' ' + signature
headers = {'Authorization': authorization_header}
# 发送请求
r = requests.get(endpoint, headers=headers, params=parameters)
```

在客户端使用 requests 包来发送 HTTP 请求，使用前需要先安装。为了保证参数的顺序不影响最终的签名，在签名前对参数做排序，生成新的参数字符串。在 Authorization 头中注明签名算法、ACCESS_KEY_ID 和签名，发送给服务端。

服务端收到请求后，首先提取 Authorization 头，取出签名算法、用户的访问密钥和签名；然后计算出新的签名，并将其和 Authorization 中的签名进行比较，如果相等则验证通过，如果不相等则拒绝请求。代码如下：

```
def some_view(request):
    authmeth, alg, access_key, signature = request.META['HTTP_AUTHORIZATION'].
split(' ')
    secret_key = get_secret_key(access_key)
    if request.method == 'GET':
```

```
        sign = get_signature(alg, request.method, request.GET, request.path,
secret_key)
        if sign == signature:
          ......
        else:
          return HttpResponse("Authorized fail",status_code=401)
    ......
```

10.1.4　OAuth2 验证

我们在前面章节中做的女士鞋网站现在调整业务方向，调整后，网站的主要顾客是职场女性。因此，考虑从职场网站——领英获取一些用户数据用于业务。

许多流行的 Web 应用程序允许第三方软件开放 API 访问其服务。采用这样的方式可以方便多种设备接入服务。这种开放式 API 能为 Web 带来便利，并使各种服务能够合作产生更大的价值。不过，目前很难在保证用户数据安全的前提下提供这样的功能。

API 通常需要对用户的敏感操作进行身份验证。例如，用户登录网站，必须提供自己的用户名和密码。第三方应用程序要想访问用户的账户，只能将用户凭据保存到服务器，在需要授权的时候提供凭据。

虽然这种实现很简单，但是会产生大量问题。较大的问题之一是用户没有简单的方法来撤销单个应用程序的访问权限。从第三方 Web 应用中删除自己的凭据可能特别困难，用户最后只能修改自己的密码。

用户需要的是一个细粒度的授权系统，允许其有选择地为各个应用程序授予可撤销的权限，而无须提供全局密码。一些非常流行的网站（如谷歌、脸书、微信、新浪等）都提供了这样的 OAuth 系统。OAuth 现在有两个版本：1.0a 和 2.0，这两个版本彼此不兼容，现在 2.0 版本更为流行，下面提到的 OAuth 统一指 OAuth 2.0 版本。

OAuth 验证流程中有以下 4 个参与者。

● 资源所有者：拥有资源服务器中数据的实体，一般是终端用户。

● 资源服务器：用于存储数据，提供 API 供访问。

● 客户端：一般是第三方应用，想要访问用户在资源服务器上的数据。

● 授权服务器：提供 OAuth 授权的服务器。

授权码认证是 OAuth 的黄金标准，其认证流程如图 10.4 所示。

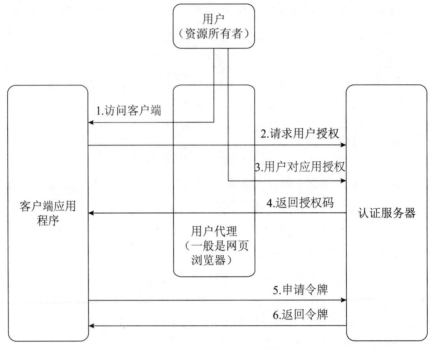

图 10.4　授权码认证流程

下面将以领英网站为例，展示如何使用 Django 开发第三方应用来实现 OAuth 验证登录。

首先要在领英网站上创建一个应用，获得客户端编号（用 LINKEDIN_OAUTH2_KEY 表示）和密码（用 LINKEDIN_OAUTH2_SECRET 表示），配置重定向网址为 https：// example.shoes.com/complete/linkedin-oauth2 和 http：//127.0.01/complete/linked-oauth2。

我们使用 python-social-auth 包完成验证功能，该包支持对领英网站的验证。安装该包，代码如下：

```
# 命令行
$ pip install python-social-auth
......
Installing collected packages: oauthlib, python-openid, urllib3,
certifi, chardet, idna, requests, requests-oauthlib, social-auth-core,
python-social-auth
Successfully installed certifi-2019.3.9 chardet-3.0.4 idna-2.8 oauthlib-3.0.1
python-openid-2.2.5 python-social-auth-0.3.6 requests-2.22.0 requests-
oauthlib-1.2.0 social-auth-core-3.1.0 urllib3-1.25.2
```

接下来将此包注册到应用中，需要修改 INSTALLED_APPS 和 TEMPLATES 配置，并加入新的 AUTHENTICATION_BACKENDS 配置。示例代码如下：

```python
# settings.py
# app配置
INSTALLED_APPS = (
    ......
    'social_app',
    'social.apps.django_app.default',
)
# 模板配置
TEMPLATES = [
    {
        'BACKEND': 'django.template.backends.django.DjangoTemplates',
        'DIRS': [os.path.join(BASE_DIR, 'templates')],
        'APP_DIRS': True,
        'OPTIONS': {
            'context_processors': [
                .......
                'social.apps.django_app.context_processors.backends',
                'social.apps.django_app.context_processors.login_redirect',
            ],
        },
    },
]
# 客户编号
SOCIAL_AUTH_LINKEDIN_OAUTH2_KEY = 'YOUR_KEY'
# 客户密码
SOCIAL_AUTH_LINKEDIN_OAUTH2_SECRET = 'YOUR_SECRET'
SOCIAL_AUTH_LOGIN_REDIRECT_URL = '/home'
SOCIAL_AUTH_LOGIN_URL = '/'
```

配置完成后，更新 URLConf 配置，加入登录、退出功能，同时编写对应的视图函数和对应的模板。示例代码如下：

```python
# urls.py文件
urlpatterns = [
    url('', include('social.apps.django_app.urls', namespace='social')),
    url(r'^$', 'shopes_app.views.login'),
    url(r'^home/$', 'shopes_app.views.home'),
    url(r'^logout/$', 'shopes_app.views.logout'),
]

# views.py文件
from django.shortcuts import render_to_response, redirect
from django.contrib.auth import logout as auth_logout
from django.contrib.auth.decorators import login_required
```

```
from django.template.context import RequestContext
from django.http import HttpResponse
# 登录视图
def login(request):
    return render_to_response('login.html', context=RequestContext(request))
# 主页视图,要求登录
@login_required(login_url='/')
def home(request):
    return Response("<h1>Welcome</h1><br><p><a href="/logout">Logout</a>")
# 退出视图
def logout(request):
    auth_logout(request)
    return redirect('/')
<!-- login.html登录的模板文件 -->
{% if user and not user.is_anonymous %}
  <a>Hello, {{ user.get_full_name }}!</a>
  <br>
  <a href="/logout">Logout</a>
{% else %}
    <a href="{% url 'social:begin' backend='linkedin-oauth2' %}">Login with
Linkedin</a>
{% endif %}
```

 10.2 会 话 状 态

　　HTTP 是无状态协议，因此典型的 Web 应用程序通常是无状态的。但是在现实场景中，应用程序又是需要状态的，这就像两个人在聊天，如果不了解上下文（"状态"），就可能无法获取对方话语的真实含义。在一个典型的 Web 应用中，客户端和服务端至少有一方需要保持会话状态。

　　网页 Cookie 是用户浏览器保存在本地的数据，这些数据来自服务器。Cookie 旨在为网站保存一些有状态的信息。通常情况下，它用于判断两个请求是否来自同一个浏览器。

　　当收到 HTTP 请求后，服务器可以发送带响应的 Set-Cookie 标头。标头包含的数据会保存在浏览器上，浏览器下次请求的时候，将这部分数据通过 Cookie 标头发送给服务器。Set-Cookie 标头的内容是一个键值对，响应示例如下：

```
HTTP/1.1 200 OK
Content-type: text/html
Set-Cookie: who=tom
Set-Cookie: age=21
```

　　浏览器接到这个响应后，会将"who=tom"和"age=21"存入本地，下次请求的时候会带上这个数据。请求示例如下：

```
GET /sample_page.html HTTP/1.1
Host: www.example.org
Cookie: who=tom; age=21
```

　　上面的响应是一个会话 Cookie，在用户关闭网页的时候，就会被自动删除。可以通过 Expires 和 Max-Age 设置 Cookie 的生命周期，例如：

```
HTTP/1.1 200 OK
Set-Cookie: session_id=a3fWa; Expires=Wed, 21 Oct 2019 07:28:00 GMT;
```

　　开启了会话功能后，Django 默认将会话信息存储在数据库中，并在成功验证用户身份后将会话 ID 保存在浏览器的 Cookie 中。用户通过浏览器下次请求时会带上 Cookie，服务器通过对 Cookie 的数据进行校验，判断请求的来源。

　　Django 会话的实现封装在一个中间件中，要开启这个功能，要在 settings.py 文件中加入 django.contrib.sessions.middleware.SessionMiddleware。使用 django-admin startproject 命令创建的项目中已经在 MIDDLEWARE_CLASSES 配置中加入该中间件了。

　　Django 的会话中间件默认将会话保存在数据库中，模型摘录如下：

```
class AbstractBaseSession(models.Model):
    session_key = models.CharField(_('session key'), max_length=40, primary_
key=True)
    session_data = models.TextField(_('session data'))
    expire_date = models.DateTimeField(_('expire date'), db_index=True)
```

　　在上面的模型中，session_key 是会话的标识，session_data 是会话数据，主要包含用户的 ID 信息。expire_date 记录该会话的过期时间，默认情况下，Django 会将单次会话的有效时间设置为一个月。如果要修改这个时间，则可以在视图或中间件中调用 request.session 的 set_expiry 方法，将时间作为参数传入，以修改会话的过期时间。

　　在上面的场景中，用户访问需要验证身份的网页时，请求中会带上 session_key，应用程序获取 session_key 后便去读取对应的会话数据，以验证当前会话是否合法。如果使用数据库作为会话的存储后端，在用户数量比较大的情况下，这会对数据库产生很大的压力，有时候甚至会带来性能问题。

　　为了获得更好的性能，应用程序可以使用缓存来存储会话数据，同时缓存系统一般实现了数据的过期策略，这也为实现会话的过期策略提供了一定的便利。

在 Django 中，要使用缓存作为会话存储系统，首先需要配置缓存（在之前的章节中，我们已经学习了如何配置 Django 的缓存系统了，这里不再赘述）。如果系统中配置了多个缓存，则 Django 将使用默认的缓存作为会话存储后端，如果要用其他的缓存配置，则可以通过 SESSION_CACHE_ALIAS 来设置。

配置好缓存后，可以采取两种方式来存储数据。

一种是只对缓存进行读写操作。这种方式的优点是实现起来简单；缺点是会话持久化支持不完善，例如，在缓存重启的情况下，数据很有可能会丢失。在 Django 中设置 SESSION_ENGINE 为 django.contrib.sessions.backends.cache，就可以使用这种策略。

另一种是同时将会话写入数据库和缓存，优先从缓存读取数据。这里用到直写（write-through）策略：每次写入缓存的同时也将写入数据库；如果数据不存在于缓存中，则读取数据库。在 Django 中设置 SESSION_ENGINE 为 django.contrib.sessions.backends.cached_db，就可以使用这种策略。

 ## 10.3 控 制 策 略

在涉及私密或敏感的信息时，只有得到授权的人才有权力访问受保护的资源。在计算机系统中，客户端对服务器受保护资源的访问也必须得到授权。这就要求建立一套机制来控制对受保护信息的访问。

在前面的章节中，我们了解了如何验证用户的请求，在成功识别并验证了用户后，必须要确定允许他们访问哪些信息资源及允许他们执行哪些操作（运行、查看、创建、删除或者变更），这个过程称为授权。

授权由管理策略和流程决定。管理策略规定了哪些用户能够在什么条件下访问哪些信息和计算服务。系统管理员配置控制机制实施这些策略。一般来说，不同的系统对应的访问控制策略是不同的。比较常用的控制策略有控制访问列表、基于身份的访问控制等。Django 也自带了一个权限系统，可以在项目中使用。

10.3.1 访问控制列表

大多数文件系统都有为特定用户和用户组分配权限或访问权限的方法，这些权限控制用户查看、更改和执行文件系统内容的权利。

在类 UNIX 系统中，权限被限定在 3 个不同的类别中进行管理，这 3 个类别是用户、分组和其他；每个类别有 3 个特定权限：读（r）、写（w）和执行（x）。使用 ls 命令可以查看文件的用户、组和相应的权限：

```
# 命令行
$ ls -al file
-rwxr-xr-x  1 user  staff  0  5 27 14:44 file
```

由上面的例子可以看出，**file** 是一个常规文件，用户 user 对其具有读、写和执行权限；分组 staff 对其具有读和执行的权限；其他用户（非 user 且不在 staff 组内的用户）对其具有读和执行的权限。

类似地，在一个 Web 系统中，可以为每个请求的路径不同的操作设置不同的访问权限，例如，限制不再活跃的用户不能使用商品视图的 **POST** 方法。示例代码如下：

```python
from django.http import HttpResponse
def product_view(request):
    ......
    # 如果用户不活跃并且请求的资源在受限制列表中,则返回403
    if not request.user.is_active and request.method == 'POST':
        return HttpResponse('UnAuthorized',status_code=403)
    ......
```

当然，在视图中硬编码控制权限是痛苦而低效的，我们可以将类似的控制代码聚合起来，放在一个中间件中，如下面的示例：

```python
from django.http import HttpResponse
class ACLMiddleware(object):
    # 整理需要控制访问的资源列表
    ACL = {
    'POST': {'/some/path/uri_1', '/some/path/uri_2'},
    'GET': {'someuri_3', 'uri_4'},
    ......
    }
    def process_request(self, request):
    # 如果用户不活跃并且请求的资源在受限制列表中,则返回403
        if not request.user.is_active and ACL.get(request.method) and request.
path in ACL.get(request.method):
        return HttpResponse('UnAuthorized', status_code=403)
```

10.3.2　Django权限系统

Django 提供了一个简单的权限系统。这个系统提供了一种为特定用户和用户组分配权限的方法。Django 的管理站点使用了这个权限系统。

这个权限系统主要用于控制模型的增、删、改、查操作。假设现在有一个名字为 foo 的应用，具体来说，可以用它来控制：

● 添加某种模型的对象。

● 修改单个对象。

● 删除某个对象。

Django 的 User 模型有两个多对多的字段：groups 和 user_permissions。单个用户可以很容易地操作其对应的分组和权限，示例代码如下：

```
# some_user为某个用户对象
# 设置用户的分组
some_user.groups = [group_list]
# 添加分组
myuser.groups.add(group, group, ...)
# 移除分组
myuser.groups.remove(group, group, ...)
# 清空分组
myuser.groups.clear()
# 设置权限列表
myuser.user_permissions = [permission_list]
# 添加权限
myuser.user_permissions.add(permission, permission, ...)
# 移除权限
myuser.user_permissions.remove(permission, permission, ...)
# 清空权限
myuser.user_permissions.clear()
```

可以为某个给定的模型自定义权限，这里要用到 permission 的 Meta 属性。例如，下面的示例代码创建了 3 个自定义属性，配置用户是否能查看任务、是否能查看任务状态和是否能关闭任务。

```
class Task(models.Model):
    ...
    class Meta:
        permissions = (
            # 查看任务权限
```

```
                ("view_task", "Can see available tasks"),
                # 查看任务状态权限
                ("change_task_status", "Can change the status of tasks"),
                # 关闭任务权限
                ("close_task", "Can remove a task by setting its status as closed"),
            )
```

在执行 manage.py migrate 时会创建这些权限，业务代码需要判断用户是否有权限执行相关的权限。例如：

```
user.has_perm('app.view_task')
```

除了定义 Meta 属性外，也可以使用 Permission 对象的方法直接创建权限，代码如下：

```
from myapp.models import Task
from django.contrib.auth.models import Permission
from django.contrib.contenttypes.models import ContentType
# 获得内容类型
content_type = ContentType.objects.get_for_model(Task)
# 创建权限
permission = Permission.objects.create(codename='view_task', name='Can
View Tasks', content_type=content_type)
```

10.3.3　基于身份的访问控制

在计算机系统中，基于身份的访问控制（Role-Based Access Control，RBAC）系统是非常常见的。它是一种围绕角色和权限设置策略的访问控制机制。RBAC 使用组件组合的方式来分配用户权限，这种方式非常灵活，能够轻松完成复杂的授权。

Django 自带的权限系统也是一种 RBAC 的实现，不过这种授权方式面向模型和对象，主要用于 Django 的管理站点，和框架的耦合比较深，不能很好地满足业务需要。因此，很多使用 Django 框架的站点会根据业务需要设计实现自己的访问控制系统。

现在来为我们之前实现的电商站点实现自己的 RBAC 系统。系统描述如下：

（1）将业务涉及的内容抽象为资源，如商品、订单、库存等。

（2）对这些资源的常见操作有获取单个资源详情、列出所有或符合条件的部分资源、更新单个资源的信息、创建资源新的对象和删除资源，这就是常说的"增删查改"。

（3）将资源和操作结合起来称为规则，规则可能是"允许列举商品""允许增加一条商品记录""允许更新商品"等。

（4）一个角色可以对应多个规则，如"管理员"角色可以"允许列举商品""允许增加一条商品记录"。

（5）可以为单个用户或分组多个角色，如用户小明可以同时担任"订单管理员"和"商品管理员角色"。

RBAC 模型如图 10.5 所示。

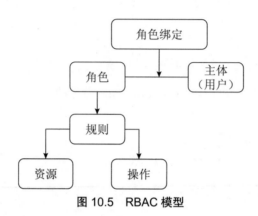

图 10.5　RBAC 模型

模型定义如下：

```python
from django.contrib.auth.models import User
from django.db import models
# 资源
class Resource(models.Model):
    name = models.CharField(max_length=255)
# 操作
class Operation(models.Model):
    name = models.CharField(max_length=255)
# 规则
class Rule(models.Model):
    name = models.CharField(max_length=255)
    resource_id = models.IntegerField(max_length=20)
    resource = models.CharField(max_length=255)
    opertion_id = models.IntegerField(max_length=20)
    operation = models.CharField(max_length=255)
# 角色
class Role(models.Model):
    name = models.CharField(max_length=255)
    rules = models.ManyToManyField(Rule)
# 用户角色
class UserRole(models.Model):
```

```
user = models.ForeignKey(User)
role = models.ForeignKey(Role)
```

在视图中处理时，从请求中获取资源、操作和用户；结合资源和操作得到规则，找到所有符合该规则的角色集合 A；找到该用户的角色集合 B。如果 A 和 B 有交集，即说明用户拥有这次操作的权限。可以将这样的功能实现为一个装饰器，方便为视图添加功能。伪代码如下：

```python
from django.http import HttpResponse
def rbac_authorize(func):
    @wraps(func)
    def _decorator(request, *args, **kwargs):
        # 获取资源、操作和用户
        resource, operation, user = get_basic_info(request)
        # 获取规则
        rule = get_rule_by_resouce_operation(resource, operation)
        # 获取拥有规则的角色
        role_list_a = get_role_list_by_rule(rule)
        # 获取用户的角色
        role_list_b = get_role_by_user(user)
        # 如果角色集合有交集,则验证通过,否则拒绝请求
        if have_in_common(role_list_a, role_list_b):
            return func(request, *args, **kwargs)
        else:
            return HttpResponse('Unauthorized', status_code=403)
    return _decorator
```

10.4　总　　结

访问控制通常分为 3 个步骤：识别用户、身份验证和授权。本章首先介绍了认证用户的常见方式。其中最常见的有 HTTP 基本访问认证，即常用的用户名 / 密码认证。随着互联网的发展，网站面临越来越多的安全风险，一些更加安全的认证方式被提出来，本章介绍了访问令牌和签名认证这两种较安全的方式及如何在 Django 中实现它们。

随着智能移动设备的普及，出现了 OAuth 验证，本章介绍了 OAuth2 的验证流程，并以领英网站为例展示了如何使用 Django 框架实现第三方登录。

在成功识别并验证了用户后，系统必须确定允许他们访问哪些信息资源及允许他们执行哪些操作。本章还介绍了访问控制列表（ACL）和 Django 自带的权限系统。这两个访问

控制方式可以在一些简单的场合使用。本章最后介绍了基于身份的访问控制（RBAC）及使用 Django 的简单实现（伪代码），RBAC 能够适用于比较复杂的场合。

 练　习

问题一：访问控制通常有哪几个步骤？

问题二：Django 的权限框架默认有哪几个权限？

第 11 章 Django 和测试

测试是保证软件质量的有效方法，可以提供客观的视图，让业务能够理解实现软件的风险。测试主要查找软件错误或缺陷，并验证软件产品是否适合使用。通常来说，测试需要验证软件是否能够满足用户需求、能否对各种输入作出正确响应、是否能在可接受的时间内完成功能等。

在 IT 企业或组织中，往往会有专门的部门来负责实施软件测试，以保证软件的质量。应用开发者被要求在完成功能时，还需提供相关功能的单元测试。编写单元测试用例是一项枯燥的工作。Django 提供了一些工具，使得开发者能够方便、快速地编写自动化的测试用例，保证软件的质量。

本章主要涉及的知识点：

● 单元测试：了解什么是单元测试。

● Django 中执行单元测试：学习如何使用 unittest 框架和 Django 提供的工具执行单元测试。

 11.1 单 元 测 试

单元测试是一种软件测试方法，通过该方法可以测试各个源代码单元、一个或多个程序模块的集合、相关的控制数据及使用程序、操作程序的步骤，以确定软件是否适合使用。

一般来说，将应用程序的最小可测试部分视为单元。在过程式编程语言中，单元可以是整个模块，也可以是常见的单个功能或过程。在面向对象编程语言中，单元通常是整个接口（如类），还可以是单独的方法。

单元测试是组件测试的基础。在理想情况下，每个测试用例都独立于其他测试用例。单个单元测试通常有一个或几个输入，但只有一个输出。单元测试用例通常由软件开发人员编写和运行，以确保代码符合其设计并按预期运行。

单元测试的目标是隔离一个单元并验证其正确性，通常是自动化执行的。要在自动执行单元测试时充分实现隔离效果，需要单元测试在产品使用的上下文之外执行。这种孤立的方式揭示了被测代码与产品其他单元之间不必要的依赖关系。

大多数流行的编程语言带有自己的单元测试框架。开发人员可以使用自动化框架，将测试标准编入测试，以验证功能的正确性。在测试用例执行期间，框架会记录所有没有通过标准的测试，并将测试摘要报告给执行者。

由于开发者会被要求编写测试用例，因此其有动力将代码设计为多个解耦的模块。在实际编码前，合理设计多个解耦的模块是良好的编程习惯。要提出最佳解决方案，通常需要将软件设计模式、单元测试和代码重构结合起来。

在软件工程中，单元测试能带来非常多的好处。

- 编写单元测试用例增加了开发者更改、维护代码的信心。通过编写良好的单元测试用例，并且在每次更改代码的时候运行它，我们能够及时发现由于更改造成的任何缺陷。此外，如果代码已经互相解耦，则任意部分的修改带来意外影响的可能性就会变小。
- 代码复用率更高。只有代码都是模块化的，才可能编写单元测试用例，这意味着代码更易于复用。
- 提升开发的速度。没有单元测试，则开发者需要通过打断点和手动输入数据来进行测试。有单元测试，则开发者只需要写完代码后运行一下单元测试用例即可。当然，编写测试用例也是需要花费时间的，不过运行测试用例比手动测试花费的时间更短，并且测试结果更加可靠。
- 提升软件的交付速度。与修复系统测试或验收测试发现缺陷所需要的工作相比，在单元测试期间找到并修复缺陷所需要的工作量要少得多。
- 调试更加容易。当发现一个单元测试无法通过时，一般只需要看代码最新的修改记录就可以了。

当然，单元测试不是万能的，它不可能找到程序的所有错误，尤其是它的测试范围仅限于定义好的单元。

在业务需求迭代快的场景下，过多的单元测试也是不好的。编写单元测试用例本身也会提升开发软件的成本，如果为每一个方法或类都编写单元测试用例，业务一旦发生改变，相应的单元测试代码也需要改变，改变过多，过于频繁，不仅会使开发人员产生抵触情绪，而且会增加维护测试代码的负担。

 ## 11.2　Django 单元测试

测试 Web 应用程序是一项复杂的任务，因为 Web 应用程序由多层逻辑组成，从接受

HTTP 请求，到表单验证和处理，再到模板渲染。Django 提供了一些工具来帮助开发者编写测试用例。使用这些工具，开发者可以模拟请求、插入测试数据和检查应用程序的输出。

11.2.1　编写测试用例

根据需求需要判断某个商品是否是最近创建的，为此我们为 Product 类新增一个方法 was_created_recently。代码如下：

```
from django.db import models
from django.utils import timezone
import datetime
class Product(models.Model):
    # ....
    # 判断是否在一天之内创建
    def was_created_recently(self):
            return self.date_created >= timezone.now() - datetime.
timedelta(days=1)
```

上面的逻辑存在一个明显的 Bug，如果 date_created 的值是未来的某个时间点，则这个方法还是会返回 True。在定位到问题后，可以编写一个测试用例以避免下次发生类似的 Bug。我们在 product 应用下创建一个 test.py 文件，文件内容如下：

```
# coding=utf-8
# product/tests.py文件
from django.db import models
import datetime
from django.utils import timezone
from django.test import TestCase
from product.models import Product
class ProductMethodTests(TestCase):
    # 测试用例
    def test_was_created_recently_with_future_product(self):
        # 对于创建时间在未来的商品,was_created_recently方法应该返回False
        time = timezone.now() + datetime.timedelta(days=30)
        future_product = Product(date_created=time)
        self.assertEqual(future_product.was_created_recently(), False)
```

当执行测试用例时，Django 的测试工具会找到所有的测试用例（unittest 的 TestCase 的子类），执行以 test 开头的方法，然后自动执行。

11.2.2　运行测试用例

在命令行中，输入下面的命令可以运行测试用例：

```
$ python manage.py test product
Creating test database for alias 'default'...
F
======================================================================
FAIL: test_was_created_recently_with_future_product (product.tests.
ProductMethodTests)
----------------------------------------------------------------------
Traceback (most recent call last):
  File "... /product/tests.py", line 14, in test_was_created_recently_with_
future_question
    self.assertEqual(future_product.was_created_recently(), False)
AssertionError: True != False

----------------------------------------------------------------------
Ran 1 test in 0.000s

FAILED (failures=1)
Destroying test database for alias 'default'...
```

说明：

（1）python manage.py test product 命令在 product 应用下寻找测试用例，找到了一个 django.test.TestCase 的子类 ProductMethodTests。

（2）出于测试的目的创建一个特别的数据库。

（3）寻找以 test 开头的测试方法。

（4）在 test_was_created_recently_with_future_product 中，创建了一个 Product 对象，设置 date_created 值为 30 天后。

（5）使用 assertEqual 方法发现新建对象调用 was_created_recently 方法返回了 True，不过期望值是 False，因此返回执行失败。

当测试用例需要数据库的时候，Django 不会使用生产环境的数据库，而是为测试创建单独的空白数据库。无论测试通过还是失败，测试数据库都会在执行完所有测试后被销毁。默认情况下，测试数据库的命名规则为：DATABASES 中的数据库 NAME 加上 "test_" 前缀。

为了保证数据库环境在所有继承了 TestCase 的子类启动的时候都是干净的，Django 在执行测试的时候会按照下面的顺序执行。

（1）TestCase 的子类会优先执行。

（2）其他所有基于 Django 的测试（基于 SimpleTestCase 的测试用例）运行时不保证按特定的顺序执行。

（3）执行继承了 unittest.TestCase 的测试子类。

无论配置文件中 DEBUG 设置的值如何，为了保证代码输出与生产环境中的相匹配，所有的 Django 测试在执行时都会将 DEBUG 设置为 False。

在执行测试时 Django 会输出一些信息，这些信息有助于测试者了解测试的过程和结果。

```
Creating test database for alias 'default'...
```

这一行输出表明 Django 正在创建一个测试数据库，这个测试数据库名称为"default"。在数据库创建后 Django 会运行测试用例，如果所有的测试用例都通过，则可以看到类似下面的输出。

```
----------------------------------------------------------------------
Ran 22 tests in 0.221s

OK
```

如果测试用例执行失败，则 Django 会输出哪些测试用例执行失败了，并且告知失败的原因、失败用例的总数等，如下面的示例。

```
======================================================================
FAIL: test_was_created_recently_with_future_question (product.tests.
ProductMethodTests)
----------------------------------------------------------------------
Traceback (most recent call last):
  File "product/tests.py", line 14, in test_was_created_recently_with_future_
question
    self.assertEqual(future_product.was_created_recently(), False)
AssertionError: True != False

----------------------------------------------------------------------
Ran 1 test in 0.000s

FAILED (failures=1)
Destroying test database for alias 'default'...
```

11.3 Django 测试工具

Django 提供了很多工具来编写测试用例。这些工具有些可以用来模拟客户端的行为，有些可以用来快速建立测试的数据和环境。利用好这些工具，可以编写出可维护性好的测试代码。

11.3.1 测试客户端

Django 提供了一个测试客户端，这个 Python 类可以充当 Web 浏览器的功能。使用它可以测试视图，并以编程的方式与 Django 应用程序交互。使用客户端可以做许多事情，例如：

● 模拟 GET 请求和 POST 请求并观察响应。响应不仅包含 HTTP 标头和状态码信息，而且包含页面的所有内容。

● 如果响应是一个重定向响应，则客户端会记录并检查每个步骤的 URL 和状态码。

● 在请求中包含模板上下文，检查是否返回，是否正确渲染了模板。

使用测试客户端非常简单，如下面的代码：

```
>>> from django.test import Client
# 创建测试客户端对象
>>> c = Client()
# 对登录页面使用POST方法
>>> response = c.post('/login/', {'username': 'john', 'password': 'smith'})
# 查看响应的状态码
>>> response.status_code
200
>>> response = c.get('/customer/details/')
# 查看响应的内容
>>> response.content
b'<!DOCTYPE html...'
```

关于 Client 类的使用方法，需要注意以下几点。

（1）在使用测试客户端时不需要运行 Web 服务器。这是因为它不用处理真实的网络请求，而是直接处理 Django 框架返回的响应，这能加快单元测试的速度。

（2）因为测试客户端无法检索不受 Django 项目支持的 Web 页面，所以在检索页面时，不能带上域名。例如：

```
# 正确的写法
>>> c.get('/login/')
# 错误的写法
>>> c.get('http://www.example.com/login/')
```

（3）在解析 URL 时，测试客户端使用 ROOT_URLCONF 配置。

（4）默认情况下，测试客户端将禁用执行 CSRF 检查。如果想要强制执行 CSRF 检查，则可以在创建客户端对象时传入 enforce_csrf_checks 参数。代码如下：

```
>>> from django.test import Client
>>> csrf_client = Client(enforce_csrf_checks=True)
```

在创建客户端对象时，可以传入一些关键字来指定一些默认标头。例如，下面的例子将在每个请求中发送 User-Agent 头。

```
>>> c = Client(HTTP_USER_AGENT='Mozilla/5.0')
```

在调用 get 方法时，可以传入一个字典，作为请求的参数，也可以传入完整的请求 URL，例如：

```
>>> c.get('/customers/details/', {'name': 'fred', 'age': 7})
# 等同于
>>> c.get('/customers/details/?name=fred&age=7')
```

传入参数 follow=True，客户端将会执行重定向，并且将重定向的链路保存下来。假设 /redirect_me/ 会重定向到 /next/，/next/ 重定向到 /fianl/，调用的示例代码如下：

```
>>> response = c.get('/redirect_me/', follow=True)
>>> response.redirect_chain
[('http://testserver/next/', 302), ('http://testserver/final/', 302)]
```

调用 post 方法和调用 get 方法差不多，会对指定的路径上发送 POST 请求并返回一个 Response 对象，例如：

```
>>> c = Client()
>>> c.post('/login/', {'name': 'fred', 'passwd': 'secret'})
```

可以在上传数据时指定 content_type，如 text/xml，这样在发起 POST 请求时会带上 Content-Type 标头。如果不指定 content_type，则 Content-Type 的默认值为 multipart/form-data。

上传文件的操作有些特殊，要想上传文件，只需要提供文件名和文件句柄即可，如下面的代码：

```
>>> c = Client()
>>> with open('wishlist.doc') as fp:
...     c.post('/customers/wishes/', {'name': 'fred', 'attachment': fp})
```

如果调用的视图函数抛出了异常，则测试用例将会显示该异常。可以通过 try...catch 机制来捕获异常，也可以通过 assertRaises( ) 来测试异常。

有一些异常是测试客户端看不到的，这些异常有 Http404、PermissionDenied、SystemExit 和 SupspicousOperation。Django 会捕获这些异常，然后将其转换成对应的 HTTP 响应状态码。在这种情况下，应该在测试用例中检查 response.status_code。

测试客户端是有状态的，如果响应中返回了 Cookie，那么该 Cookie 将存储在测试客户端中，并在 POST 请求和 GET 请求中带上这个 Cookie。存储在客户端的 Cookie 不会遵循过期策略，如果希望 Cookie 过期，则应该手动删除这个 Cookie 或者新建一个客户端对象。

11.3.2　测试类

普通的 Python 单元测试类一般继承 unittest.TestCase 类。Django 基于 unittest.TestCase 类提供了更多的选择，有 SimpleTestCase、TransactionTestCase、TestCase、LiveServerTestCase，测试类的继承关系如图 11.1 所示。

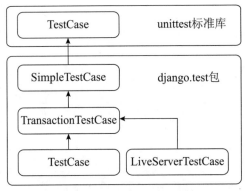

图 11.1　测试类的继承关系

SimpleTestCase 扩展了 unittest.TestCase 类，新增了一些功能：
● 增加了一些有用的断言，如表单是否成功渲染、某个模板是否用到渲染页面、检查两段 JSON 数据是否相同等。

● 可以临时修改配置，然后复原配置。

● 可以使用测试客户端。

SimpleTestCase 及其子类依赖 setUpClass 和 tearDownClass 来执行某些初始化工作。如果要修改这些初始化行为，则应该在做完初始化工作后，调用 super 方法。示例代码如下：

```python
class MyTestCase(TestCase):
    @classmethod
    def setUpClass(cls):
        # 开始的时候调用父类的方法
        super(MyTestCase, cls).setUpClass()
        ...
    @classmethod
    def tearDownClass(cls):
        ...
        #结束的时候调用父类的方法
        super(MyTestCase, cls).tearDownClass()
```

TestCase 提供了一些可用于测试 Web 站点的工具。例如：

● 在测试开始前自动加载测试数据。

● 创建一个 TestClient 对象。

● 专用于 Django 的断言，如重定向和表单错误等。

TestCase 可以利用数据库的事务功能，在每次测试开始的时候加速将数据库重置为某个已知的状态。这样做是有一些副作用的，会导致使用 Django 的 TestCase 时无法测试某些数据库行为，如 select_for_update( ) 方法中使用的事务。遇到这样的情况，应该使用 TransactionTestCase。

LiveServerTestCase 和 TransactionTestCase 的功能差不多，唯一不同的地方在于，LiveServerTestCase 会在初始化时，后台运行一个 Django 服务，在测试结束时停止这个服务。有了这个服务，就可以使用其他自动化测试工具（如 Selenium）在浏览器上模拟真实用户的操作。

11.4 Mock 测试

在编写单元测试用例的时候，某些情况下，对实际函数进行调用是不可能的，所以需要伪造函数运行的结果。

例如，代码向外部服务发出 HTTP 请求，只有当外部服务符合预期的时候，测试才能以可预测的方式被执行。一旦这些外部行为有临时的更改，可能会导致整个测试用例不可用。

出于这样的考虑，最好在受控环境中测试代码。这时可以使用模拟对象替换实际请求，这样就允许测试在可以预测的结果中正确运行。

有些时候，测试代码很难执行到某些代码逻辑，如代码中的 except 逻辑块和代码中难以达到条件的 if 逻辑块，使用 Mock 对象可能有助于控制代码的执行路径以达到这些逻辑。

11.4.1　Mock对象

要使用 mock 库，首先要安装它，安装命令如下：

```
# 命令行
$ pip install mock
Collecting mock
......
Successfully installed funcsigs-1.0.2 mock-3.0.5
```

mock 库提供了 Mock 类，可以用它来模仿代码库中的真实对象。该库同时提供了 patch 方法，该方法会用 Mock 对象替换代码中的真实对象。

Mock 对象必须模拟它将要替换的任何对象，为了实现这种灵活性，它会在访问属性时创建这些属性，例如：

```
# 命令行
>>> from mock import Mock
>>> mock = Mock()
# 创建一个Mock对象
>>> mock
<Mock id='4361390416'>
# 访问some_attribute属性,Mock对象会在访问时创建这个属性
>>> mock.some_attribute
<Mock name='mock.some_attribute' id='4361391568'>
# 访问do_something方法,Mock对象会在调用这个方法时创建它
>>> mock.do_something()
<Mock name='mock.do_something()' id='4362002704'>
```

每次调用 Mock 对象，该 Mock 对象会记录这一次调用的详情，如调用的是哪个方法、传入的是哪些参数、该方法是第几次被调用等。下面的示例代码使用 Mock 对象模拟 json 库的行为，我们来看看如何使用这些调用记录。

```
# 命令行
>>> from mock import Mock
# 模拟json库的行为
>>> json = Mock()
# 调用一次load方法
>>> json.loads('{"key": "value"}')
<Mock name='mock.loads()' id='4343021008'>
# 已经调用过这个方法,可以用来判断断言
# 判断是否被调用过
>>> json.loads.assert_called()
# 判断是否被调用了一次
>>> json.loads.assert_called_once()
# 判断是否带参数被调用过
>>> json.loads.assert_called_with('{"key": "value"}')
# 判断是否带参数被调用过一次
>>> json.loads.assert_called_once_with('{"key": "value"}')
# 再次调用loads方法
>>> json.loads('{"key": "value"}')
<Mock name='mock.loads()' id='4343021008'>
# 由于调用了两次该方法,因此断言会抛出异常
>>> json.loads.assert_called_once()
Traceback (most recent call last):
......
AssertionError: Expected 'loads' to have been called once. Called 2 times.
Calls: [call('{"key": "value"}'), call('{"key": "value"}')].
```

通过上面的例子，也可以直接查看 json.loads 的调用历史。代码如下：

```
# 命令行
>>> json.loads.call_count
2
>>> json.loads.call_args
call('{"key": "value"}')
>>> json.loads.call_args_list
[call('{"key": "value"}'), call('{"key": "value"}')]
>>> json.method_calls
[call.loads('{"key": "value"}'), call.loads('{"key": "value"}')]
```

11.4.2　模拟返回值

使用 mock 库的一个重要理由是其能在测试期间控制代码的行为。控制代码行为的典型例子就是指定函数的返回值。

创建 my_calendar.py 文件，编写 is_weekday( ) 方法，用于判断运行的时间是否是工作日。

代码如下：

```
# coding=utf-8
# my_calendar.py文件
from datetime import datetime
def is_weekday():
    today = datetime.today()
    # Python的datetime库设置周一为0,周日为6
    return (0 <= today.weekday() < 5)
# 测试今天是否是工作日
assert is_weekday()
```

测试 is_weekday 方法的结果明显和运行测试的时间有关，如果在周一测试，则测试用例将返回 True；如果在周日测试，则测试结果将返回 False。

当编写测试用例时，保证结果的可预测性是非常重要的。这里可以使用 Mock 消除测试期间代码的不确定性。在上面的例子中，可以模拟 datetime，然后设置 datetime.today 返回一个固定的值。代码如下：

```
# coding=utf-8
import datetime
from mock import Mock
# 保存周二和周六的值
tuesday = datetime.datetime(year=2019, month=1, day=1)
saturday = datetime.datetime(year=2019, month=1, day=5)
# 模拟datetime
datetime = Mock()
def is_weekday():
    today = datetime.datetime.today()
    return (0 <= today.weekday() < 5)
# 模拟today方法返回周二
datetime.datetime.today.return_value = tuesday
# 周二是工作日
assert is_weekday()
# 模拟today方法返回周六
datetime.datetime.today.return_value = saturday
# 周六不是工作日
assert not is_weekday()
```

在上面的例子中，today 是一个模拟方法。通过让这个方法返回固定的值，消除了代码的不确定性。在第一个测试用例中，确认周二是工作日；在第二个测试用例中，确认周六不是工作日。现在，运行测试用例的日期不再重要，因为 datetime 的行为已经被模拟并控制了对象的行为。

在构建测试用例时，可能会遇到模拟函数返回值不能满足需求的情况，这是因为函数通常比简单的单项逻辑流更复杂。有时候，我们希望在测试中多次调用某个方法可以返回不同的值，甚至引发异常，这时可以用 Mock 对象的副作用来完成这样的需求。

11.4.3 副作用

可以通过制定模拟函数的副作用来控制代码的行为。Mock 对象的 side_effect 定义调用被模拟函数时的行为。下面通过一个新的函数来说明如何使用副作用。

```
# coding=utf-8
import requests
def get_holidays():
    # 调用HTTP接口获取节假日
    r = requests.get('http://localhost/api/holidays')
    if r.status_code == 200:
        return r.json()
    return None
```

get_holidays( ) 方法调用一个 HTTP 服务获取节假日的信息。正常情况下，get_holidays( ) 方法会返回一个字典，出现异常时，会返回 None。

可以通过模拟 requests.get 的行为来测试在网络连接超时 get_holidays( ) 方法的行为。示例代码如下：

```
# coding=utf-8
import unittest
from requests.exceptions import Timeout
from unittest.mock import Mock
# 模拟requests库的行为
requests = Mock()
def get_holidays():
    # 调用HTTP接口获取节假日信息
    r = requests.get('http://localhost/api/holidays')
    if r.status_code == 200:
        return r.json()
    return None
class TestCalendar(unittest.TestCase):
    def test_get_holidays_timeout(self):
        # 测试连接超时的情况
        requests.get.side_effect = Timeout
        with self.assertRaises(Timeout):
            get_holidays()
```

```
if __name__ == '__main__':
    unittest.main()
```

使用 assertRaise( ) 方法可以确保 get_holidays( ) 方法会抛出异常，抛出的异常定义在
requests.get.side_effect 中。如果想要动态设置副作用，则可以自定义一个方法，然后传入参
数。示例代码如下：

```
import requests
import unittest
from unittest.mock import Mock
# 模拟requests库的行为
requests = Mock()
def get_holidays():
    # 通过HTTP请求获取节假日信息
    r = requests.get('http://localhost/api/holidays')
    if r.status_code == 200:
        return r.json()
    return None
class TestCalendar(unittest.TestCase):
    def log_request(self, url):
        # 输出调试信息
        print(u'现在请求url: %s' % url)
        # 创建一个模拟返回对象
        response_mock = Mock()
        response_mock.status_code = 200
        response_mock.json.return_value = {
            '12/25': 'Christmas',
            '7/4': 'Independence Day',
        }
        return response_mock
    def test_get_holidays_logging(self):
        # 测试一次成功的请求
        requests.get.side_effect = self.log_request
        assert get_holidays()['12/25'] == 'Christmas'
```

在上面的代码中，首先创建 log_request( ) 方法，该方法接受 url 作为参数，输出一些
调试信息，然后返回一个 Mock 响应对象。接下来设置 requests.get 的 side_effect 为 log_
request，当调用 get_holidays( ) 函数时，log_reques( ) 方法将被调用。

也可以传入多个副作用组成的可迭代对象。每个副作用必须由返回值、异常或者两者
的组合组成。每调用一次被模拟的方法，可迭代对象都会产生下一个值。示例代码如下：

```
......
class TestCalendar(unittest.TestCase):
```

```
def test_get_holidays_retry(self):
    # 创建一个Mock对象模拟请求的返回
    response_mock = Mock()
    response_mock.status_code = 200
    response_mock.json.return_value = {
        '12/25': 'Christmas',
        '7/4': 'Independence Day',
    }
    # 设置get方法的副作用
    requests.get.side_effect = [Timeout, response_mock]
    # 第一次调用会抛出超时异常
    with self.assertRaises(Timeout):
        get_holidays()
    # 第二次调用会返回模拟的值
    assert get_holidays()['12/25'] == 'Christmas'
```

11.4.4　限定模拟的范围

mock 包提供的 patch( ) 方法可用来模拟对象，这个方法可查找给定模块中的对象并用 Mock 对象替换该对象。一般情况下，使用 patch 作为装饰器或上下文管理器，以限定模拟目标对象的范围。

在之前的例子中，我们在同一个文件中创建 Mock 对象和使用 requests 包。下面我们在另一个模块中对 requests 包"打补丁"。创建一个 tests.py 文件，文件内容如下：

```
import unittest
from my_calendar import get_holidays
from requests.exceptions import Timeout
from unittest.mock import patch
class TestCalendar(unittest.TestCase):
    # 给my_calendar里调用的requests包"打补丁"
    @patch('my_calendar.requests')
    def test_get_holidays_timeout(self, mock_requests):
        # 设置副作用为抛出超时
        mock_requests.get.side_effect = Timeout
        with self.assertRaises(Timeout):
            get_holidays()
            # 确认模拟的请求方法有被调用到
            mock_requests.get.assert_called_once()
```

在上面的例子中，整个 test_get_holidays_timeout( ) 方法都被打上了"补丁"，如果只想对这个方法中的部分逻辑"打补丁"，则可以将 patch( ) 方法作为上下文管理器，以控制模拟的范围。

```
import unittest
from my_calendar import get_holidays
from requests.exceptions import Timeout
from unittest.mock import patch
class TestCalendar(unittest.TestCase):
    def test_get_holidays_timeout(self):
        # "补丁"范围只在with代码块起作用
        with patch('my_calendar.requests') as mock_requests:
            # 设置副作用为抛出超时异常
            mock_requests.get.side_effect = Timeout
            with self.assertRaises(Timeout):
                get_holidays()
                mock_requests.get.assert_called_once()
```

当测试执行完 with 代码块中的内容后，patch( ) 方法会将被模拟的对象替换成原始的模块（requests）。

如果只想对一个对象中的一个方法进行模拟，如 test_get_holidays_timeout( )，其实只需要模拟 requests.get( ) 方法，而无须模拟整个 requests 模块，这时可以使用 patch.object( ) 方法。示例代码如下：

```
import unittest
from my_calendar import requests, get_holidays
from unittest.mock import patch
class TestCalendar(unittest.TestCase):
    # 只模拟requests中的get方法,副作用是抛出超时异常
    @patch.object(requests, 'get', side_effect=requests.exceptions.Timeout)
    def test_get_holidays_timeout(self, mock_requests):
        with self.assertRaises(requests.exceptions.Timeout):
            get_holidays()
```

11.5 总　结

在运行企业关键业务的网站上，哪怕一个小小的缺陷，都可能会带来极大的损失，这对网站开发者提出了很大的挑战。

在编写代码时，测试对验证应用程序逻辑是否正确、可靠和高效至关重要。测试的价值取决于它们展示这些标准的程度。复杂的逻辑和不可预测的依赖性会使编写有价值的测试用例变得困难。

本章首先介绍了单元测试的基本概念，以及编写单元测试用例的好处。作为 Web 应用

框架，Django 提供了非常好用的测试工具；接下来介绍了如何使用 Django 编写测试用例，以及如何使用 Django 的测试类；Python 语言也有非常成熟的测试框架——Mock，本章最后介绍了如何通过"打补丁"方式来消除业务逻辑中复杂和不可控的部分。

 练　习

问题一：什么是单元测试？

问题二：Django 的 TestCase 和 unittest 的 TestCase 有什么关系？

第 ③ 篇

高可用技术架构

第 12 章　Django 与部署

　　软件交付一直是开发人员和研究人员探讨的热门话题。为了能更快、更稳定地将软件交付到用户手中，IT 工作者做了大量的工作。

　　对于 Web 开发来说，Django 能让开发网站的工作变得稍微轻松一些，但是如果不能轻松地部署站点，则不能很快地让用户用到网站的功能，之前的工作就是徒劳的。值得庆幸的是，Django 提供了一些好用的工具，这些工具让部署工作变得容易一些。

　　除了 Django 框架外，还有很多开源工具，如 Ansible、Docker 等，可帮助开发者部署和运行应用。本章主要涉及的知识点：

- 软件部署：了解什么是软件部署。
- 部署 Django 应用：学习如何部署 Django 应用。
- 虚拟化技术：学习如何使用虚拟化技术来部署 Django 应用。

 ## 12.1　软件部署

　　软件部署的目的是让用户能用上软件。广泛意义上的部署在需求提出的时候就开始了。在计算机刚刚诞生的时代，计算机非常昂贵，体积也非常庞大，当时软件通常和制造商的硬件捆绑在一起。要在计算机上安装商业软件，需要专门的架构师和咨询人员参与才能够实现，这个过程费时又费力。

　　随着微型计算机和个人计算机的出现，大众软件蓬勃发展，新的软件分发形式出现了。例如，光盘、互联网和 U 盘都可以用来安装软件，软件的部署移交给了软件的使用者。

　　现在是云计算时代，大家渐渐接受了软件即服务的概念。在"云"上，软件供应商可以通过互联网在几分钟内将软件交付给大量客户。这就是说，软件的部署由软件的供应商而不是用户决定。特别是对于 Web 应用程序，部署方式变得越来越灵活，部署速度变得越来越快，持续交付变得越来越流行。

　　部署软件有可能会涉及以下 5 个操作（排名不代表执行的顺序）。

1. 发布代码（俗称"打包"）

　　发布代码是指在软件功能开发完成或者缺陷修复后，将代码组装成能在生产环境中运行的状态。有时候，发布代码还需要确定运行代码所需要的资源，如数据资源、计算资源、网络资源、存储资源等，并规划后续活动和记录部署过程。在发布代码完成后，会给该软件记录一个编号，这个编号一般称为版本号。

2. 安装

在简单的系统上，自动或手动地执行某些命令、脚本就能将软件安装在目标机器上。对于复杂的系统，还会涉及软件的配置，这些配置往往由用户确定，软件提供商可以通过询问终端用户关于软件的使用方式来最终确定软件的配置。

按照使用目的的不同，运行软件的环境分为生产环境、测试环境、开发环境等。用户使用的软件一般安装在生产环境；用于编写、调试代码的环境一般称为开发环境；用于系统不同组件集成测试的环境一般称为测试环境。不同环境安装的代码和配置可能会有一些差异。

在复杂的生产环境中，不同版本的软件可能同时存在。这样的发布策略有很多用处，可以在不影响服务稳定的条件下实现服务的升级，或者验证功能。

3. 激活

这里的激活并不是指输入软件许可证或输入码，而是让软件运行起来。例如，Web 应用的激活就是启动服务进程，监听某个配置好的端口。

4. 更新

更新是指使用软件的较新版本全部或部分替换早期版本。一般情况下，更新内容包括停用老版本、安装新版本和激活新版本。

5. 回滚

更新软件的过程中有时候会遇到一些异常情况，如软件的逻辑无法如预期执行，或者软件依赖的环境没有适配新的软件版本等。在这种情况下，通用做法是使用老版本的软件替换更新的软件，让软件能够快速恢复正常运行，这种做法叫作回滚。

越来越复杂的软件让部署也变得复杂起来，随之出现了协调和设计部署过程的专业角色，这些角色通常会随着应用程序从测试进展到生产环境而发生变化。部分企业和组织会为软件的重要发布成立专门的小组，组内成员包括软件开发者、软件发布者、测试人员、系统管理员、数据库管理员及发布协调者等角色。

12.2 部署 Django

Django 自带了一个轻量级的 Web 服务器，通过执行命令 python manage.py runserver 可以将这个服务器运行起来并监听默认的 8080 端口。这个服务器主要为开发和调试提供环境，并不保证安全和性能，因此不能在生产环境中这样运行服务。

好在经过开源社区多年的努力，已经开发出了很多用于 Django、Flask 等 Python Web 框架部署的工具。使用这些工具能够很快地部署 Django 应用，并保证足够的安全和性能。接下来学习几个常用的工具。

12.2.1　Web服务网关接口

在 21 世纪初，Python 拥有各种各样的 Web 应用程序框架，如 Zope、Quixote、Webware 等。对于 Python 新手来说，在众多的框架中进行选择是一个令人头疼的问题：各个框架和 Web 服务器之间的接口往往不统一，在采用了某个框架之后，只能使用特定的 Web 服务器部署应用程序。

Web 服务网关接口（Web Server Gateway Interface，WSGI）为 Web 服务器和 Web 应用程序提供了与实现无关的接口，让不同的 Python Web 框架有共同的开发基础。

WSGI 定义了以下接口。

- 服务器端 / 网关接口。在生产环境中，通常使用功能完备的 Web 服务器软件，如 Apache 或 Nginx。
- 应用程序 / 框架接口。这是一个 Python 可调用对象，由 Python 应用程序或框架提供。

WSGI 的工作方式如图 12.1 所示。

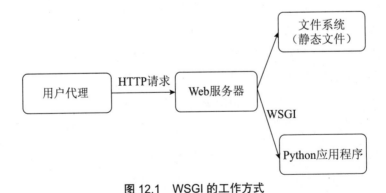

图 12.1　WSGI 的工作方式

WSGI 没有指定应该如何启动 Python 解释器，也没有指定应该如何加载和配置应用程序对象，不同的框架和 Web 服务器可以有不同的实现方式。

在服务器和应用程序之间，可能有一个或多个 WSGI 中间件。这些中间件通常是

Python 实现的组件，既需要实现服务器接口，也需要实现应用程序接口。

　　WSGI 中间件是 Python 可调用对象，因此它本身就是一个 WSGI 应用程序。它可以自己处理请求，也可以将请求委托给其他 WSGI 应用程序来处理，当然，这些应用程序可以是 WSGI 中间件。中间件一般用来实现下面的功能。

- 在相应地更改环境变量后，根据目标 URL 将请求路由到不同的应用程序对象。
- 在同一个进程中运行多个应用程序。
- 通过网络转发请求和响应来实现负载均衡和远程处理请求。
- 对部分格式内容进行通用处理。

　　下面我们使用 Python 来编写与 WSGI 兼容的应用程序，在程序中会：

　　（1）定义一个名为 application 的可执行对象，这个函数接受两个参数，即 environ 和 start_response。environ 是一个字典，包含了 CGI 环境变量、请求的其他参数和元数据。start_response 接受两个参数：status 和 response_headers。status 是响应状态码，repsonse_headers 是响应的标头。

　　（2）调用 start_response 方法，指定本次的响应状态码是“200 OK”，响应的标头指定标头 Content-Type 为 text/plain。

　　（3）调用 yield 方法将 application 函数编程为一个生成器，返回的数据为“Hello World”。示例代码如下：

```
def application(environ, start_response):
    start_response('200 OK', [('Content-Type', 'text/plain')])
    yield b'Hello, World\n'
```

12.2.2　配置uWSGI服务器

　　uWSGI 是部署 Django 应用常用的软件，它旨在构建任意类型的 Web 托管服务。从名字上就能看出来，uWSGI 和 WSGI 有很大的关系，事实上，WSGI 就是 uWSGI 支持的第一个插件。使用 uWSGI 部署 Django 有很多好处，具体如下。

- uWSGI 附带了一个 WSGI 适配器，这个适配器支持 WSGI 接口的 Python 应用程序。
- uWSGI 使用 C 语言编写，并链接了 libpython。这让它能像 Python 解释器一样在启动时加载应用程序代码。它对传入的请求进行解析后，执行 Python 的可调用对象。
- uWSGI 支持流行 Web 服务器，如 Nginx。
- uWSGI 拥有各种组件，扩展起来很方便。

● uWSGI 支持以异步和同步的方式运行应用程序。

● 与其他应用服务器相比，uWSGI 占用内存更少。

uWSGI 支持 pre-fork 模型，在应用服务器的上下文中，该模型意味着应用服务器会生成一定数量的进程，生成的进程将负责处理传入的请求，这些生成的进程称为工作进程。在类 UNIX 系统上，生成这些进程使用了 fork( )，工作进程继承了父进程地址空间的副本。

当父进程调用 fork( ) 时，操作系统不会复制父进程的内存页，而是采用 copy-on-write 策略，该策略为子进程创建一些数据结构；子进程并没有复制父进程的堆数据，而是创建指向父进程的堆的指针。在子进程需要对堆写入时，再将父进程的堆数据复制到新的空间。

当使用 uWSGI 创建多个进程时，uWSGI 将在第一个进程中初始化应用程序，然后不断调用 fork( ) 方法直到工作进程的数量达到设置的值，如图 12.2 所示。

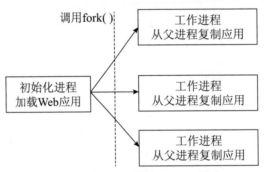

图 12.2　uWSGI 默认 prefork 模式

所有的工作进程是初始化进程的副本，每一个进程都是一个初始化之后的 Web 应用程序，可以处理请求。使用这种方式创建子进程的速度很快，并且占用的内存较小。

不过使用 prefork 模式会带来一些问题。在应用代码中明确使用了线程的情况下，这种模式会带来线程不安全问题，甚至会导致线程崩溃。我们可以使用 uWSGI 的 lazy-apps 模式来避免这种情况。

使用 lazy-apps 模式，我们可以确保每个进程都是独立启动的，进程之间完全隔离，如图 12.3 所示。这使得应用的可预测性更好。

尽管 lazy-apps 模式比 prefork 模式更安全、更可靠，它也有一些缺点。

（1）lazy-apps 模式会比 prefork 模式启动慢一些。如果启动 n 个工作进程，则 lazy-

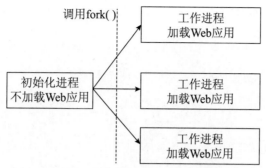

图 12.3　uWSGI 的 lazy-apps 模式

apps 模式下的启动时间会是 prefork 模式下的启动时间的 *n* 倍。

（2）lazy-apps 模式启动的服务器占用更多内存。在操作系统的角度来看，每个工作进程都是完全独立的，它们之间共享的内容更小。

两种模式下内存消息的差异取决于应用程序的大小。对于简单的应用程序来说，使用 lazy-apps 模式启动会比 prefork 模式启动多使用大概 15% 的内存。应用程序越大，这个差异越显著。

下面演示如何使用 uWSGI 来运行 Django 应用。部署的操作系统使用 Ubuntu，版本是 16.04.6 LTS，开始部署前需要将项目代码部署到服务器上。

前面已经学习了虚拟环境和 Django 的安装，这里不再过多介绍。执行下面的命令安装虚拟环境、Django 和 uWSGI：

```
$ # 创建虚拟环境
$ virtualenv e_shoes
# 激活虚拟环境
$ source e_shoes/bin/activate
# 安装Django
$ pip install django
# 安装uWSGI
$ pip install uwsgi
```

安装防火墙软件并配置服务器开放 8001 端口：

```
# 安装iptables
$ sudo apt-get install iptables iptables-persistent
# 配置8001端口对外开放
$ sudo iptables -A INPUT -m state --state NEW -m tcp -p tcp --dport 8001-j ACCEPT
```

配置 uWSGI 服务，创建一个名为 e_shoes_uwsgi.ini 的文件，文件内容如下：

```
[uwsgi]
# 监听的IP和端口
http-socket = :8001
# 放置代码的目录
chdir = /path/to/your/e_shoes
# 存储虚拟环境的目录
home = /path/to/virtualenv/e_shoes
# 项目的wsgi模块
module = e_shoes.wsgi
master = true
# 进程的数量,按照实际需要调整
processes = 10
# 设置超时的时间,单位是秒
harakiri = 20
```

执行下面的命令，启动应用服务器，--ini 参数用于指定配置文件的位置。

```
$ uwsgi --ini e_shoes_uwsgi.ini
```

正常情况下，在应用没有异常，正确配置了服务器的防火墙的情况下，打开浏览器，进入 http：// 服务器 IP：8001 就能直接访问 uWSGI 服务。

上面的例子仅仅介绍了部分 uWSGI 的配置。如果想更多地了解 uWSGI 的配置，则可以参考论坛或 uWSGI 官方文档。

12.2.3 配置Gunicorn服务器

Gunicorn 是用 Python 语言编写的 WSGI 服务器，使用了 pre-fork 模型。这个模型有一个中央主进程，用于管理和启动工作进程，工作进程负责处理请求。

使用 Gunicorn 运行 Python 应用有以下优势。

● Gunicorn 支持 WSGI。任何支持 WSGI 的 Python 框架都可以用它来运行。

● Gunicorn 支持多种工作进程运行的方式，并且会自动管理工作进程。

● Gunicorn 使用 Python 编写，因此可以用 Python 的模块作为配置文件，配置方便。

● Gunicorn 支持 SSL。

● Gunicorn 支持多个 Python 版本。

● Gunicorn 支持在运行的多个阶段插入"钩子"，方便一些自定义的行为。

Gunicorn 支持多种模式的工作进程，这些模式分别是同步模式、异步模式、Tornado 模式和 asyncio 模式。

同步模式是 Gunicorn 的默认模式，是工作进程最基本的模式。在这个模式中，每个工作进程一次只处理一个请求，这种工作模式适用于处理不需要处理长时间 I/O 的请求。长时间处理 I/O 的请求（如多次读磁盘，或者通过网络请求第三方服务），会让其他请求长时间处于等待状态，最后由于连接超时而失败。同步模式的工作方式如图 12.4 所示。

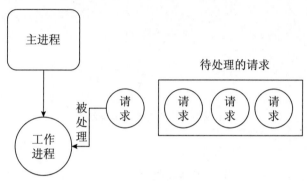

图 12.4　同步模式的工作方式

在了解 Gunicorn 的异步模式前，需要先了解 Python 的协程。协程在代码中提供了某种程度的并发性，它可以在一个时间点停止执行，切换到另一个协程，并在完成时返回到刚开始的协程。Python 的 greenlet 库实现了协程。

异步模式的工作进程有两种类型：gevent 和 eventlet，这两者均基于 greenlet 库，为网络相关任务提供并发性。在这种模式下，Gunicorn 能够同时处理多个请求，单个执行长时间 I/O 的请求不会将后面的请求阻塞，这解决了同步模式下的长时间阻塞而导致超时的问题。

gevent 和 eventlet 都用到了 Python 的 green 线程。在 Python 中，green 线程是在程序级别实现的线程，而不是在操作系统级别实现的线程。由于全局解释器锁（Global Interpreter Lock，GIL）的存在，Python 无法像 C 语言、Java 语言那样使用多线程来实现并发，因此需要异步 I/O 来解决并发问题。异步模式的工作方式如图 12.5 所示。

一般情况下，不需要应用程序做修改，只需要修改配置，就能让 Gunicorn 从同步模式切换到异步模式。

Tornado 工作模式通常用于运行使用 Tornado 框架编写的应用。使用这种模式需要对 Tornado 框架有所了解，限于篇幅，这里不做过多介绍。

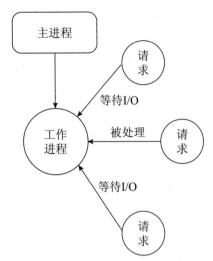

图 12.5 异步模式的工作方式

使用者需要根据应用类型来选择 Gunicorn 的模式。一般情况下，如果应用是 CPU 密集型，则推荐选择同步模式；如果应用需要处理长时间的 I/O，则推荐使用异步模式。

下面演示如何使用 Gunicorn 运行 Django 应用程序。运行环境可以直接使用 uWSGI 运行应用的环境。开始部署前需要将项目代码部署到服务器上。

安装防火墙软件并配置服务器开放 9000 端口：

```
# 安装iptables
$ sudo apt-get install iptables iptables-persistent
# 配置9000端口对外开放
$ sudo iptables -A INPUT -m state --state NEW -m tcp -p tcp --dport
9000 -j ACCEPT
```

使用下面的命令安装 Gunicorn：

```
$ pip install gunicorn
```

安装完成后，创建一个新的文件 gunicorn_config.py 作为 Gunicorn 的配置文件，文件的内容如下：

```
# -*- coding: utf-8 -*-
import multiprocessing
# 服务监听的IP和端口
bind = "0.0.0.0:9000"
```

```
# 最大挂起连接数
backlog = 2048
# 工作进程的数量,按照业务需求配置,这里设置为CPU核数*2再加1
workers = multiprocessing.cpu_count()*2+1
# 工作进程的模式
# sync对应同步模式,eventlet和gevent对应异步模式
worker_class = 'sync'
# 单个进程处理请求的线程数
threads = 1
# 单工作进程最大连接数量
worker_connections = 1000
# 工作进程在重启前累计处理的请求数,设置为0表示不重启
max_requests = 0
# 防止工作进程同时被重启,让各个工作进程在重启前处理的请求的数量不一致
max_requests_jitter = 0
# 工作进程超时时间
timeout = 30
# 在工作进程收到重启信号能用于处理请求的时间
graceful_timeout = 30
keep_alive = 2
# 在应用加载前切换工作目录
chdir = ""
# Gunicorn是否在后台运行
daemon = False
# 运行Gunicorn进程的用户
user = None
# 运行Gunicorn进程的用户组
group = None
# 请求日志格式
access_logformat = '%(h)s %(l)s %(u)s %(t)s "%(r)s" %(s)s %(b)s "%(f)s %(a)s"'
# 记录错误日志的文件
error_logfile = "-"
# 日志级别
log_level = "info"
# 下面是Gunicorn提供的钩子函数
def on_starting(server):
    # 在主进程初始化之前调用
    pass
def on_reload(server):
    # 在工作进程收到SIGHUP信号后调用
    pass
def when_ready(server):
    # 在服务器启动后调用
    pass
def pre_fork(server, worker):
    # 在工作进程创建前被调用
    pass
def post_fork(server, worker):
```

```
    # 在工作进程创建后被调用
    pass
def post_worker_init(worker):
    # 在工作进程初始化应用后被调用
    pass
def worker_init(worker):
    # 在工作进程接收SIGINT或SIGQUIT信号,退出后被调用
    pass
def worker_abort(worker):
    # 在工作进程接收SIGABRT信号时被调用,一般在工作进程超时时发出SIGABRT信号
    pass
def pre_exec(server):
    # 在主进程创建前被调用
    pass
def pre_request(worker, req):
    # 在工作进程接受请求前被调用
    worker.log.debug("%s %s" % (req.method, req.path))
def post_request(worker, req, environ, resp):
    # 在工作进程处理请求后被调用
    pass
def worker_exit(server, worker):
    # 在工作进程退出时被调用
    pass
def nworkers_changed(server, new_value, old_value):
    # 在工作进程数量发生变化时被调用
    pass
def on_exit(server):
    # 在退出Gunicorn时被调用
    pass
```

上面的配置是使用 Gunicorn 运行 Django 应用时常见的配置。

使用 Python 编写的应用出现内存泄漏问题的概率很大。Gunicorn 作为 Python 语言编写的应用,处理内存泄露的方法比较简单:重启进程。相关的配置是 max_requests 选项,它用于配置单个工作进程处理的最大请求数,在达到这个请求数后,工作进程会被重启。

Gunicorn 的工作进程数量一般设置为机器 CPU 核数的两倍,各个工作进程处理的请求数量大致是相等的,在请求量比较大的情况下,容易出现多个工作进程同时达到请求的最大值,从而一起重启的情况,这会造成服务在工作进程一起重启的时间段内不可用。为了避免这种情况的发生,Gunicorn 提供了 max_requests_jitter 配置,这个配置让各个工作进程的请求量上限不一样,从而减小了所有工作进程一起重启的概率。

执行下面的命令运行应用服务器:

```
$ gunicorn e_shoes.wsgi -c gunicorn_config.py
```

正常情况下，在应用没有异常，正确配置了服务器的防火墙的情况下，打开浏览器，请求 http:// 服务器 IP:9000，就能直接访问 Gunicorn 重启的服务。

12.2.4　配置Nginx服务器

Nginx 是一个开源、高性能的 HTTP 服务器和反向代理，是 IT 企业中广泛使用的 Web 服务器。在目前的场景中，Nginx 有以下两个功能。

- 作为 Web 服务器负责处理静态文件的请求。事实上，在较大的互联网应用中，会使用内容分发网络（Content Delivery Network，CDN）来负责分发静态文件，我们在后面的章节介绍这部分。
- 将用户代理的请求反向代理到应用服务器。

下面演示 Nginx 配置。示例使用域名 e_shoes.example.com，要想使用这个域名，需要在网络中配置完全合格的域名，或者修改用户代理机器上的 hosts 配置。在 Ubuntu 中修改 host 的代码如下（使用服务器的真实 IP 替换掉命令行中的"{{ 服务器 IP}}"）：

```
$ sudo echo "{{服务器IP}} e_shoes.example.com" > /etc/hosts
```

应用服务器监听本机 9000 端口，Nginx 站点监听 80 端口。配置服务器防火墙：

```
# 安装iptables
$ sudo apt-get install iptables iptables-persistent
# 配置80端口对外开放
$ sudo iptables -A INPUT -m state --state NEW -m tcp -p tcp --dport 80 -j ACCEPT
```

在服务器上安装 Nginx 软件，在命令行工具中执行下面命令：

```
# 安装Nginx
$ sudo apt-get install nginx
```

在 /etc/nginx/sites-available/ 目录下创建 e_shoes_nginx.conf 文件，文件内容如下：

```
# e_shoes_nginx.conf文件
# 上游服务配置
upstream django {
# 应用服务器监听的服务IP和端口
    server 127.0.0.1:9000;
}
# 站点配置
```

```
server {
    # 站点监听的端口
    listen      80;
    # 站点服务的域名
    server_name e_shoes.example.com; # substitute your machine's IP address or FQDN
    charset     utf-8;
    # 最大上传数据量
    client_max_body_size 75M;
    # 将以/static开头的请求指向Django的静态文件目录
    location /static {
    # 项目存放静态文件的文件目录
        alias /path/to/your/e_shoes/static;
    }
    # 将其他请求导向应用服务器
    location / {
        proxy_pass  http://django;
    }
}
```

创建完成后，执行命令行操作，在 /etc/nginx/sites-enabled/ 目录下创建 e_shopes_nginx.conf 的软链接，之后重启 Nginx 服务。

```
sudo ln -s /etc/nginx/sites-available/e_shoes_nginx.conf /etc/nginx/sites-enabled/
sudo service nginx restart
```

在运行应用服务器前，需要收集 Django 的静态文件到指定的文件夹。修改 e-shoes/settings.py 文件，添加下面的配置：

```
STATIC_ROOT = os.path.join(BASE_DIR, "static/")
```

添加完配置后，在命令行中执行：

```
$ python manage.py collectstatic
```

完成上面的操作后，在浏览器中打开页面 http://e_shoes.example.com，就能看到正常的请求了。

 12.3 服务管理

在应用程序成功运行起来后，我们的工作还没有结束。软件在运行过程中总是会出现各种各样的意外，如服务器重启后应用程序不再运行，甚至是人为的误操作导致程序退出等。

这样的意外一旦发生，就会造成服务不可用，给企业或组织带来损失。

打断工程师的工作来处理这些意外是可行的，不过一方面人工响应这类问题难以做到及时，另一方面成本也太高。更好的做法是使用一个监督进程来帮忙管理应用进程，这个监督进程需要具备以下功能。

- 重启失败的服务。
- 管理进程的状态。
- 管理日志。监督进程可以捕获服务进程的标准输出和标准错误输出，并将这些输出重新定向到日志文件中。
- 在服务器重启时自动启动服务。

12.3.1 使用Supervisord管理服务

Supervisord 允许我们在类 UNIX 操作系统上监视且控制多个进程。下面来演示如何使用 Supervisord 管理使用 Gunicorn 运行的 Django 应用。在下面的示例中，所用的操作系统是 Ubuntu 16.04。开始部署前需要将项目代码部署到服务器上。

使用 Gunicorn 运行 Django 应用程序在前面已经介绍过了，这里不再赘述。

安装并重启 Supervisord，在命令行中执行以下命令：

```
$ sudo apt-get install supervisor
$ sudo service supervisor restart
```

在 /etc/supervisor/conf.d 文件夹下创建 e_shoes.conf 文件作为服务的配置文件，文件的内容如下：

```
# 定义服务名为e_shoes
[program:e_shoes]
# 启动服务的命令
command=/path/to/virtualenv/bin/gunicorn -c gunicorn_config.py e_shoes.wsgi
# 项目目录
directory=/path/to/myproject/e_shoes
# 服务器启动时启动服务
autostart=true
# 当服务因某些原因退出时重启服务
autorestart=true
# 重定向应用程序的标准错误输出到文件
stderr_logfile=/var/log/e_shoes.err.log
# 重定向应用程序的标准输出到文件
stdout_logfile=/var/log/e_shoes.out.log
```

保存配置文件后，让 Supervisord 读取这些配置并发挥作用，在命令行中执行以下命令：

```
$ sudo supervisorctl reread
$ sudo supervisorctl update
```

Supervisord 提供了命令行工具来帮助用户管理服务，使用命令行，我们可以获得服务的状态、启动服务、停止服务和重启服务，如下面的命令行示例：

```
# 查看服务e_shoes的状态
$ sudo supervisorctl status e_shoes
# 启动e_shoes服务
$ sudo supervisorctl start e_shoes
# 停止e_shoes服务
$ sudo supervisorctl stop e_shoes
# 重启e_shoes服务
$ sudo supervisorctl restart e_shoes
```

12.3.2　使用systemd管理服务

在类 UNIX 系统上，systemd 是非常流行的服务管理工具。使用 systemd 可以很方便地管理服务。在 Ubuntu 16.04 环境中，systemd 是默认安装的。

下面演示如何使用 systemd 来管理使用 Gunicorn 运行的 Django 应用程序。开始部署前需要将项目代码部署到服务器上。

创建文件 /etc/systemd/system/e_shoes.service，文件的内容如下：

```
[Unit]
# 服务描述
Description=Gunicorn server for e_shoes.example.com
# 在系统网络服务启动后运行服务
After=network.target
[Service]
# 定义环境变量
Environment=sitedir=/path/to/project/
# 运行服务的用户
User=someuser
# 运行服务的用户组
Group=someuser
# 启动服务的命令
ExecStart=$(sitedir)/virtualenv/bin/gunicorn -c $(sitedir)/gunicorn_config.
py e_shopes.wsgi
```

```
# 重启服务的命令
ExecReload=/bin/kill -s HUP $MAINPID
# 停止服务的命令
ExecStop=/bin/kill -s TERM $MAINPID
# 总是重启服务
Restart=always
# 工作目录
WorkingDirectory=$(sitedir)
[Install]
WantedBy=multi-user.target
```

上面的服务配置文件分为以下 3 部分。

（1）Unit 部分：指定了服务的元数据和依赖。上面的服务定义了服务的描述和依赖。

（2）Service 部分：指定了服务的运行方式、启动策略等。

（3）Install 部分：指定了该服务随系统启动的策略。上面的配置指定了，当常规的多用户系统启动时，启动这个服务。

systemd 提供的 systemctl 命令行工具可用来帮助管理服务。使用这个命令行工具，可以手动查看服务的状态，启用或停止服务。我们现在来启用刚才定义的服务，使用命令行终端软件中执行下面的命令：

```
# 重新读取服务配置
$ systemctl daemon-reload
# 启用e_shoes服务
$ sudo systemctl start e_shoes.service
# 让服务随系统启动运行
$ sudo systemctl enable e_shoes.service
# 查看服务状态
$ sudo systemctl status e_shoes.service
```

如果执行 systemctl status 命令发现这个服务有问题，则可以查看服务日志。systemd-journald 会自动收集服务日志，并且提供了命令行工具方便使用。使用下面的命令可以查看服务日志。

```
$ sudo journalctl -u e_shoes
```

如果服务配置本身有变动，则需要重新加载配置并且重启服务。修改完配置文件后，在命令行终端软件中执行下面的命令：

```
$ systemctl daemon-reload
$ systemctl restart e_shoes.service
```

12.4 **Django 与虚拟化技术**

多年以来，软件通常直接部署在"裸机"上，如直接安装在完全控制底层硬件的操作系统上；在物理机上部署应用很难迁移并且难以更新。这两个因素限制了 IT 的能力，让其不能灵活响应业务需求的变化，因此，虚拟化技术应运而生。

虚拟化平台（也称为"虚拟机管理程序"）允许多个虚拟机共享单个物理系统，每个虚拟机以独立的方式模拟整个系统的行为，实现自己的操作系统、存储和 I/O。使用虚拟化技术，IT 能够克隆、复制、迁移虚拟机，不仅能够更好地利用资源，而且可以更快速地响应业务需求的变化。

不过虚拟机仍然存在一些问题。例如，虚拟机的体积往往非常大，因为每个虚拟机都要包含完整的操作系统；配置虚拟机仍然需要相当长的时间；随着业务的发展速度加快，使用虚拟机交付应用的速度也会跟不上。

于是，容器出现了。容器的工作方式有点像虚拟机，但控制的粒度更细。容器隔离了单个应用程序及其依赖项（应用程序运行所需要的所有外部软件库），这些依赖来自操作系统和其他容器。所有容器化的应用程序共享一个通用的操作系统，这些应用间彼此隔离。应用了容器技术的应用交付速度会大大提高。

本节将讲解如何使用 Vagrant 和 Docker 部署 Django。由于虚拟化技术的跨平台特性，我们选择在 Macbook 上虚拟 Ubuntu 环境，并部署应用。单个应用包含 Nginx、Gunicorn 和使用 Django 框架开发的项目代码，Nginx 和 Gunicorn 的配置在 12.3 节已经做过介绍，这里将直接使用 12.3 节中创建的配置文件。

12.4.1 使用Vagrant部署Django应用

Vagrant 是用于构建和管理虚拟化环境的工具，它提供了易于配置、可重复和便携的工作环境，并提供单一且一致的工作控制流程。

首先安装 Vagrant。打开命令行终端软件并执行下面的命令。

```
# 安装brew
$ /usr/bin/ruby -e "$(curl -fsSL https://raw.githubusercontent.com/
Homebrew/install/master/install)"
# 更新brew软件仓库
```

```
$ brew doctor && brew update
# 安装virtualbox,用于创建虚拟机
$ brew cask install virtualbox
# 安装Vagrant
$ brew cask install vagrant
```

进入项目的根目录，进行 Vagrant 的初始化，我们选择 Ubuntu 16.04 作为虚拟环境的操作系统，执行下面的命令：

```
$ vagrant init ubuntu/xenial64
```

这个命令执行后，会在目录下生成一个名为 Vagrantfile 的文件。这个文件用于描述项目所需的机器类型，以及如何配置这些机器。使用 Vagrant，最好在每个项目下都生成一个 Vagrantfile 文件，并且将这个文件提交到版本控制系统。这种方式可方便项目的所有开发人员快速使用 Vagrant 搭建起运行服务的虚拟机。

为了方便部署，首先在项目中创建 deploy 目录，在该目录下创建 NGINX 和 systemd 的配置文件。NGINX 的配置文件名为 nginx_default，文件内容如下：

```
# 上游服务配置
upstream django {
# 应用服务器监听的服务IP和端口
    server 127.0.0.1:9000;
}
# 站点配置
server {
    # 站点监听的端口
    listen      80;
    # 站点服务的域名
    server_name  _
    charset     utf-8;
    # 最大上传数据量
    client_max_body_size 75M;
    # 将以/static开头的请求指向Django的静态文件目录
    location /static {
     # 项目存放静态文件的文件目录
        alias /vagrant/static;
    }
    # 将其他请求导向应用服务器
    location / {
        proxy_pass  http://django;
    }
}
```

systemd 的配置文件名为 e_shoes.service，配置文件定义了服务的启动方式、服务名、运行的环境等，文件内容如下：

```
[Unit]
# 服务描述
Description=Gunicorn server for e_shoes.example.com
# 在系统网络服务启动后运行服务
After=network.target
[Service]
# 定义环境变量
Environment=sitedir=/vagrant
# 运行服务的用户
User=vagrant
# 运行服务的用户组
Group=vagrant
# 启动服务的命令
ExecStart=/usr/local/bin/gunicorn -c $(sitedir)/gunicorn_config.py e_shopes.wsgi
# 重启服务的命令
ExecReload=/bin/kill -s HUP $MAINPID
# 停止服务的命令
ExecStop=/bin/kill -s TERM $MAINPID
# 总是重启服务
Restart=always
# 工作目录
WorkingDirectory=$(sitedir)
[Install]
WantedBy=multi-user.target
```

修改 Vagrantfile，让虚拟机的配置符合运行服务的要求，配置文件应该包含虚拟机的类型、内存和 CPU 的资源等信息，文件内容如下：

```
# -*- mode: ruby -*-
# vi: set ft=ruby :
Vagrant.configure("2") do |config|
  # 设置虚拟机类型
  config.vm.box = "ubuntu/xenial64"
  # 设置通过virtualbox启动的虚拟机的内存和CPU
  config.vm.provider "virtualbox" do |vb|
    vb.memory = "1024"
    vb.cpus = 2
  end
  # 配置虚拟机网络
  config.vm.network "public_network", use_dhcp_assigned_default_route: true
  # 设置在启动时配置的环境
  config.vm.provision "shell", inline: <<-SHELL
```

```
   # 更新软件仓库
   apt-get update
   # 安装Nginx和Python软件
   apt-get install -y nginx python2.7 python-pip
   # 安装应用依赖的包
   pip install gunicorn django==1.8
   cd /vagrant && python manage.py collectstatic --noinput
   # 配置Nginx
   cp /vagrant/deploy/nginx_default /etc/nginx/sites-available/default
   # 配置systemd服务
   cp /vagrant/deploy/e_shoes.service /etc/systemd/system/e_shoes.service
   # 重启Nginx服务
   service nginx restart
   # systemd重新读取配置
   systemctl daemon-reload
   # 重启e_shoes服务
   systemctl restart e_shoes.service
   SHELL
end
```

设置这些配置后，现在让服务运行起来，Vagrant 提供的命令行工具 vagrant 用于管理虚拟机。在项目目录下，打开命令行软件，执行下面的命令：

```
# 启动虚拟机
$ vagrant up
```

第一次运行这个命令，需要花费一些时间，因为 Vagrant 会通过网络下载虚拟机镜像，并将虚拟机运行起来。可以通过下面的命令得到虚拟机的 IP 地址：

```
$ vagrant ssh -c "ip address"
```

得到虚拟机 IP 地址后，打开浏览器，进入 http://虚拟机 IP，正常情况下，就能看到服务渲染的页面了。

12.4.2　使用Docker部署Django应用

Docker 和容器是运行软件的一种新方式，它正在彻底改变软件开发和交付的方式。

流行的虚拟机管理程序，如 Hyper-V、KVM 和 Xen，都是基于模拟虚拟硬件的，这意味着这些技术需要实现复杂的操作系统。但是，多个容器可以共享一个操作系统，使用容器来管理应用程序比虚拟机更有效，也更节省资源。

容器受欢迎的另一个原因是其适用于持续集成和持续部署。持续集成和持续部署鼓励开发者尽可能多地提交代码，然后快速有效地部署代码。Docker 使开发人员能够轻松地打包、分发和运行任何应用程序，这些容器几乎可以在任何地方运行。

Docker 构建在 Linux 容器（LXC）上，它有自己的文件系统、CPU、内存。Docker 容器和虚拟机之间的关键区别在于：虚拟机管理程序抽象整个硬件设备，而容器只是抽象操作系统内核。综上，Docker 容器的好处如下。

- 灵活：即使是最复杂的应用也可以容器化。
- 轻量级：容器利用并共享主机内核。
- 便于升级：可以随时部署更新和升级。
- 方便：可以在本地构建，部署到云上，并在任何地方运行。
- 易分发：可以增加并自动分发容器副本。

接下来我们来演示如何用 Docker 来部署 Gunicorn 运行的 Django 应用程序。和虚拟机部署类似，部署的操作环境是 Ubuntu 16.04，选用 Ubuntu 16.04 作为基础镜像。开始部署前需要将项目代码部署到服务器上。

首先安装 Docker 软件，Docker 分为企业版和社区版，这里选用社区版本，在命令行软件中执行下面的命令：

```
# 卸载旧版本
$ sudo apt-get remove docker docker-engine docker.io containerd runc
# 更新软件源
$ sudo apt-get update
# 允许apt使用HTTPS
$ sudo apt-get install -y apt-transport-https ca-certificates curl
gnupg-agent software-properties-common
# 添加Docker的GPK密钥
$ curl -fsSL https://download.docker.com/linux/ubuntu/gpg | sudo apt-
key add -
# 添加Docker的镜像源
$ sudo add-apt-repository "deb [arch=amd64] https://download.docker.
com/linux/ubuntu $(lsb_release -cs) stable"
# 更新软件源
$ sudo apt-get update
# 安装Docker
$ sudo apt-get install -y docker-ce docker-ce-cli containerd.io
```

安装好 Docker 后，我们来构建应用的第一个镜像。Docker 提供了 Dockerfile 机制，可指定构建镜像的步骤，Docker 会按照指定的步骤一步步执行，最后构建出镜像。在项目的根目录下新建一个名为 Dockerfile 的文件，文件内容如下：

```
# 基础镜像是Ubuntu 16.04
FROM ubuntu:16.04
# 将文件复制到vagrant目录下,这个目录名可以自己取
COPY . /vagrant
# 升级软件源
RUN apt-get update
# 安装Nginx、Python和pip
RUN apt-get install -y nginx python2.7 python-pip
# 安装项目的依赖包
RUN pip install django==1.8 gunicorn
# 收集静态文件
RUN cd /vagrant && python manage.py collectstatic --no-input
# 配置Nginx
RUN cp /vagrant/deploy/nginx_default  /etc/nginx/sites-available/default
# 启动Nginx服务
RUN service nginx restart
# 设置运行应用的命令
CMD cd /vagrant && gunicorn -c gunicorn_config.py e_shoes.wsgi
```

然后执行 docker build 命令，打包镜像，build 命令可以指定构建的上下文和构建的镜像名。示例代码如下：

```
# 在项目的根目录下构建名为e_shoes:0.0.1的Docker镜像
$ docker build -t e_shoes:0.0.1 .
......
Successfully built 0eddca1298fb
Successfully tagged e_shoes:0.0.1
# 查看Docker镜像列表,能看到刚打包的镜像和基础Ubuntu 16.04镜像
$ docker images
REPOSITORY      TAG         IMAGE ID        CREATED           SIZE
e_shoes         0.0.1       0eddca1298fb    About a minute ago 491MB
ubuntu          16.04       2a697363a870    4 weeks ago       119MB
```

镜像构建完成后，接下来运行容器，期望在容器运行起来后，能通过网络访问容器内的应用。通过上面的配置可以得知容器内会运行 Nginx 和 Gunicorn。默认情况下，Docker 容器网络采用桥接模式，从容器外无法直接访问。因此，需要在运行容器的时候通过 "-p" 参数将容器的端口发布到宿主机。在命令行终端软件中执行下面的命令：

```
$ Docker run -d --name e_shoes -p 80:80 -p 9000:9000 e_shoes:0.0.1
b969f5fa19d98c37fba95d886c10d903cd80b7ad60a874885ced00f3c749a893
$ Docker ps
```

```
CONTAINER ID        IMAGE              COMMAND                  CREATED
STATUS              PORTS                                       NAMES
b969f5fa19d9        e_shoes:0.0.1      "/bin/sh -c 'cd /vag..."  18 seconds ago
Up 17 seconds       0.0.0.0:9000->9000/tcp, 0.0.0.0:80->80/tcp   e_shoes
```

在上面的 Docker run 命令中，"-d"参数指定容器以分离模式启动，"--name"参数指定一个容器名，"-p"参数指定宿主机和容器的端口映射。正确配置的情况下，打开浏览器，进入 http:// 服务器 IP，就能正常看到项目页面。

可以通过 Docker logs 命令查看容器的日志：

```
$ Docker logs e_shoes
[2019-06-13 08:14:20 +0000] [6] [INFO] Starting gunicorn 19.9.0
[2019-06-13 08:14:20 +0000] [6] [INFO] Listening at: http://0.0.0.0:9000 (6)
[2019-06-13 08:14:20 +0000] [6] [INFO] Using worker: sync
[2019-06-13 08:14:20 +0000] [10] [INFO] Booting worker with pid: 10
[2019-06-13 08:14:20 +0000] [11] [INFO] Booting worker with pid: 11
[2019-06-13 08:14:20 +0000] [14] [INFO] Booting worker with pid: 14
[2019-06-13 08:14:20 +0000] [15] [INFO] Booting worker with pid: 15
[2019-06-13 08:14:20 +0000] [16] [INFO] Booting worker with pid: 16
```

值得注意的是，将 Gunicorn 配置中的 daemon 设置为 False，可使 Gunicorn 进程以前台形式运行。对于 Docker 容器而言，其启动程序就是容器应用程序，主进程退出，容器也会退出，因此需要启动程序以前台形式运行。

12.4.3　Docker的reap问题

使用 Docker 容器部署应用的时候，应该了解 reap 问题，如果使用时不加注意，则可能会出现意想不到的情况。

僵尸进程是指执行完成（通过 exit 系统调用，或运行时发生错误退出或收到终止信号），但在操作系统进程表中仍然有一个表项，处于"终止状态"的进程。

进程会处于这个状态，是为了让其父进程读取它的退出状态。一旦父进程通过 wait 系统调用读取子进程的退出状态，僵尸进程条目就会从进程表中删除，这个过程称为 reap。正常情况下，进程条目最后都会从进程表中删除，进程长时间处于僵尸状态，一般表明其出现了错误，最后会造成资源泄露。

在 Linux 系统中，当子进程结束时，系统会向父进程发送 SIGCHILD 信号，期望父进程对子进程执行 wait 系统调用。如果父进程没有调用，则子进程将保留在进程表中，形成僵尸进程。

系统管理员可以手动向父进程发送 SIGCHILD 信号。如果父进程仍然拒绝 reap 僵尸子进程，则系统会终止父进程，并让 PID 为 1 的 init 进程成为僵尸子进程的父进程，我们把这种行为称为 init 进程"收养"了子进程。init 进程会周期调用 wait 系统，以 reap 其所收养的所有僵尸进程。

在很多使用 Docker 的场景中，容器内 PID 为 1 的进程不具有 reap 的能力，这会带来一些问题。假设存在这样一种情况：容器内的主进程是一个 Web 服务器，这个服务器运行 Bash 编写的脚本，脚本中调用了 grep。在一次请求中，Web 服务器发现脚本执行超时，并"杀掉"了脚本进程，但是脚本进程启动的 grep 进程继续执行，它的父进程变成了 Web 服务器进程。当 grep 进程执行完成后，就变成了僵尸进程，此时，Web 服务器进程并没有 reap 这个僵尸进程，最后 grep 僵尸进程就留在了系统进程表中，直到 Web 服务器进程停止。

在其他情况下，如果容器内运行的主进程不具备 reap 能力，则类似的问题也会存在。有一些系统方案可以解决这个问题，如 systemd。不过对于容器来说，这样的方案显得有些"重"，因为 systemd 除了能处理 reap 问题外，还有许多其他功能，而这些功能无法在容器中使用。

一个简单的方式是使用 Bash 启动主进程，Bash 会正确 reap 收养的进程，并且 Bash 可以执行任何程序。只需要对 12.4.2 节 Dockerfile 文件的最后一行进行修改即可，示例如下：

```
# 原来的启动命令
# CMD cd /app && gunicorn -c gunicorn_conf.py e_shoes.wsgi
# 使用Bash的启动命令
CMD ["/bin/bash", "-c", "cd /vagrant && gunicorn -c gunicorn_conf.py e_shoes.wsgi"]
```

不过，使用 Bash 启动主进程将不能处理容器的信号。例如，向 Bash 进程发送一个 SIGTERM 信号，Bash 进程会终止，但是并不会将信号传递给子进程。当 Bash 进程终止时，内核会停止整个容器和其中的进程。容器内的进程会收到 SIGKILL 信号，SIGKILL 信号无法被捕获。假如应用程序正在写文件过程中被不正确地终止，则可能会导致文件损坏。

Docker 提供了一个解决方案，即在运行容器时指定"--init"参数。对于使用"--init"参数启动的容器，应用程序会被 Docker 内部的微型 init 系统封装。这个 init 系统会保证将信号传递给子进程。命令行示例如下：

```
$ Docker run -d --init --name e_shoes -p 80:80 -p 9000:9000 e_shoes:0.0.1
```

12.5 总 结

　　软件功能只有在被用户使用后，才会产生价值。为了让用户能够使用软件的功能，IT 工作者需要将软件部署到某个环境。本章介绍了软件部署的基本概念和流程。

　　采用 Django 能够提高部署效率。这不仅在于框架本身提供的功能便于部署，也在于流行的应用服务器都能很好地支持 Django 部署。本章介绍了 Web 网关接口的概念，学习了 uWSGI 和 Gunicorn 这两个部署 Django 应用常用的应用服务器，还学习了配置 Nginx 这个常用的 Web 服务器。

　　在传统的 IT 理念中，部署属于运维范畴。互联网的快速发展，对软件的交付速度和质量提出了越来越高的要求。应对这样的形势，除了需要研发各种工具提升部署效率和可靠性外，也需要软件开发者越来越多地参与到交付流程中来。本章讲解了如何使用虚拟机和 Docker 来运行 Django 服务。持续交付正变得越来越流行，虚拟化技术未来会是 IT 从业者的必备技能。

 12.6 练 习

　　问题一：软件部署一般会涉及哪几个操作？
　　问题二：Docker 能带来什么好处？

第 13 章 Django 与负载均衡

第 10 章讲解了如何使用各种工具部署 Django 应用。在现实场景中，仅仅让应用运行起来是不够的，我们还需要面对其他问题，例如：出于成本考虑，单台机器的计算、存储、网络等资源无法无限增加；机器始终存在断电、断网时无法工作的风险；升级应用程序可能会导致一段时间内服务不可访问等。

保证服务 100% 不会宕机几乎是不可能的，软件开发者应该尽量提升服务的可用性，而负载均衡技术能够为 Web 系统提供冗余和均衡工作负载，从而有效提高服务的可用性和服务的吞吐量。采用 Django 开发的应用程序编写灵活，部署起来方便，非常有利于接入各种实现负载均衡的系统。

本章主要涉及的知识点：

● 负载均衡调度算法：了解常用的负载均衡调度算法。

● 负载均衡技术：了解实现负载均衡系统常用的工具和技术。

● 动态服务发现：了解如何利用动态发现技术实现系统的升级、扩容和故障处理。

 13.1 调度算法

负载均衡技术旨在优化资源使用率、最大化吞吐量、最小化响应时间，并避免单个资源过度负载。使用负载均衡技术可以通过冗余提高可靠性和可用性，其最常见的用法是让多个服务器提供统一的网路服务。负载均衡有多种实现方法，每种方法都有自己的优势，要根据实际的情况进行选择。下面介绍几种常用的算法。

13.1.1 循环调度算法

循环调度算法是一种简单的负载均衡方法。采用这种方法，负载均衡调度器从任务队列中选出任务，将任务依次分配给服务进程。假设现在有 A、B、C 这 3 个服务进程，调度器依次做如下事情。

（1）从任务队列中取出一个任务，分配给 A。

（2）从任务队列中取出一个任务，分配给 B。

（3）从任务队列中取出一个任务，分配给 C。

（4）重复上面的操作，直到任务队列为空。

循环负载均衡工作过程如图 13.1 所示。

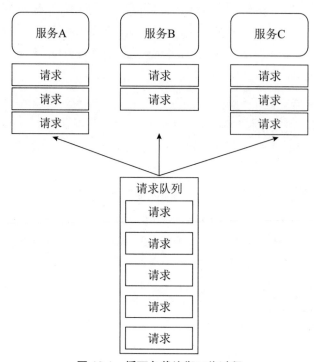

图 13.1　循环负载均衡工作过程

使用 Python 语言实现随机分配算法如下：

```python
from itertools import islice, cycle
def roundrobin(*iterables):
    # 实现Round Robin算法
    pending = len(iterables)
    nexts = cycle(iter(it).next for it in iterables)
    while pending:
        try:
            for next in nexts:
                # 返回下一个任务
                yield next()
        except StopIteration:
            pending -= 1
            nexts = cycle(islice(nexts, pending))
```

```
# 测试调用
print list(roundrobin(range(5), "hello"))
# 输出结果 [0, 'h', 1, 'e', 2, 'l', 3, 'l', 4, 'o']
```

　　循环调度算法确保每个服务器都参与处理请求。不同请求要求的计算量和资源量是不同的，不同的服务器处理不同请求的时间不同，会出现某些服务器处理队列堆积的情况，最后会造成不同服务器之间的负载不均衡的结果。在现实场景中，这样的问题是不可避免的。

13.1.2　最少连接调度算法

　　最少连接调度算法将请求定向到具有最少连接数量的服务器，这是一种动态调度算法，因为它需要动态计算每个服务器的连接数来估计其负载。负载均衡器记录每个服务器的连接数，在分配新连接数时增加服务器的连接数，并在连接关闭或超时时减小服务器的连接数。

　　在实现中，往往考虑后端服务出现故障的情况。如果某个后端服务不能提供访问，则调度器不能将请求转发给它。最少连接调度算法如图 13.2 所示。

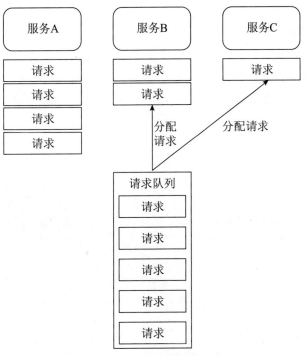

图 13.2　最少连接调度算法

实现最少连接调度算法的伪代码如下：

```
假设服务器的集合为S = {S0, S1,.., Sn-1},
W(Si)用于表示Si服务器的权重
C(Si)用于表示Si服务器当前的连接数
for (m = 0; m < n; m++) {
    # 如果Sm服务器能够接受访问
    if (W(Sm) > 0) {
        for (i = m+1; i < n; i++) {
            # 表示Si个服务器目前不可接受访问
            if (W(Si) <= 0)
                continue;
            # 选取连接数少的服务器
            if (C(Si) < C(Sm))
                m = i;
        }
        # 返回选择的结果
        return Sm;
    }
}
return NULL;
```

13.1.3　哈希调度算法

在前面提到的两种算法中，请求可以由后端的任意服务器处理。不过有些场景要求将来自某个客户端的请求发送到特定的服务器，不然可能会导致应用程序会话中断，对客户端产生负面影响。

维护客户端和服务器之间关联的一种简单方法是使用用户的 IP 地址，这种方式也称为源 IP 关联。基于 IP 的哈希调度算法如图 13.3 所示。

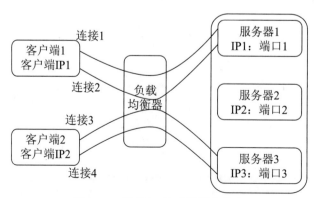

图 13.3　基于 IP 的哈希调度算法

一般有两种执行源 IP 关联的方法：

（1）使用专门的负载均衡算法，即对请求源 IP 进行哈希运算后确定处理这次请求的服务器。

（2）在内存中保存一张表，表中是 IP 和服务器对应的关系。

使用专门的哈希算法得到的结果是确定的。算法必须将服务器的数量和权重考虑进去。如果可用服务器的数量或服务器的权重变化，则分发流量行为也会发生变化。如果处理不当，则可能让所有客户端的请求转移到与之前不同的服务器上。

哈希负载算法应该考虑到这个问题。如果某个服务器宕机，则只有连接到这个服务器的请求会被导向其他服务器；当该服务器恢复的时候，用户的请求重新被导向这个服务器。

可以使用非确定性的负载均衡算法，如循环调度算法和最少连接调度算法，将用户导向某个服务器。在确定用户 IP 和服务器后，负载均衡调度器的内存中保留 IP 和服务器的映射，在映射生效的时间范围内，所有来自该客户端的 IP 都将会转发到对应的服务器。

 # 13.2　网络冗余

Web 服务是一种网络服务，网络高可用是 Web 服务高可用的基础。一些 Web 负载均衡技术的实现机制也建立在网络高可用的基础上。在学习常用的负载均衡技术前，我们先了解一些实现高可用网络的技术。

13.2.1　网卡绑定

网卡绑定是将两个或多个网络接口组合成单个接口的过程。采用网卡绑定技术不仅能增加网络吞吐量，而且能提供冗余。如果一个网卡坏掉或者被拔掉，则另一个接口还能继续工作。这项技术可用于需要容错、冗余或网络负载均衡的场景。

在 Linux 系统中，这种将多个网络接口连接到一个接口的技术是通过名为 bonding 的特殊内核模块实现的。这个模块能将两个或多个网络接口连接到单个逻辑 bonded 接口。

Linux 的网卡绑定有 7 种模式，常用的有 3 种：主动－被动模式、动态链接模式和自适应负载均衡模式。

主动－被动模式也叫作主动备份模式。在这种模式下，一个网卡处于活动状态而另一个网卡处于休眠状态。如果工作状态的网卡发生故障，则另一个网卡将变为活动状态。虽然这种模式不能增加吞吐量，但是在发生故障的时候可以提供冗余。如果使用了 VLAN 网络，则使用这种模式是非常保险的。主动 - 被动模式的工作方式如图 13.4 所示。

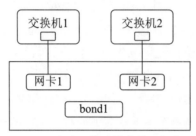

图 13.4　主动 - 被动模式的工作方式

自适应负载均衡模式也叫作负载均衡模式。在这种模式下，网络流量会均衡地流向各个网卡。这种模式还支持故障转移，以提供冗余。这种模式不需要交换机做特殊配置，不过在 VLAN 网络中工作会有问题。自适应负载均衡模式的工作方式如图 13.5 所示。

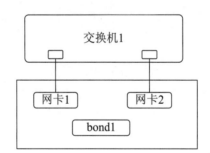

图 13.5　自适应负载均衡模式的工作方式

动态链路聚合模式也叫作链路聚合模式。聚合的网卡可以当作一个网卡使用，这种模式可以提高网络吞吐量，在网卡出现故障的情况下可以支持故障转移。要想使用这种模式，交换机需要支持 IEEE 802.3ad 协议。动态链路聚合模式是网卡绑定的首选模式，但要求交换机做正确的配置。

13.2.2　虚拟路由器冗余

虚拟路由器冗余协议（Virtual Router Redundancy Protocol，VRRP）是一种常用协议，可用来为网络提供高可用性。通过 VRRP，可以将一组路由器设置为默认网关路由器，以实现备份或冗余的目的。

VRRP 通过创建虚拟路由器来实现冗余的目的。虚拟路由器是多个路由器的抽象表示，即一个路由器组包含多个路由器，一个作为主路由器，另外的作为备用路由器。网络中的主机将默认网关分配给虚拟路由器而不是物理路由器。如果主路由器出现故障，则备用路由器会自动替换它。

虚拟路由器必须使用 00-00-5E-00-01-XX 作为其 MAC 地址，其中 "XX" 是虚拟路由器的标识符；网络中的每个虚拟路由器拥有不同的标识符。这个 MAC 地址一次只由一个物理路由器使用，当虚拟路由器的 IP 地址发送 ARP 请求时，它将使用此 MAC 地址进行回复。

如果一段时间内备用路由器没有从主路由器接收多播数据包，则它会认为主路由器出现了故障。此时，虚拟路由器转换到不稳定状态，备用路由器将启动选举机制来选择下一个主路由器。

Keepalived 是 Linux 上流行的实现路由冗余的软件，它使用 VRRP 在 Linux 服务器之间提供高可用性。Keepalived 的工作方式如图 13.6 所示。

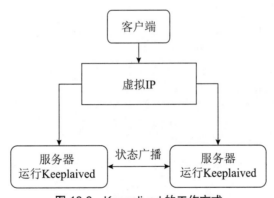

图 13.6　Keepalived 的工作方式

接下来在 Ubuntu 虚拟服务器上演示如何使用 Keepalived，网络拓扑如图 13.7 所示。

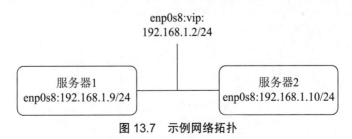

图 13.7　示例网络拓扑

服务器 1 和服务器 2 都需要运行 Keepalived 服务。首先安装 Keepalived 软件，在终端软件中执行下面的命令：

```
$ sudo apt-get update
# 安装Keepalived
$ sudo apt-get install keepalived
# 修改sysctl.conf的值,修改net.ipv4.ip_nonlocal_bind变量
net.ipv4.ip_nonlocal_bind = 1
# 让修改生效
$ sudo sysctl -p
```

修改 Keepalived 的配置文件，并重启服务。配置文件的路径是 /etc/keepalived/keepalived.conf，配置内容如下：

```
vrrp_instance VI_1 {
    # 网络接口的名称
    interface enp0s8
    # 设置为主路由器
    state MASTER
    # 虚拟路由ID
    virtual_router_id 51
    # 优先级,备用路由器的优先级要低于主路由器
    priority 101
    # 虚拟IP地址
    virtual_ipaddress {
        192.168.1.2 dev enp0s8 label enp0s8: vip
    }
}
```

配置完成后重启服务，查看虚拟 IP 是否成功配置，并在宿主机上验证虚拟 IP 是否可达。命令如下：

```
# 在两台虚拟机上重启服务
$ sudo service keepalived restart
# 在虚拟机上验证虚拟IP是否成功配置
$ ip addr show enp0s8
3: enp0s8: <BROADCAST,MULTICAST,UP,LOWER_UP> mtu 1500 qdisc pfifo_fast
state UP group default qlen 1000
    link/ether 08:00:27:08:f1:1e brd ff:ff:ff:ff:ff:ff
    inet 192.168.1.9/24 brd 192.168.1.255 scope global enp0s8
       valid_lft forever preferred_lft forever
    inet 192.168.1.2/32 scope global enp0s8:vip
       valid_lft forever preferred_lft forever
    inet6 fe80::a00:27ff:fe08:f11e/64 scope link
```

```
        valid_lft forever preferred_lft forever
# 在宿主机上检查虚拟IP网络是否可达
$ ping 192.168.1.2
PING 192.168.1.2 (192.168.1.2): 56 data bytes
64 bytes from 192.168.1.2: icmp_seq=0 ttl=64 time=0.292 ms
64 bytes from 192.168.1.2: icmp_seq=1 ttl=64 time=0.296 ms
```

假设存在这样一种情况，主路由器和备用路由器都运行正常，但是两者之间的网络出现隔离，导致两者收不到彼此发送的报文。这种隔离持续一段时间后，备用路由器认为主路由器出现了故障，发起选举，重新选出一个主路由器。对于网络中的其他主机而言，会存在两个主路由器宣称自己占有虚拟 IP，这种现象称为"脑裂"。出现这种情况时，应该采取措施尽快恢复主路由器和备用路由器之间的网络。

 ## 13.3　常用负载均衡器

为了保证 Web 应用程序的高可用性和性能，通常会使用多个应用服务器，然后使用负载均衡器接收用户的请求，将请求导向后端的应用服务器。目前有许多流行的软件可以起到负载均衡器的作用，它们在服务架构中有着非常重要的地位。

13.3.1　负载均衡器的类型

应用程序通过网络进行通信，需要不同的软件和硬件合作完成。为了将复杂的问题简化，需对通信过程中的相关功能进行分层。开放式系统互连（Open System Interconnection，OSI）将网络通信抽象为 7 层模型，如图 13.8 所示。

按照 OSI 模型定义的层级，负载均衡器分为 4 层负载均衡器和 7 层负载均衡器。

4 层负载均衡器工作在传输层。传输层负责处理消息的传递而不考虑消息的内容。HTTP 使用了传输控制协议（Transmission Control Protocol，TCP），故 4 层负载均衡器简单地将网络数据包转发到上游服务器，并转发上游服务器的数据包，不检查数据包的内容。4 层负载均衡器可以通过

第七层	应用层
第六层	表示层
第五层	会话层
第四层	传输层
第三层	网络层
第二层	数据链路层
第一层	物理层

图 13.8　OSI 模型

检查 TCP 流中的前几个数据包来做出有限的路由决策。

7 层负载均衡器工作在应用层。HTTP 就是工作在第七层的协议。第七层负载均衡器的工作方式比第四层负载均衡器更复杂，它会截取流量，读取其中的信息，并根据消息的内容（如 URL、Cookie）做出负载均衡的决策。然后，它与选定的上游服务器建立新的 TCP 连接，并将请求写入服务器。

与 7 层负载均衡器相比，4 层负载均衡器需要的计算量更小；在 IT 发展的早期，客户端和服务器之间的交互不如现在复杂，所以当时采用 4 层负载均衡器是一种更流行的流量处理方法。遵循摩尔定理，硬件性能提高的同时价格也在降低，现在的 CPU 和内存已经足够便宜，大多数情况下，4 层负载均衡器的性能优势可以忽略不计。

相比 4 层负载均衡器，7 层负载均衡器更加耗时，计算量也更大，不过它可以提供更丰富的功能，从而带来更高的整体效率。例如，7 层负载均衡器可以确定客户端请求的数据类型，从而不必在所有的服务器上复制相同的数据。

13.3.2　Linux虚拟服务器

Linux 虚拟服务器（下面简称 LVS）是基于 Linux 操作系统内核的负载均衡软件。这个软件采用集群技术，可用来构建高性能和高可用性的服务器，并提供良好的可扩展性、可靠性和可维护性。

LVS 是工作在第四层的负载均衡软件，主要用来构建高可用性的网络服务，如 Web 服务、电子邮件服务、媒体服务、语音服务等。

使用 LVS 需要了解下面的术语。

（1）LVS 负载均衡器（LVS director）：负载均衡器用户接收所有传入的客户端请求，并将这些请求定向到特定的"真实服务器"来处理请求。

（2）真实服务器（real server）：真实服务器是构成 LVS 集群的节点，用于代表集群提供服务。

（3）虚拟 IP（VIP）：LVS 集群对外表现的就像一台服务器。虚拟 IP 是负载均衡器为客户端提供服务的 IP 地址，客户端通过虚拟 IP 请求到集群的服务。

（4）真实 IP（RIP）：真实服务器的 IP 地址。

（5）控制器 IP（DIP）：负载均衡器的真实 IP 地址。

（6）客户端 IP（CIP）：客户端的 IP 地址，是请求的源 IP 地址。

LVS 有 4 种常见的工作模式，分别是 NAT 模式、直接路由（Direct Router，DR）模式、IP 隧道模式和 FULL NAT 模式。

由于 IPv4 定义的 IP 数量有限，生产环境中难以给所有的服务器分配公网 IP 地址。常见的做法是给机器分配一个内网 IP 地址，通过网络地址转换给客户提供服务。

当用户访问集群提供的服务时，发往虚拟 IP 地址的请求数据包到达负载均衡器。负载均衡器检查目标地址和端口号。负载均衡器根据调度算法从集群中选择真实服务器，然后将请求数据包中的目的 IP 地址和端口重写为所选服务器的 IP 地址和端口，并将数据包转发到服务器。

服务器处理完请求后，回复数据包给负载均衡器。负载均衡器将数据包中的源 IP 地址和端口重写为虚拟服务的源 IP 地址和端口。

在这种模式下，真实服务器必须将网关配置为负载均衡器的 IP。不妨设用户请求报文中的源 IP 和端口分别为 202.100.1.2 和 3456，目的 IP 和端口分别为 202.103.106.5 和 80。负载均衡器选择了服务器 2，修改请求报文的目的 IP 和端口分别为 172.16.0.3 和 80。

服务器 2 处理完请求后，返回报文中的源 IP 和端口分别为 172.16.0.3 和 80，目的 IP 和端口分别为 202.100.1.2 和 3456。负载均衡器收到回复报文后，将回复报文中的源 IP 和端口修改为 202.103.106.5 和 80。

NAT 模式的工作过程如图 13.9 所示。

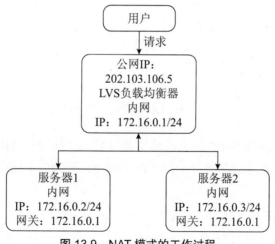

图 13.9　NAT 模式的工作过程

NAT 模式有一个问题：负载均衡器成为集群的瓶颈，因为所有流入和流出的数据包都要经过负载均衡器。直接路由器解决了这个问题。

在 DR 模式下，真实服务器和负载均衡器共享虚拟 IP 地址。负载均衡器的虚拟 IP 接口用于接收请求数据包，并将数据包路由到选定的真实服务器。真实服务器需要单独配置接口用于传输返回报文，并在回环接口配置虚拟 IP 地址，这是为了让真实服务器能够处理目标地址为虚拟 IP 的数据包；不能将虚拟 IP 设置在真实服务器的出口网卡上，否则真实服务器会响应客户端的 ARP 请求，从而造成内网混乱。

负载均衡器和真实服务器必须通过集线器 / 交换机连接。当用户访问集群的虚拟 IP 时，发送到虚拟 IP 地址的数据包会到达负载均衡器。负载均衡器检查数据包的目的 IP 和端口，选择一个真实服务器，然后将报文中的目的 MAC 地址修改为选中的真实服务器的 MAC 地址，最后将数据包直接发送到局域网中。

真实服务器接收到数据包后，发现包中目的 IP 为自己配置在回环接口上的 IP 地址，因此处理这个请求，并将回复请求直接发送给客户端。DR 模式的工作过程如图 13.10 所示。

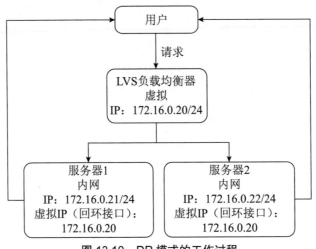

图 13.10　DR 模式的工作过程

采用 DR 模式的集群能够处理很大的请求量，是一种应用广泛的模式。不过使用这种模式需要负载均衡器和真实服务器处于同一广播域中，这限制了集群的可扩展性，也不利于集群的异地容灾。

IP 隧道模式是比 DR 模式更利于扩展的模式。IP 隧道（IP 封装）是一种将 IP 数据报封装在 IP 数据报中的技术。它允许将发往一个 IP 地址的数据报包装并重定向到另一个 IP 地址，这是网络中非常常见的技术。

在 LVS 的 IP 隧道模式中，负载均衡器收到用户的请求后，选择真实服务器，将数据包封装在 IP 数据报中，数据包中的源 IP 为负载均衡器的 IP，目的 IP 为真实服务器的 IP，最后将数据包转发到所选真实服务器。

真实服务器收到封装的数据报后，解封数据包并处理请求，处理完成后将结果直接返回给请求的用户。

在集群中，真实服务器可以拥有任意真实 IP 地址，也就是说，真实服务器可以分布在不同的地理位置，只要支持 IP 隧道，服务器能够正确解封所接收的封装数据包即可。同时要注意的是，配置虚拟 IP 的网卡不能响应 ARP 请求：可以在不支持 ARP 的设置上配置虚拟 IP，或者将配置虚拟 IP 的设备发出的数据包重定向到本地套接字中。

IP 隧道模式的工作过程如图 13.11 所示。

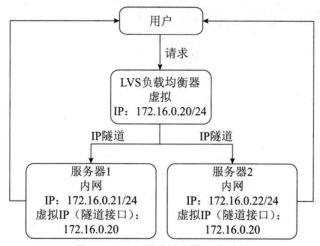

图 13.11　IP 隧道模式的工作过程

在 NAT 模式下，负载均衡器和真实服务器必须在同一个 VLAN 下，否则负载均衡调度器无法作为真实服务器的网关。LVS 的 FULL NAT 模式解决了这个问题。

FULL NAT 模式是 NAT 模式的升级版。在这种模式下，负载均衡器不仅会将请求数据包中的目的 IP 替换为真实服务器的 IP，而且会将请求数据包中的源 IP 替换为负载均衡器的 IP。在返回报文中，负载均衡器将报文目的 IP 替换为客户端的 IP，并将源 IP 替换为虚拟 IP。

FULL NAT 模式不要求负载均衡器和真实服务器在同一个网段，因此支持真实服务器的跨机房部署，不过这会带来一定的性能损失，同时真实服务器不能直接获取客户端的请求 IP。

LVS 的服务是通过 IPVS 软件实现的，在 Linux 内核 2.4 及以上版本中，ip_vs 模块已经是内核的一部分了。管理员通过 ipvsadm 程序来管理服务器集群。

下面演示如何安装和使用 ipvsadm。在命令行终端输入下面的命令：

```
# 安装ipvsadm
$ sudo apt-get update && sudo apt-get install ipvsadm
# 查看ipvsadm的版本
$ sudo ipvsadm -l
IP Virtual Server version 1.2.1 (size=4096)
Prot LocalAddress:Port Scheduler Flags
  -> RemoteAddress:Port Forward Weight ActiveConn InActConn
# 添加一台真实服务器,使用Round Robin调度算法
$ sudo ipvsadm -A -t 192.168.1.10:80 -s rr
# 查看真实服务器列表
$ sudo ipvsadm -l -n
IP Virtual Server version 1.2.1 (size=4096)
Prot LocalAddress:Port Scheduler Flags
  -> RemoteAddress:Port Forward Weight ActiveConn InActConn
TCP  192.168.1.10:80 rr
# 使用加权Round Robin算法
$ sudo ipvsadm -E -t 192.168.1.10:80 -s wrr
```

13.3.3　Nginx反向代理

Nginx 既可以作为 4 层负载均衡器使用，也可以作为 7 层负载均衡器使用，这里主要介绍其作为 7 层负载均衡器的使用方法。

前面章节演示了如何安装和使用 Nginx。下面将重点介绍 Nginx 的配置。Nginx 最简单的负载均衡配置如下：

```
# http协议块
http {
    # 上游配置
    upstream myapp1 {
        server srv1.example.com;
        server srv2.example.com;
        server srv3.example.com;
    }
    # server块配置
    server {
        # 监听端口
        listen 80;
```

```
        # location配置
        location / {
            proxy_pass http://myapp1;
        }
    }
}
```

上面的配置中有 3 个实例运行相同的服务，这 3 个实例分别是 srv1、srv2 和 srv3。默认配置下，负载均衡将使用循环调度算法。Nginx 的代理支持 HTTP、HTTPS、FastCGI、uwsgi、SCGI、memcached 和 gRPC 协议。

Nginx 支持最少连接数算法。在某些请求需要更长时间才能完成的情况下，最少连接数算法允许更公平地控制应用程序实例上的负载。使用最少连接数算法时，Nginx 将尝试优先将新请求发送给不太繁忙的服务器，从而避免繁忙的应用程序服务器过载。

在配置中使用 least_conn 指令将激活最少连接负载均衡，使用示例如下：

```
upstream myapp1 {
    # 启用最小连接负载均衡
    least_conn;
    server srv1.example.com;
    server srv2.example.com;
    server srv3.example.com;
}
```

需要注意，使用循环或最少连接数算法，没有后续客户端的请求可能会发送到不同的服务器，也就是说，Nginx 无法保证同一客户端每次都会请求到同一个服务器。

如果需要将客户端绑定到特定的应用程序服务器，则可以使用 IP 哈希负载均衡算法。使用这个算法，客户端的 IP 地址将作为哈希密钥，以确定应响应客户端请求服务器。用这个方法可以确保来自同一客户端的请求始终定向到同一服务器。在配置中使用 ip_hash 指令可以开启 IP 哈希调度。示例代码如下：

```
upstream myapp1 {
    ip_hash;
    server srv1.example.com;
    server srv2.example.com;
    server srv3.example.com;
}
```

可以为不同的服务器设置不同的权重，以影响负载调度的结果。上面的循环示例中没有配置服务器权重，所有的服务器都有一样的概率被负载均衡器分发请求。当为服务器指定权重参数时，调度器做负载均衡决策时会将这个权重考虑进去，如下面的示例：

```
upstream myapp1 {
    server srv1.example.com weight=3;
    server srv2.example.com;
    server srv3.example.com;
}
```

采用了上面的配置后，服务器每接收 5 个新请求，会将 3 个请求定向到 srv1，1 个请求定向到 srv2，1 个请求定向到 srv3。

Nginx 的反向代理实现了服务器运行状态检查。如果来自特定服务器的响应失败并显示错误，则 Nginx 会将此服务器标记为宕机状态，在此后的一段时间内避免将请求定向到该服务器。

有两个指令可以用来设置监控检查参数：max_fails 和 fail_timeout。max_fails 指令用于设置与服务器通信连续不成功的尝试次数，默认值是 1，当这个值设置为 0 时，将不会对对应的服务器启用健康检查机制。fail_timeout 参数定义 Nginx 将服务器标记为宕机的时间。在服务器宕机时间超过 fail_timeout 设置的值后，Nginx 将使用正常请求探测服务器，如果探测成功，则 Nginx 会认为服务器已经恢复正常。

 服 务 发 现

微服务架构日益流行，在编写业务代码时，常常需要通过网络调用第三方的服务。而要想通过网络发起服务请求，首先要知道服务的地址（IP 地址和端口）。而在传统的应用程序中，服务的地址通常是静态的，如将其写在配置文件中的服务地址。

在现代的应用架构中，这种静态配置的方式存在一些问题。同一个服务不同实例的网络地址往往是动态分配的，此外，实例的扩展、故障和升级操作也会带来服务实例的网络地址发生更改。使用静态方式定义服务的地址无法应对这样的情况。因此，需要一个比静态配置服务地址更复杂的服务发现机制。

13.4.1 服务注册中心

服务注册中心是服务发现的关键部分，它是一个包含了服务实例网络位置的数据库。

　　客户端可以缓存从服务注册中心获取的网络位置，但是该信息最终会过时。因此，服务注册中心需要是高可用的且能让客户端感知到最新的服务地址。

　　常用于服务注册中心的软件有 etcd、Consul、Apache ZooKeeper（以下简称 ZooKeeper），这些软件都采用了分布式的架构，并通过某种一致性算法来保证数据的一致性。应用程序可以使用它们提供的各种原语来构建复杂的分布式系统。

　　etcd、Consul 和 ZooKeeper 都有适合的使用场景，技术选型时需要结合业务系统来进行考虑。ZooKeeper 是上面提到的 3 个软件中诞生时间最早的一个，常用于集中式维护配置和命名信息，并提供分布式同步服务。它使用类似文件系统的树形结构存储数据。下面我们以 ZooKeeper 为例来介绍服务的注册和协作过程。

　　ZooKeeper 的架构通过冗余服务支持高可用性。在生产环境中，ZooKeeper 集群的服务器数量是奇数。服务器中有领导者、跟随者等角色。客户端如果从一个服务器中得不到应答，则可以请求另外的服务器。ZooKeeper 的工作架构如图 13.12 所示。

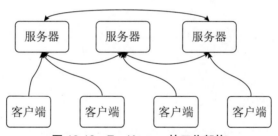

图 13.12　ZooKeeper 的工作架构

　　为了简单说明工作过程，我们使用 Docker 来搭建 ZooKeeper 环境，只运行一个服务节点。这里直接使用 Docker 运行 ZooKeeper，在命令行中输入下面的指令：

```
# 拉取ZooKeeper镜像
$ docker pull zookeeper
# 运行ZooKeeper容器
$ docker run --name zookeeper --restart always -d -p 2181:2181 zookeeper
# 创建客户端C1
$ docker exec -it zookeeper bash -c "zkCli.sh"
# 创建znode /services
[zk: localhost:2181(CONNECTED) 0] create /services
Created /services
[zk: localhost:2181(CONNECTED) 1] create /services/e_shoes
# 创建znode /services/e_shoes
Created /services/e_shoes
```

上面的命令行运行 docker run 命令创建了一个客户端 C1，这个客户端创建了 services 目录，用于存储服务的列表；在 services 目录下创建的 e_shoes 目录代表我们将要使用的应用。接下来我们将演示两个不同的进程如何使用 ZooKeeper 来实现数据的同步。

打开另一个命令行窗口，使用 docker run 命令创建另外一个客户端 C2，并监听 /services/e_shoes 目录，命令行如下：

```
# 创建客户端C2
$ docker exec -it zookeeper bash -c "zkCli.sh"
[zk: localhost:2181(CONNECTED) 0]
# 查看/services/e_shoes下的znode并监听
[zk: localhost:2181(CONNECTED) 2] ls -w /services/e_shoes
[]
```

接下来将命令行软件切换到客户端 C1 的窗口，在 /services/e_shoes 下创建一个 Znode，用于表示服务的地址（形式为 IP 加上端口），命令行如下：

```
# 客户端C1
[zk: localhost:2181(CONNECTED) 2] create /services/e_shoes/192.168.0.1:7899
Created /services/e_shoes/192.168.0.1:7899
```

客户端 C2 之前监听了 /services/e_shoes 目录，在创建 ZNode 的时候，其会收到 ZooKeeper 发给它的消息，命令行如下：

```
# 客户端C2
[zk: localhost:2181(CONNECTED) 3]
WATCHER::

WatchedEvent state:SyncConnected type:NodeChildrenChanged path:/services/e_shoes
```

客户端 C2 在收到监听事件后，可以做一些对应的操作，如更新本地的服务列表。如果 C2 想在 /services/e_shoes 发生改变的时候接到通知，则需要重新监听 /services/e_shoes。

13.4.2　注册服务

要想服务发现中心能够正常工作，服务实例必须能在服务注册中心注册和注销。通常情况下注册服务实例有两种方式。一种方式是服务实例自我注册，即自注册模式；另一种方式是让其他系统组件来管理服务的注册，即第三方注册模式。

使用自注册模式时，服务实例负责向注册中心注册和注销自身。一般情况下，服务实例需要发送心跳请求来防止注册过期。这种方式非常简单、直观，并且不需要其他系统组件。不过这种模式将服务实例和注册中心进行了耦合，业务必须在使用的每种编程语言和框架中都实现注册代码。

　　使用第三方注册模式时，服务实例不负责向服务注册中心自我注册。这种模式需要单独的系统组件来处理注册，这个组件称为服务注册器。服务注册器通过轮询部署环境或订阅事件来跟踪对运行实例集群的更改。当服务有新的实例启动时，它会将服务注册到注册中心。服务注册器还需要注销已终止的服务实例。

　　第三方注册模式能让服务和服务注册中心解耦，也就是说，不需要在业务选择的编程语言和框架内实现服务注册逻辑，因此这种模式是常用的注册模式。下面我们来演示如何围绕 ZooKeeper 实现第三方服务注册。

　　用于演示的服务注册器实现方式为 Python 脚本。该 Python 脚本启动服务，服务以 Docker 容器的形式运行，容器内的服务监听 80 端口，镜像名为 e_shoes：latest。该脚本在宿主机上挑选一个随机的可用端口，通过 Docker 桥接网络，将该端口映射到容器内的 80 端口。最后将服务的地址（IP 和端口）注册到 ZooKeeper 的 /services/e_shoes 下。

　　注册脚本使用 kazoo 库来与 ZooKeeper 进行交互。示例代码如下：

```python
# coding=utf-8
import os
import socket
from subprocess import PIPE, Popen
from kazoo.client import KazooClient
def get_free_port():
    # 获取服务器上可用的端口
    tcp = socket.socket(socket.AF_INET, socket.SOCK_STREAM)
    tcp.bind(('', 0))
    addr, port = tcp.getsockname()
    tcp.close()
    return port
def get_public_ip():
    # 获取服务网卡IP,需要根据实际情况修改
    return '192.168.1.1'
free_port = get_free_port()
public_ip = get_public_ip()
# 创建容器,获取容器ID
pipe = Popen(['docker', 'create', '-p', '%s:80' % free_port, 'e_
shoes:latest'], stdout=PIPE)
if pipe.returncode == 0:
    container_id = pipe.communicate()[0]
else:
```

```
    exit(1)
# 创建子进程
pid = os.fork()
if pid == 0:
    # 子进程在连接模式下启动容器
    exit(os.system("docker start -a %s" % container_id))
zk = KazooClient(hosts="127.0.0.1:2181")
service_znode = '/services/e_shes/%s:%s' % (public_ip, free_port)
# 冒烟测试方法需要另外按照需求实现
if pass_smoke_test(container_id):
    # 如果容器正常运行,则将服务注册到zk上
    zk.start()
    zk.ensure_path('/services/e_shoes')
    zk.create(service_znode, ephemeral=True)
# 父进程等待子进程运行终止后注销服务
finished = os.waitpid(0, 0)
zk.delete(service_znode)
zk.stop()
```

上面的脚本先获取服务器上可用的端口和提供网络服务的本机 IP 地址,并创建一个 Docker 容器,获取容器的 ID;接着创建一个子进程,子进程在连接模式下运行刚创建的容器。父进程通过容器 ID,对容器进行冒烟测试,如果测试通过,则将服务的地址注册到 ZooKeeper 上。

父进程调用 waitpid 方法监听子进程的状态。当容器停止运行时,子进程终止,父进程获取子进程退出码后注销、注册在 ZooKeeper 上的服务。

在容器的运行时间内,父进程会一直阻塞。在服务器出现故障时,父进程与 ZooKeeper 之间的连接断开。由于父进程创建的 ZNode 是临时的,在父进程与 ZooKeeper 的连接超过一段时间后,ZooKeeper 会自动删除该临时的 ZNode,即自动注销了服务。

上面的脚本仅用于演示使用 ZooKeeper 进行服务注册的流程,不应该直接在生产环境中运行,使用时需要做一定的修改。流行的开源容器编排系统(如 Apache Mesos、Kubernetes)对服务的注册都有很好的实现,读者可以根据需要选用这些成熟的容器编排系统。

13.4.3 发现服务

服务发现模式主要有两种:客户端发现模式和服务器发现模式。

使用客户端发现模式时,客户端负责确认可用服务实例的网络位置及服务实例间的负

载均衡。一般的工作方式如下：客户端查询注册中心，获取可用的服务实例列表，然后使用负载均衡算法选择一个可用的服务实例并发出请求。

客户端发现模式比较简单，易于理解。不过这种方式将客户端和服务注册中心耦合在一起。使用这种模式需要在业务选择的编程语言和框架内实现服务发现逻辑。

使用服务器发现模式可以避免上面提到的耦合问题。在这种模式下，客户端通过负载均衡器向服务发出请求。负载均衡器查询可用的服务列表，并将请求路由到可用的服务实例。

下面我们来演示围绕 ZooKeeper 实现服务端发现模式。注册的服务数据结构和 13.4.2 节保持一致。演示的脚本借助 Nginx 的反向代理功能。单独运行脚本，在服务实例列表发生改变的时候，更新 Nginx 的配置文件，然后重新加载，从而达到服务端发现的效果。监听服务列表的脚本代码如下：

```
# coding=utf-8
from kazoo.client import KazooClient
import time
import jinja2
import os
# Nginx配置模板
nginx_template = '''upstream app {
  least_conn;
  {% if items|length > 0 %}
  {% for i in items %}{{i}}{% endfor %}
  {% else %}server 127.0.0.1:65535;
  {% endif %}
}
server {
  listen 80 default_server;
  location / {
    proxy_pass http://app;
    proxy_set_header X-Forwarded-For $proxy_add_x_forwarded_for;
    proxy_set_header Host $host;
    proxy_set_header X-Real-IP $remote_addr;
  }
}
'''
template = jinja2.Template(nginx_template)
zk = KazooClient(hosts='127.0.0.1:2181')
zk.start()
# 监听服务的变化
@zk.ChildrenWatch("/services/e_shoes")
def on_services_change(children):
    # 当服务实例列表发生变化时,覆盖Nginx的应用配置文件
```

```
        with open('/etc/nginx/site_enable/e_shoes.conf', 'w') as app_conf:
            app_conf.write(template.render(items=children))
        # 重新加载Nginx配置
        os.system("service nginx reload")
# 让监听脚本一直运行
while True:
    time.sleep(1)
```

上面的代码可以实现服务动态发现的效果，不过每次都覆盖配置文件的做法不是特别理想，一个更好的方式是通过 API 调用来改变 Nginx 的 upstream 配置。Nginx 的 ngx_http_dyups_module 模块可以帮助我们实现这一点。

使用这个模块需要读者了解如何在 Linux 下使用源代码编译和安装软件，同时知道如何使用 git 工具。示例代码如下：

```
$ git clone git://github.com/yzprofile/ngx_http_dyups_module.git
$ git clone git@github.com:openresty/lua-nginx-module.git
# 拉取Nginx源码、依赖等源码
$ wget https://ftp.pcre.org/pub/pcre/pcre-8.40.tar.gz && tar xzvf pcre-
8.40.tar.gz
$ wget http://www.zlib.net/zlib-1.2.11.tar.gz && tar xzvf zlib-1.2.11.
tar.gz
$ wget https://www.openssl.org/source/openssl-1.1.0f.tar.gz && tar xzvf
openssl-1.1.0f.tar.gz
# 编译Nginx
$ cd ~/nginx-1.13.1
$ ./configure --with-openssl=../openssl-1.1.0f --with-pcre=../pcre-8.40
--add-module=../lua-nginx-module --add-module=../ngx_http_dyups_module
$ make && make install
```

安装完成后，Nginx 的应用配置示例如下：

```
# upstream配置
upstream e_shoes{
    server 127.0.0.1:65535;
}
# 应用服务配置
server {
    listen  8080;
    location / {
        # 这里必须使用Nginx变量进行替换
        set $ups e_shoes;
        proxy_pass http://$ups;
    }
}
```

```
# 管理服务配置
server {
    listen 8081;
    location / {
        # 处理管理配置的请求
        dyups_interface;
    }
}
```

配置完 Nginx 并启动后，需要更新上游服务列表时，可以采用 dyups 提供的接口。示例代码如下：

```
# coding=utf-8
from kazoo.client import KazooClient
import time
import requests
zk = KazooClient(hosts='127.0.0.1:2181')
zk.start()
# 监听服务的变化
@zk.ChildrenWatch("/services/e_shoes")
def on_services_change(children):
    # 当服务实例列表发生变化时,调用dyups接口修改服务列表信息
    request_payload = ''.join(["server %s;" % child for child in children])
    requests.post('http://127.0.0.1:8081/upstream/e_shoes', data=request_payload)
# 让监听脚本一直运行
while True:
    time.sleep(1)
```

流行的开源容器编排系统（如 Kubernetes 和 Marathon）会在集群中的每个主机上运行代理，代理扮演着服务端发现负载均衡器的角色，客户端通过向代理发送请求访问服务。在生产环境中，读者可以根据需要选用这些成熟的容器编排系统。

 总　　结

现代高流量网站必须面对数十万甚至数百万来自用户的并发请求，并以快速、可靠的方式返回正确的文本、图像、视频或应用程序数据。要想处理这样量级的请求，通常的实践是增加服务器的数量。

负载均衡器就像服务器前面的"交通警察"一样，将流量以合理的方式导向各个服务器。合理利用负载均衡器能够有效提升服务的响应速度、服务器的利用率和服务的可用性，

并避免单个服务器出现过载的情况。

本章首先介绍了常用的负载均衡调度算法，不同的负载均衡算法有不同的优点，应该根据实际的需求进行选择。

网络高可用是负载均衡器能够正常使用的基础。本章接下来介绍了网卡绑定技术和虚拟路由冗余协议，它们是提升网络可用性的常见方法。

根据工作的网络层级，可以将负载均衡器分为 4 层负载均衡器和 7 层负载均衡器。本章分别以 LVS 和 Nginx 为例介绍了这两种负载均衡器的差异和各自的工作方式。

随着微服务架构的流行，需要复杂的服务发现机制来支持负载均衡器的调度。本章围绕 ZooKeeper 介绍了注册服务和发现服务的流程。常用的服务注册中心软件还有 Consul、etcd 等，应该根据实际情况进行相应的技术选型。

 **13.6** 练 习

练习一：本章介绍了哪几种负载均衡调度算法？

练习二：LVS 有哪几种工作模式？

第 14 章　Django 与日志

软件开发人员的很大一部分工作是查看监控、排除故障和调试功能，而记录日志能使这个过程变得容易和顺畅。清晰、有序的日志可以帮助开发人员理解代码实际执行的操作。日志可以分为不同的级别，如调试级别、警告级别和错误级别，对日志进行分级能帮助开发人员快速定位问题。

除了方便编写代码外，日志还可以记录用户的行为，用于业务的审计和防范安全风险。Python 提供了非常方便的工具用于记录日志，Django 使用 Python 的内置日志模块来执行系统日志的记录。

本章主要涉及的知识点：

- Python 的日志模块：学习 Python 的日志模块。
- Django 的日志配置：学习如何在 Django 框架中配置和记录日志。
- 日志的收集和使用：学习使用 ELK 技术栈存储和使用日志。

 ## 14.1　Python 日志模块

日志用于记录软件运行时发生的事件。软件开发者将日志记录添加到其代码中，用以指示已发生的某些事件。事件是描述性的消息，消息可以包含可变的数据，即每次事件发生时记录的不同数据。对于软件维护者来说，不同事件具有不同的重要性。Python 的 logging 模块用于日志的记录。

14.1.1　日志模块组件

Python 的 logging 模块由 4 部分组成，分别是记录器（logger）、处理器（handler）、过滤器（filter）和格式器（formatter）。

记录器是 Python 日志系统的入口，用于通过调用日志器的接口将消息传入日志系统进行处理。每个记录器都有日志级别，日志级别描述了消息的严重性。Python 定义了 5 个日志级别，分别如下。

- DEBUG 级别：主要用于调试目的。
- INFO 级别：用于记录一般性的系统信息。

- WARNING 级别：用于记录不怎么重要的问题。
- ERROR 级别：用于记录重要的问题。
- CRITICAL 级别：用于记录严重的问题。

在 Python 的日志模块中，记录器写入的每条消息都是一个 LogRecord 对象。每个 LogRecord 对象都包含一个日志级别，用于标示日志的严重性。除此之外，LogRecord 对象还包含日志记录的其他元数据，如记录日志的文件、记录的进程等。

当调用记录器的接口记录日志时， LogRecord 对象的日志级别和记录器的日志级别会做一个比较。如果记录的日志级别达到了记录器本身的日志级别，则记录会被进一步处理。一旦记录器确定消息需要处理，就会将消息传递给处理器。

处理器决定以何种方式写入日志，它描述了特定的日志记录行为，如将消息写入屏幕、文件或者网络套接字。

和记录器一样，处理器也有日志级别。如果 LogRecord 对象的日志级别未达到或超过处理器的级别，则处理器将忽略该消息。

一个记录器可以有多个处理器，每个处理器可以有不同的日志级别。这种方式允许根据消息的重要性提供不同形式的通知。例如，为记录器设置两个处理器：一个处理器将 ERROR 和 CRITICAL 的消息通过电话告知给负责人；另一个处理器将 ERROR 和 CRITICAL 的消息记录到文件中。

过滤器用于控制是否将 LogRecord 对象从记录器传递给处理器。默认情况下，满足日志级别要求的任意 LogRecord 对象都会被传递给处理器，安装过滤器可以为这个过程添加另外的限制，如某个过滤器只允许将包含了特定文本的消息传递给处理器。

过滤器可以在日志被处理前修改日志。例如，在满足某些条件时，可以将 ERROR 日志记录降级到 WARNING 级别。

过滤器既可以安装在记录器上，也可以安装在处理器上，还可以传入多个过滤器执行多个过滤操作。

日志记录最终需要以文本形式呈现，格式器用于描述文本的确切格式。每个记录器实例都有一个名称，通过名称可以定位到具体的记录器实例。按照惯例，记录器的名称通常是包含记录器的 Python 模块的名称，这允许基于每个模块过滤和处理日志调用记录。

如果不想用这种方法来组织日志消息，则可以提供以点分隔的名称来标识记录器，如 e_shoes.models.product。记录器中的 "." 定义了记录器的层次结构。例如，e_shoes.models 是 e_shoes.models.product 的父记录器，e_shoes 是 e_shoes.models 的父记录器。这样的结构是树形的，我们称之为记录器树。

　　记录器的层级是很重要的，因为记录器可以将它们的日志调用记录传播给它的父记录器。通过这样的方式，可以在记录器树的根记录器中定义一组处理器，并捕获记录器子树中的所有日志调用记录。例如，定义在 e_shoes 记录器能捕获 e_shoes.models.product 记录器和 e_shoes.models 记录器的日志调用记录。

　　Logging 模块的工作方式如图 14.1 所示。

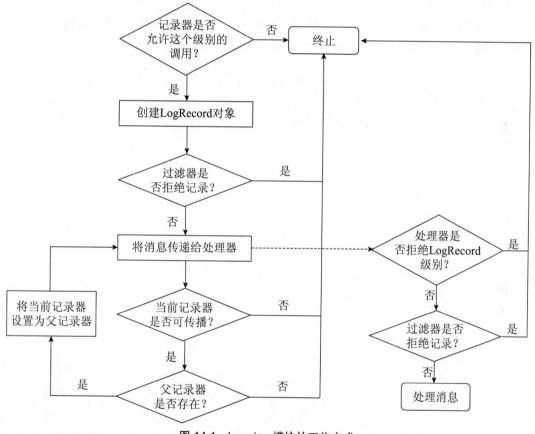

图 14.1　Logging 模块的工作方式

14.1.2　使用日志模块

　　记录器是普通的 Python 对象，它主要有以下 3 个作用。

- 提供接口让应用程序调用，在程序运行时记录消息。
- 根据日志的级别或过滤器的规则确定哪些消息需要处理。
- 将消息传递给处理器。

记录器提供不同的接口来输出不同级别的日志。logger.debug( ) 用于记录 DEBUG 级别的日志；logger.info( ) 用于记录 INFO 级别的日志；logger.warning( ) 用于记录 WARNING 级别的日志；logger.error( ) 用于记录 ERROR 级别的日志；logger.critical( ) 用于记录 CRITICAL 级别的日志。

在记录消息的过程中可以指定消息的格式，可以将消息输出到不同的地方。例如，将某些消息输出到标准输出，将某些消息写入日志文件。示例用法如下：

```
>>> import logging
# 获取记录器对象
>>> logger = logging.getLogger('simple_example')
# 配置记录器的日志级别为DEBUG
>>> logger.setLevel(logging.DEBUG)
# 创建处理器,将日志写到文件中,设置级别为DEBUG
>>> file_handler = logging.FileHandler('spam.log')
>>> file_handler.setLevel(logging.DEBUG)
# create console handler with a higher log level
# 创建处理器,将日志写入标准输出,设置级别为DEBUG
>>> console_handler = logging.StreamHandler()
>>> console_handler.setLevel(logging.ERROR)
# 创建格式器,并将格式器加到刚才创建的两个处理器上
>>> formatter = logging.Formatter('%(asctime)s - %(name)s - %(levelname)s - %(message)s')
>>> console_handler.setFormatter(formatter)
>>> file_handler.setFormatter(formatter)
# 将处理器加到记录器中
>>> logger.addHandler(file_handler)
# 调用记录器接口记录日志
>>> logger.debug('debug message')
>>> logger.info('info message')
>>> logger.warn('warn message')
>>> logger.error('error message')
2019-06-27 21:19:08,369 - simple_example - ERROR - error message
logger.critical('critical message')
>>> logger.critical('critical message')
2019-06-27 21:19:13,714 - simple_example - CRITICAL - critical message
# spam.log文件中的内容为
2019-06-27 21:18:54,889 - simple_example - DEBUG - debug message
2019-06-27 21:18:59,737 - simple_example - INFO - info message
2019-06-27 21:19:04,177 - simple_example - WARNING - warn message
```

```
2019-06-27 21:19:08,369 - simple_example - ERROR - error message
2019-06-27 21:19:13,714 - simple_example - CRITICAL - critical message
```

在同一个进程中，不同的模块调用 logging.getLogger 方法，如果传入的名字一样，那么将返回同一个记录器对象。此外，应用程序可以在一个模块中定义和配置父记录器，在另一个模块中创建子记录器，在没有修改配置的情况下，子记录器的所有调用记录将传递给父记录器。

日志记录是线程安全的，单进程中的多线程可以将日志记录到同一个文件。不过 logging 模块并不支持多个进程将日志记录到同一个文件中，因为 Python 没有提供标准的方法来序列化多进程对单个文件的访问。

随着应用程序的长时间运行，单个日志文件会越来越大，这对于日志文件的管理和使用来说并不是非常方便。我们希望当日志文件增大到一定程度时，应用程序将日志写入另外的文件中。同时，根据磁盘大小限制和实际情况，一般只需要保留部分日志即可。可以使用 RotatingFileHandler 来帮助用户管理日志文件，示例如下：

```
import logging
from logging.handlers import TimedRotatingFileHandler
# 日志文件
LOG_FILENAME = 'logging_rotatingfile_example.out'
my_logger = logging.getLogger('MyLogger')
# 在午夜时更换日志文件,保留过去5天的日志
file_rotate_handler = TimedRotatingFileHandler(LOG_FILENAME, when="midnight",
                    backupCount=5)
my_logger.addHandler(handler)
```

有时候，我们希望在某些操作前更改日志记录的配置，并在操作完成后将日志配置改回来，如在某个操作范围内临时修改日志的级别。可以通过实现一个日志配置的上下文管理器来做到这一点。示例代码如下：

```
import logging
import sys
# 日志配置上下文管理器
class LoggingContext(object):
    def __init__(self, logger, level=None, handler=None, close=True):
    # 传入记录器,临时的日志级别
        self.logger = logger
        self.level = level
        self.handler = handler
        self.close = close
```

```
       def __enter__(self):
          # 在调用时设置记录器的日志级别
             if self.level is not None:
                self.old_level = self.logger.level
                self.logger.setLevel(self.level)
             if self.handler:
                self.logger.addHandler(self.handler)
       def __exit__(self, et, ev, tb):
          # 在结束时将记录器的日志级别改回来
             if self.level is not None:
                self.logger.setLevel(self.old_level)
             if self.handler:
                self.logger.removeHandler(self.handler)
             if self.handler and self.close:
                self.handler.close()
# 调用示例设置记录器级别是INFO
logger = logging.getLogger('foo')
logger.setLevel(logging.INFO)
# 临时将级别改为DEBUG
with LoggingContext(logger, level=logging.DEBUG):
   logger.debug('3. This should appear once on stderr.')
```

14.1.3　配置日志模块

在 14.1.2 节所示的例子中，应用代码负责设置记录器的级别、添加处理器。理想情况下，最好让配置和应用代码分离。Python 的 logging 库提供了几种配置日志的方式，通常的配置方式是用字典类型的数据描述日志记录所需的记录器、处理器、过滤器和格式器，然后将数据传入 dictConfig( ) 的方法。

Django 提供了一个非常好的配置示例，代码如下：

```
import logging
LOGGING = {
    'version': 1,
    # 排除之前配置的干扰
    'disable_existing_loggers': True,
    # 格式器配置
    'formatters': {
        # 详细的日志
        'verbose': {
            'format': '%(levelname)s %(asctime)s %(module)s %(process)d
%(thread)d %(message)s'
        },
        # 简要的日志
```

```
        'simple': {
            'format': '%(levelname)s %(message)s'
        },
    },
    # 处理器配置
    'handlers': {
        # DEBUG或以上级别日志输出到输出流中
        'console':{
            'level':'DEBUG',
            'class':'logging.StreamHandler',
            'formatter': 'simple'
        },
        # ERROR或以上级别发送给管理员邮箱
        'mail_admins': {
            'level': 'ERROR',
            'class': 'django.utils.log.AdminEmailHandler',
            'filters': ['special']
        }
    },
    # 记录器配置
    'loggers': {
        # django记录器
        'django': {
            'handlers':['console'],
            'propagate': True,
            'level':'INFO',
        },
        # django.request记录器
        'django.request': {
            'handlers': ['mail_admins'],
            'level': 'ERROR',
            'propagate': False,
        }
    }
}
# 调用dictConfig进行配置
logging.config.dictConfig(LOGGING)
```

14.2　Django 日志工具

　　Django 提供了一些日志工具用于满足 Web 应用关于记录日志的一些常见需求。这些工具包括记录器实例、处理器实例和过滤器实例。Django 自带了几个有用的记录器。

● django 记录器：这是 Django 记录器树的根记录器。

● django.request 记录器：该记录器记录所有请求处理的日志。5XX 的响应会作为 ERROR 级别的日志记录；4XX 的响应会作为 WARNING 级别的日志记录。该记录器记录的日志会包含 HTTP 状态码和 request 对象。

● django.db.backends 记录器：该记录器记录代码与数据库交互相关的消息。出于性能考虑，只有在 settings.DEBUG 设置为 True 的时候，该记录器才会开启。该记录器记录的日志会包含执行 SQL 的时间、SQL 语句和参数。

除了 Python 自带的日志处理器外，Django 还提供了 AdminEmailHandler 处理器。这个处理器每收到一条消息，就向站点管理员发送电子邮件。如果日志记录包含 request 属性，则请求的完整信息将会包含在电子邮件中。如果日志包含了程序堆栈跟踪消息，则电子邮件也会包含这部分消息。

要使用这个处理器，需要在配置文件中配置一下，配置中如果将 include_html 设置为 True，则电子邮件中会附带一个 HTML 页面，页面包含了带有变量信息的完整错误栈和 Django 配置信息。配置示例如下：

```
'handlers': {
    'mail_admins': {
        'level': 'ERROR',
        'class': 'django.utils.log.AdminEmailHandler',
        'include_html': True,
    }
},
```

Django 提供了两个日志过滤器——CallbackFilter 和 RequireDebugFalse。CallbackFilter 接受回调函数，并为通过过滤器的每个 LogRecord 对象调用这个函数，然后回调函数返回 False，不继续处理该记录。在 settings.DEBUG 设置为 False 时，RequireDebugFalse 才会通过 LogRecord 对象。

14.3　日 志 管 理

现代网站和服务通常是分层结构，日志分散在多个服务器，甚至多个数据中心。在这种情况下，查看单个日志会很麻烦。开发者不仅需要花费很长时间来搜索正确的文件，而且需要更长的时间来关联多个日志文件以定位问题。如果日志文件被管理员清理，则问题就很难定位。

因此，较好的实践是将日志集中起来管理。集中管理日志能够加快日志搜索速度，从而有助于更快地解决生产问题；所有日志都在一个地方，不用猜测错误日志在哪个服务器上，定位问题很方便。

Elastic 技术栈是完整的日志分析解决方案，可帮助我们深入搜索、分析和可视化从不同机器生成的日志。

14.3.1　Elastic技术栈

现代的日志管理和分析解决方案需要包括以下关键能力。

● 聚合能力：从多个数据源收集和发送日志的能力。

● 处理能力：将日志消息转换为有意义的数据以便分析的能力。

● 存储能力：能够存储长时间段数据的能力。

● 分析能力：通过查询数据并在其上创建可视化仪表盘来分析数据的能力。

Elastic 技术栈为日志管理提供了完整的解决方案。Elastic 技术栈主要由 Elasticsearch、Logstash、Kibana 和多个 Beats 组成。Elasticsearch 是一个基于 Apache Lucence 的全文搜索和分析引擎，是技术栈的核心部分。Logstash 用于聚合日志，它从各种输入源收集数据，对数据进行转换和增强后，将数据发送到输出目标。Kibana 在 Elasticsearch 之上运行，为用户分析数据提供可视化界面。Beats 一般安装在主机上，用于收集不同类型的数据。

Beats 和 Logstash 负责收集和处理数据，Elasticsearch 用于索引和存储数据，Kibana 提供查询数据和可视化数据的用户界面。通用的 Elastic 技术栈如图 14.2 所示。

图 14.2　通用的 Elastic 技术栈

在数据量更大的场景下，为了应对复杂的生产环境，往往还需要添加其他组件来提升系统的可用性和安全性。比较常见的做法是在处理日志前增加缓存，防止 Logstash 服务出现问题时出现丢失日志的情况；另外，Kibana 默认没有提供访问控制等安全选项，可选的方案是在 Kibana 服务前面增加一个 Nginx 服务，进行访问控制。扩展 Elastic 技术栈的工作流程如图 14.3 所示。

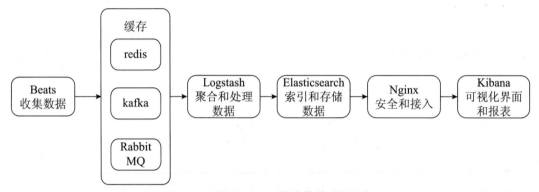

图 14.3　扩展 Elastic 技术栈的工作流程

下面我们来演示如何安装和使用 Elastic 技术栈。演示使用装有 Ubuntu 16.04 系统的服务器，服务器 IP 为 10.0.2.15。登录服务器，在命令行中输入下面的命令：

```
# 安装apt-transport-https
$ sudo apt-get update
$ sudo apt-get install apt-transport-https
# 导入Elastic的签名,用于验证安装的软件
$ wget -qO - https://artifacts.elastic.co/GPG-KEY-elasticsearch | sudo apt-key add -
OK
# 加入软件库
$ echo "deb https://artifacts.elastic.co/packages/7.x/apt stable main"
| sudo tee -a /etc/apt/sources.list.d/elastic-7.x.listdeb https://
artifacts.elastic.co/packages/7.x/apt stable main
# 安装Elasticsearch
$ sudo apt-get update
$ sudo apt-get install elasticsearch
# 配置Elasticsearch服务
$ sudo vim /etc/elasticsearch/elasticsearch.yml
network.host: "localhost"
http.port:9200
cluster.initial_master_nodes:10.0.2.15
# 启动Elasticsearch服务
$ sudo service elasticsearch start
```

```
# 确认服务在运行
$ curl http://localhost:9200
{
  "name" : "ubuntu-xenial",
  "cluster_name" : "elasticsearch",
  "cluster_uuid" : "zIVfwTOEThicvodbwRGeIA",
  "version" : {
    "number" : "7.2.0",
    "build_flavor" : "default",
    "build_type" : "deb",
    "build_hash" : "508c38a",
    "build_date" : "2019-06-20T15:54:18.811730Z",
    "build_snapshot" : false,
    "lucene_version" : "8.0.0",
    "minimum_wire_compatibility_version" : "6.8.0",
    "minimum_index_compatibility_version" : "6.0.0-beta1"
  },
  "tagline" : "You Know, for Search"
}
# 安装Logstash
$ sudo apt-get install default-jre
$ sudo apt-get install logstash
# 安装Kibana
$ sudo apt-get install kibana
# 修改Kibana配置,增加下面的几行
$ sudo vim /etc/kibana/kibana.yml
server.port: 5601
server.host: "0.0.0.0"
elasticsearch.hosts: ["http://localhost:9200"]
# 启动Kibana服务
$ sudo service kibana start
# 安装Metricbeat
$ sudo apt-get install metricbeat
# 启动Metricbeat
$sudo service metricbeat start
```

接下来将使用一部分样本数据来演示如何使用 Elastic 技术栈。登录安装了 Elastic 技术栈的服务器，执行下面的命令：

```
$ wget https://s3.amazonaws.com/logzio-elk/apache-daily-access.log
$ sudo vim /etc/logstash/conf.d/web-01.conf
input {
    file {
        path => "/home/vagrant/apache-daily-access.log"
        start_position => "beginning"
        sincedb_path => "/dev/null"
    }
```

```
    }
filter {
    grok {
        match => { "message" => "%{COMBINEDAPACHELOG}" }
    }
    date {
        match => [ "timestamp" , "dd/MMM/yyyy:HH:mm:ss Z" ]
    }
    geoip {
        source => "clientip"
    }
}
output {
    elasticsearch {
        hosts => ["localhost:9200"]
    }
}
# 启动Logstash服务
$ sudo service logstash restart
```

正常情况下，此时 Elasticsearch 已经创建了一个 Logstash 索引。打开浏览器，进入
http: // 服务器 IP: 5601/app/kibana#/management/kibana/index_pattern?_g=（），根据 Kibana
的提示创建名为"logstash-*"的索引，并配置 @timestamp 作为过滤字段。之后进入 http: //
服务器 IP: 5601/app/kibana#/discover，就能看到数据报表了。

Elasticsearch 提供了功能多样的 API 供用户查询存储的数据，例如，下面的命令列出刚
才 Logstash 和 Kibana 创建的索引：

```
$ curl http://localhost:9200/_aliases?pretty=true
{
  "logstash-2019.07.03-000001" : {
    "aliases" : {
      "logstash" : {
        "is_write_index" : true
      }
    }
  },
  ".kibana_1" : {
    "aliases" : {
      ".kibana" : { }
    }
  },
  ".kibana_task_manager" : {
    "aliases" : { }
  }
}
```

14.3.2　Elasticsearch 集群

Elasticsearch 是 Elastic 技术栈的核心组件。它是一个功能丰富且复杂的系统，在学习它之前需要了解以下 6 个基本概念。

- 索引：Elasticsearch 的索引是文档的逻辑分区。以之前做的电商应用为例，可以为商品数据建立一个索引，为用户数据建立另外一个索引。Elasticsearch 对索引数量没有做限制，不过过多的索引会影响性能。

- 文档：文档是存储在 Elasticsearch 索引中的 JSON 对象，是存储的基本单位，有点儿类似关系数据库中表的行。文档中的数据主要是一个键值对，键是字段的名称，值可以是多种类型的数据，如字符串、数字、数字表达式、JSON 对象或数组。文档中还有一些元数据，如 _index、_type 和 _id。

- 类型：Elasticsearch 的类型用来细分相似类型的数据。

- 映射：Elasticsearch 的映射定义了特殊文档的数据类型，以及如何在 Elasticsearch 中索引和存储相关类型的字段。

- 分片：Elasticsearch 没有限制单个索引可以存储的文档数量，因此索引可能会占用超过服务器限制的磁盘空间。分片是解决这个问题的常用方案，这个方案将单个索引的文档分散在不同的服务器节点上，这样既能解决文档存储空间问题，也能部分提升性能。

- 副本：Elasticsearch 通过副本机制来实现服务的高可用。副本不会和其复制的分片在同一节点上。

在 Elasticsearch 集群中，每个节点都运行一个 Elasticsearch 服务。这些节点被分为下面 3 种类型。

- 主节点：主节点负责协调集群任务，如跨节点分片、创建索引和删除索引等。每个 Elasticsearch 集群都会自动从所有符合条件的节点中选举出一个主节点；当主节点停止服务时，集群会自动选出新的主节点。

- 数据节点：数据节点会以分片形式存储数据，并执行与索引、搜索和聚合数据相关的操作。在比较大的集群中，数据节点会配置 node.master: false，让其不参与主节点的选举。

- 客户节点：客户节点用作集群内的负载均衡器，帮助路由器索引和搜索请求。根据实际情况的不同，集群可能并不需要客户节点，因为数据节点能够自己处理请求路由器。

在 Elasticsearch 集群中，索引存在一个或多个分片和副本分片上，每个分片都是一个 Lucene 实例。在创建索引时，可以指定主分片和副本分片的数量。例如，设置产品索引的主分片和副本分片的数量都是 5，用户索引的分片数量是 2，如图 14.4 所示。

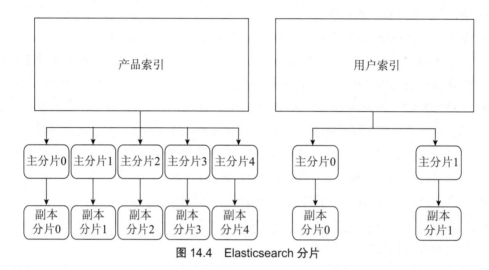

图 14.4　Elasticsearch 分片

在实际的集群中，主分片和副本分片会分布在不同的数据节点上，主节点会保证同一分片的主分片和副本分片不在同一个数据节点上，如图 14.5 所示。

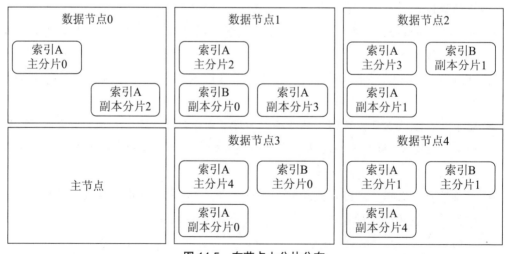

图 14.5　在节点上分片分布

用户在使用 Elasticsearch 的时候，主要会发起两类请求：搜索和索引。以传统数据库来类比的话，搜索请求类似于读取请求，索引类似于写入请求。

搜索请求从开始到结束会经历以下步骤。

（1）客户向集群的某个节点发起请求，请求带上索引和搜索条件。为方便描述，假设收到请求的是节点 2。

（2）节点 2 将查询发送到索引中每个分片的副本。

（3）每个分片在本地执行查询，并将结果返回给节点 2，节点 2 对这些结果进行排序。

（4）节点 2 找出需要提取的文档，并向相关分片发送获取请求。

（5）每个分片找到文档并将它们返回节点 2。

（6）节点 2 将搜索结果返回给客户。

当新的信息添加到索引或者索引中的信息被更新和删除时，索引中的每个分片都会通过两个过程进行更新：refresh 和 flush。

新加入索引的文档不能马上被搜索到。这些文档首先会被写入内存缓冲区，等待下一次的 refresh。默认情况下，refresh 每秒执行一次，它会将缓存区的数据复制到新的内存段中，这样数据就能被搜索到了。最后清理内存缓存区。

索引的分片由多个段组成，每个段实际上是索引的变更集合。这些段在每次 refresh 的时候创建，随后在后台合并在一起，以确保有效利用节点资源。段是不可变的数据，所以每次更新文档都要写入新的段并删除旧的段。

在新文档被加到内存缓冲区的同时，它也会附加到分片的日志中。每隔 30min，或当日志最大（默认为 512MB）时，Elasticsearch 会触发 flush。在每次的 flush 中，所有内存缓冲区的数据都会被刷新，所有内存中的段都会提交到磁盘，并清除日志。

日志确保了在节点发生故障时数据不会丢失，它可以帮助分片恢复在刷新之间可能丢失的操作。

 ## 14.4 总　　结

日志是应用程序在运行中产生的重要数据，它能够有效帮助工程师监控系统运行状况，并在发生问题时定位和解决问题。

作为 Python 语言编写的 Web 框架，Django 可以直接使用 Python 自带的日志模块来记录不同级别的事件。本章介绍了如何使用和配置 Python 的 logging 模块，并介绍了 Django 为 Web 开发定制的日志工具。

在规模较大的应用中，日志会分散在多个服务器中，对于日志的集中管理和分析需求日渐迫切。本章介绍了集中管理和分析日志的解决方案——Elastic 技术栈，并演示了如何采用该技术栈收集、存储和分析日志。Elasticsearch 是 Elastic 技术栈的核心组件，本章介绍了 Elasticsearch 集群的工作方式。

 练　　习

练习一：Python 的 logging 模块有哪几个组件？

练习二：Elastic 技术栈有哪几个组件？

第15章 监 控

在 IT 企业或组织中，保持设备、网络和系统良好运行是运营的关键，因为客户和用户会直接获得技术服务。虽然技术至关重要，但并不是绝对可靠。软件和硬件的故障导致服务不可用的情况可能随时出现。

因此，在依赖计算机基础设施的企业或组织中，有必要随时监控系统的运行状况，并在出现故障时予以修正，以确保可能出现的错误最终不会影响提供给用户的服务。系统的方方面面都需要被监控到。Django 作为 Python 开发的 Web 开发框架，非常易于接入各类监控系统。

本章主要涉及的知识点：

● 监控数据的采集：了解监控数据的采集。

● 告警：了解告警的级别和处理方式。

● Prometheus 的使用：学习如何使用 Prometheus 采集监控数据。

 15.1 **监控数据采集**

监控数据的核心要点是：采集监控数据很容易采集和存储；不过如果在发生问题时缺少监控数据，则代价是非常大的。所以，我们有必要检测系统的各个方面，并合理地收集所有有用的数据。

监控数据有多种形式。有些系统会持续地输出数据，而其他系统只会在发生罕见事件的时候生成数据。有些数据能够直接定位问题，有些数据能帮助调查问题所在。更宽泛地说，拥有监控数据是观察系统工作状况的必要条件。

指标是在特定时间捕获的与系统相关的值，如当前正处于活跃状态的用户数量。因此，指标通常以固定时间间隔收集，如每秒采集一次、每分钟采集一次。

指标可以分为两大类：工作指标和资源指标。对于每个依赖软件的系统，都应该考虑哪些工作指标和资源指标是合理的，并且将其全部收集。

15.1.1 工作指标

工作指标通过系统的输出来获取系统的运行状况。在考虑采集工作指标时，通常可以将这些指标分成以下 4 类。

- 吞吐量：吞吐量是系统在单位时间内完成的工作量。吞吐量通常用绝对数值（非百分比这样的相对数值）记录。
- 成功率：成功率是指成功执行的工作占总工作量的百分比。
- 错误率：错误率是指执行失败的工作占总工作量的百分比。在实际操作中，错误率和成功率通常分开采集，尤其当存在多个潜在的错误来源时。如果这些来源中的有些来源比其他来源更重要，则分开采集错误率和成功率更是必要的。
- 性能：性能是指软件的工作效率。最常见的性能指标是延迟。延迟表示一个工作单元所需的时间。延迟可以表示为平均值或百分比，例如，"99% 的请求在 0.1 秒内返回""处理请求的平均延迟是 0.2 秒"。

以上指标对于观察系统的运行状况非常重要。采集这些数据可以让我们快速回答关于系统内部健康和性能最紧迫的问题：系统现在可用吗？系统现在性能如何？

下面列出两个常见系统的工作指标作为示例。一个系统是 Web 服务器，在系统的某一段时间内，其指标如表 15.1 所示。

表 15.1　Web 服务器指标

指 标 类 型	描　　　述	值
吞吐量	每秒请求数量	312
成功率	两次测量间状态码为 2XX 的响应百分比	99.1
错误率	两次测量间状态码为 5XX 的响应百分比	0.1
性能	90% 的请求的响应时间（秒）	0.4

另一个系统是数据存储系统，在系统的某一段时间内，其指标如表 15.2 所示。

表 15.2　数据存储系统指标

指 标 类 型	描　　　述	值
吞吐量	每秒查询次数	949
成功率	每次测量间成功执行的查询百分比	100
错误率	两次测量间执行失败的查询百分比	0
错误率	两次测量间返回过时数据的查询百分比	4.2
性能	90% 的查询时间（秒）	0.02

15.1.2　资源指标

软件基础架构的大多数组件是其他系统的资源。有一些资源是底层的，如 CPU、内存、磁盘和网络接口之类的物理组件，另外一些组件（如数据库或者地理位置微服务）也可以被看成资源，因为其他系统需要这些组件来完成工作。

资源指标有助于了解系统的详细状态，这在调查问题和诊断问题的时候是特别有价值的。资源指标可以分为以下 4 类。

- 利用率：利用率指资源繁忙时间的百分比，或者资源容量正在使用的百分比。
- 饱和度：饱和度是使当前系统无法提供服务的请求上限。通常这些请求会被存放在队列中进行后续处理。
- 错误：错误指在工作过程中资源产生的内部错误。
- 可用性：可用性指资源响应请求的时间百分比。仅可以对主动和定期检查的资源定义可用性。

常见的资源指标如表 15.3 所示。

表 15.3　常见的资源指标

资　　源	利　用　率	饱　和　度	错　　误	可　用　性
磁盘 I/O	设备繁忙时间的百分比	等待队列长度	设备错误	可写时间的百分比
内存	已使用的内存百分比	swap 使用率	（通常观测不到）	通常观测不到
微服务	每个请求服务线程忙的平均时间百分比	请求数量	服务抛出异常	服务可用时间的百分比
数据库	每个连接繁忙的平均时间百分比	排队中的查询	内部错误，如复制错误	服务可访问的时间百分比

还有一些指标既不是工作指标，也不是资源指标，但这些指标同样有助于观察复杂的系统，比较常见的例子是缓存命中数或者数据库锁。

15.1.3　事件

除了可以连续收集的指标外，一些监控系统还可以捕获事件。这些事件往往出现得频繁而离散，但对整个系统的理解是有帮助的，例如：

（1）变更：代码的发布、构建成功和构建失败。

（2）告警：内部或第三方的通知。

（3）扩容事件：增加或减少主机的数量。

事件通常带有足够的信息，这些信息可以单独使用，而不像指标数据点通常只有在上下文中才有意义。

事件会记录在特定时间点发生的事情，表 15.4 是一些事件的例子。

表 15.4　一些事件的例子

事　　件	时　　间	附　加　信　息
版本 2.0 发布到了生产环境	2018-12-02 04:07:15	发布用了 45 秒
合并请求编号 1630 被合并到主干分支	2018-12-03 09:18:17	合并的提交编号为 ea720d6
每夜数据汇总任务失败	2018-12-04 00:00:03	失败任务的链接

事件有时候用来生成告警，通知负责人发生了什么事情，如在重要定时脚本失败的时候发送电子邮件给负责人，不过这些事件更常用于调查问题。就像收集指标一样，应该尽可能地收集事件。

15.1.4　收集数据

有用的监控数据应该具有以下 4 个特征。

（1）易于理解。好理解的数据能让人快速确定其含义和收集方式。应该尽量让指标和事件保持简单。

（2）具有采集粒度。采集的指标数据周期过长，可能会让得到的数据无法正确衡量系统的当前状况。例如，对使用率的时段和高使用率的时段进行平均，会得到时段内错误的利用率，因此采集的频率不能太低；另外，采集的频率也不能太高，因为这会降低系统的性能。

（3）按照范围进行标记。IT 设施可能包含多个数据中心，在一个数据中心范围内可能有多台主机同时运行，经常需要检查这些范围或组合的总体运行状况，例如：所有数据中心的总体状况如何？华东地区的服务状况如何？单台主机的服务状况如何？保留数据关联的多个范围非常重要，有了这些范围，可以在发生故障时对任意范围内产生的问题发出告警，并快速进行调查。

（4）长时间存储。如果过早丢弃数据，或者在一段时间后汇总指标以降低存储成本，那么有关过去发生事情的重要信息将会丢失。保留一年或更长时间的原始数据能够帮助我们更容易地了解"正常"是什么，特别是指标会随着月度、季度和年度变化的时候。

总之，应该尽可能多地收集工作指标、资源指标和事件，因为观测复杂系统需要全面指标；同时也要收集足够粒度的指标，以显示重要的峰值和下降趋势。指标采集的数据粒度与实施采集的成本和指标数据的变化周期有关。不同的指标可能有不同的采集粒度，如内存或 CPU 可以以秒为粒度进行统计，能耗可以以分为粒度进行统计。要最大化数据的价值，需要在指标和事件上标记范围，并长期保留数据。

 告 警

自动化告警对监控至关重要。告警在系统产生问题时发出，便于系统维护者能够快速确定问题的原因并最大限度地减少对服务的影响。监控数据有助于观察系统的运行状况，而告警会让系统负责人对特定系统进行检查和干预。

不过告警并不总是有效的，特别是当告警的数量特别多时，真正有用的信息经常容易在嘈杂的告警海中丢失，导致不能确定问题的根源。

告警应该有不同的优先级。重要程度比较低的告警不需要通知任何人，但需要记录在监控系统中，以防后续分析或调查。对于中等紧急的警报，可以通过电子邮件或即时通信工具等非中断方式通知解决问题的人员。如果情况紧急，则应该通过电话等方式通知相关人员。表 15.5 列出了一些常见的告警场景。

表 15.5　常见的告警场景

数　　据	告 警 方 式	触 发 事 件
工作指标：吞吐量	电话	流量远高或低于平时，或者存在异常的变化率
工作指标：成功率	电话	成功率低于阈值
工作指标：错误率	电话	错误率高于阈值
工作指标：性能	电话	工作完成时间过长
资源指标：使用率	通知	资源利用率接近限制（如磁盘空间降至阈值以下）
资源指标：饱和	记录	等待进程数量超过阈值
资源指标：错误数量	记录	固定时间段内错误数量超过阈值
资源指标：可用性	记录	资源在超过阈值的百分比内不可用
事件：数据备份定时脚本	电话	数据备份定时脚本失败

一些警报不会与服务问题相关联，这些问题可能永远不需要相关人员了解。例如，当一个面向用户的数据存储的查询时间比平时慢得多，但速度没有慢到影响整体服务的响应时间时，应该生成一个低优先级警报，记录在监控系统中以供将来参考或调查，而不应该中断维护者的工作。因为这个问题可能只是暂时的，如网络出现抖动，往往会自行消失。不过，如果服务开始大规模超时，则这些基于警报的数据会为调查问题提供宝贵的上下文。

一些问题需要工作人员进行干预，但不是马上进行干预。例如，用于存储数据的磁盘出现空间不足的问题，应该在接下来的几天内扩容，这时向服务的负责人发送电子邮件或者聊天消息能引起负责人的足够重视，又不会干扰到负责人的正常工作和生活节奏。

最紧急的警报应该得到特殊处理，需要负责人马上进行处理。例如，出现大规模用户打不开网站主页的现象。不管事故在什么时候发生，都应该通过电话等方式立即通知负责人。

在设置警报的时候，最好想清楚 3 个问题，以确定正确的警报的紧急程度和处理警报的方式。

（1）是不是真的有问题？答案看起来很明显，不过在实际的操作中，经常会出现误判问题的情况。例如，测试环境出现数据异常触发了报警，服务器的常规升级触发了报警。经常出现这样的误报情况，可能会让负责人疲于应付，而忽略了真正的问题。如果问题确实存在，则应该生成警报，哪怕是不通知负责人，也应该在监控系统内部记录该警报，以便后续的分析和关联。

（2）问题是否需要关注？系统能自动地处理问题，是最好的。打断工程师的休息时间成本是非常高的。当问题真的存在，并且系统不能自动恢复时，有必要发出警告，通知负责人来调查并解决问题。通知的形式可以是电子邮件、聊天或者是工单系统，这样负责人可以根据问题的优先级来依次处理。

（3）问题是否紧急？并不是所有的问题都是紧急问题。例如，系统响应得比正常慢一些，或者部分缓存失效，这些都是真实且需要关注的问题，但是不应该为了这些问题让工程师在凌晨 4 点起床修复。另外，如果是核心系统出现问题，可能导致关键数据永久丢失，那么应该通过电话等方式立即通知工程师。

15.3 使用 Prometheus

Prometheus 是流行的开源监控软件，主要用于事件监控和警报。Prometheus 使用 HTTP "拉" 模型获取数据，监控数据存储在时序数据库中。使用它可以实现灵活的数据查询和实时警报。

15.3.1 Prometheus的工作方式

围绕 Prometheus 构建的监控平台由多个组件构成。这些组件包括多种类型的 Exporter、

Prometheus、Alertmanager、Grafana 等。这些组件有着不同的作用,具体如下。

● Exporter 组件用于在监控的主机和服务上抓取监控数据。

● Prometheus 组件用于中心化存储监控数据。

● Alertmanager 组件用于根据监控数据触发告警。

● Grafana 组件用于展示数据。

Prometheus 组件还提供了 PromQL 查询语言,用于创建报表和告警。

Prometheus 监控系统如图 15.1 所示。

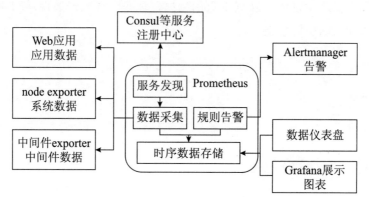

图 15.1　Prometheus 监控系统

Prometheus 数据以指标的形式存储,每个指标都有一个用于查询的名字。可以为每个指标定义一个或多个标签,标签可以是监控数据的来源,也可以具有特定的业务意义等。Prometheus 可以指定任意标签列表并基于这些标签实时查询数据,这说明 Prometheus 的数据模型是多维的。

Prometheus 适用于以机器为中心的监控及微服务架构的监控。默认情况下,每个 Prometheus 服务都是独立的,它不依赖于网络存储或其他远程服务。

下面演示如何在 Ubuntu 16.04 系统中安装 Prometheus 服务。登录服务器后,打开命令行软件,执行下面的命令:

```
# 升级软件源
$ sudo apt-get update
# 安装Prometheus
$ sudo apt-get install prometheus
# 启动Prometheus服务
$ sudo service prometheus start
# 查看服务状态
```

```
$ sudo service prometheus status
● prometheus.service - LSB: Monitoring system and time series database
   Loaded: loaded (/etc/init.d/prometheus; bad; vendor preset: enabled)
   Active: active (running) since Mon 2019-07-08 12:36:12 UTC; 2min 23s ago
# 默认情况下,Prometheus的配置文件位于/etc/prometheus目录下
$ ls /etc/prometheus/
console_libraries  consoles  prometheus.yml
# 默认情况下,Prometheus的数据位于/var/lib/prometheus目录下
$ ls /var/lib/prometheus/
metrics
```

Prometheus 提供了丰富的 API 用于查询指标、标签、规则等数据。例如，下面的命令用于查询名为"up"的指标数据：

```
$ curl 'http://localhost:9090/api/v1/query?query=up'
{"status":"success","data":{"resultType":"vector","result":[{"metr
ic":{"__name__":"up","instance":"localhost:9090","job":"prometheus"},
"value":[1562590279.753,"1"]},{"metric":{"__name__":"up","instance":"lo
calhost:9100","job":"node"},"value":[1562590279.753,"1"]}]}}
```

15.3.2 抓取Linux系统数据

许多库和应用程序采用从第三方系统采集的数据作为 Prometheus 指标使用。对于 Prometheus 无法直接采集数据的第三方系统来说，这些库和应用程序是很有用的。

在前面的章节中，我们实现了一个简单的电商应用，设计的应用架构为接入层（Nginx）- 应用层（Django）- 数据层（MySQL）。这 3 层无疑是我们需要监控的对象。应用运行在 Linux 服务器上，因此 Linux 服务器也是要监控的对象。

下面介绍如何采集 Linux 服务器、Nginx 和 MySQL 的监控数据。方便起见，我们将 Prometheus 和常用的 exporter 都放在同一台服务器上，用于演示。

Node Exporter 可用于采集 Linux 服务器上各种与硬件和内核相关的指标。使用 apt-get 安装 Prometheus 时会一起安装 Node Exporter：

```
$ service prometheus-node-exporter status
● prometheus-node-exporter.service - LSB: Prometheus exporter for machine
metrics
   Loaded: loaded (/etc/init.d/prometheus-node-exporter; bad; vendor preset:
enabled)
   Active: active (running) since Mon 2019-07-08 12:36:12 UTC; 13h ago
```

也可以使用下面的命令单独安装 Node Exporter：

```
# 下载和解压安装包
curl
https://github.com/prometheus/node_exporter/releases/download/v0.15.1/
node_exporter-0.15.1.linux-amd64.tar.gz
tar xvf node_exporter-0.15.1.linux-amd64.tar.gz
sudo cp node_exporter-0.15.1.linux-amd64/node_exporter /usr/local/bin
# 创建执行用户
sudo useradd --no-create-home --shell /bin/false node_exporter
sudo chown node_exporter:node_exporter /usr/local/bin/node_exporter
# 创建service文件
sudo vim /etc/systemd/system/node_exporter.service
[Unit]
Description=Node Exporter
Wants=network-online.target
After=network-online.target
[Service]
User=node_exporter
Group=node_exporter
Type=simple
ExecStart=/usr/local/bin/node_exporter
[Install]
WantedBy=multi-user.target
# 启动服务
sudo systemctl daemon-reload
sudo systemctl start node_exporter
```

安装完成后，需要配置 Prometheus，让其能够从 Node Exporter 中抓取数据。Node Exporter 默认会监听端口 9100。Prometheus 的配置如下：

```
$ sudo vim /etc/prometheus/prometheus.yml
...
  - job_name: 'node_exporter'
    scrape_interval: 5s
    static_configs:
      - targets: ['localhost:9100']
# 重启Prometheus
$ sudo service prometheus restart
```

Promethues 设置为每隔 5 秒从 Node Exporter 抓一次数据。我们可以通过 Node Exporter 的接口手动抓取数据，登录运行 Node Exporter 的服务器，执行下面的命令：

```
# 从命令行手动抓取数据
$ curl http://127.0.0.1:9100/metrics
# Node Exporter会返回大量的数据,下面仅展示cpu0的数据
```

```
node_cpu{cpu="cpu0",mode="guest"} 0
node_cpu{cpu="cpu0",mode="idle"} 8683.26
node_cpu{cpu="cpu0",mode="iowait"} 2.88
node_cpu{cpu="cpu0",mode="irq"} 0
node_cpu{cpu="cpu0",mode="nice"} 1.49
node_cpu{cpu="cpu0",mode="softirq"} 0.85
node_cpu{cpu="cpu0",mode="steal"} 0
node_cpu{cpu="cpu0",mode="system"} 6.95
node_cpu{cpu="cpu0",mode="user"} 12.43
```

经过一段时间后，Prometheus 会积累不同时间点的 Node Exporter 数据，可以通过 Prometheus 提供的 HTTP API 查询到这些数据，如下面的命令用于获取 cpu0 的监控数据：

```
# 获取cpu0的监控数据
$ curl http://localhost:9090/api/v1/query?query=node_
cpu%7Bcpu%3D%22cpu0%22%7D
{"status":"success","data":{"resultType":"vector","result":[{"metric":
{"__name__":"node_cpu","cpu":"cpu0","instance":"localhost:9100",
"job":"node","mode":"irq"},"value":[1562638725.366,"0"]},
{"metric":{"__name__":"node_cpu","cpu":"cpu0","instance":"localhos
t:9100","job":"node","mode":"steal"},"value":[1562638725.366,"0"]},
{"metric":{"__name__":"node_cpu","cpu":"cpu0","instance":"localhost:
9100","job":"node","mode":"iowait"},"value":[1562638725.366,"2.92"]},
{"metric":{"__name__":"node_cpu","cpu":"cpu0","instance":"localhost:9
100","job":"node","mode":"idle"},"value":[1562638725.366,"9706.12"]},
{"metric":{"__name__":"node_cpu","cpu":"cpu0","instance":"localhost:9
100","job":"node","mode":"softirq"},"value":[1562638725.366,"0.91"]},
{"metric":{"__name__":"node_cpu","cpu":"cpu0","instance":"localhost
:9100","job":"node","mode":"nice"},"value":[1562638725.366,"1.49"]},
{"metric":{"__name__":"node_cpu","cpu":"cpu0","instance":"localhos
t:9100","job":"node","mode":"guest"},"value":[1562638725.366,"0"]},
{"metric":{"__name__":"node_cpu","cpu":"cpu0","instance":"localhost
:9100","job":"node","mode":"system"},"value":[1562638725.366,"7.35"]},
{"metric":{"__name__":"node_cpu","cpu":"cpu0","instance":"localhost:9100
","job":"node","mode":"user"},"value":[1562638725.366,"13.34"]}]}}}
```

15.3.3 抓取Nginx监控数据

抓取 Nginx 监控数据比较流行的做法是通过第三方模块在 Nginx 内部记录指标数据，然后暴露接口供其他服务抓取。这种方法需要 Nginx 安装 Lua 模块，并设置 server 模块。安装和配置 Nginx 的示例如下：

```
# 安装Nginx及主要的模块,包括Lua模块
```

```
$ sudo apt-get install nginx-extras
# 修改配置文件
$ sudo vim /etc/nginx/nginx.conf
worker_processes          auto;
events {
    worker_connections  1024;
}
http {
    # 用于存储指标数据的内存大小
    lua_shared_dict prometheus_metrics 10M;
    # 存放Lua脚本的位置
    lua_package_path '/etc/nginx/conf.d/lua/?.lua;;';
    init_by_lua_block {
      # 初始化Prometheus脚本
      prometheus = require("prometheus").init("prometheus_metrics")
      # 统计HTTP请求数
      metric_requests = prometheus:counter(
        "nginx_http_requests_total", "Number of HTTP requests", {"host", "status"})
      # 统计HTTP请求延迟
      metric_latency = prometheus:histogram(
         "nginx_http_request_duration_seconds", "HTTP request latency",
{"host"})
      # 统计HTTP请求连接数
      metric_connections = prometheus:gauge(
        "nginx_http_connections", "Number of HTTP connections", {"state"})
    }
    log_by_lua_block {
      metric_requests:inc(1, {ngx.var.server_name, ngx.var.status})
       metric_latency:observe(tonumber(ngx.var.request_time), {ngx.var.
server_name})
    }
    include            mime.types;
    default_type       application/octet-stream;
    # 用于抓取数据的接口
    server {
        listen 9145;
        access_log off;
        # 只允许受信任的来源采集数据
        # allow 192.168.0.0/16;
        # deny all;
        location /metrics {
            content_by_lua_block {
                metric_connections:set(ngx.var.connections_active, {"active"})
                metric_connections:set(ngx.var.connections_reading, {"reading"})
                metric_connections:set(ngx.var.connections_writing, {"writing"})
                metric_connections:set(ngx.var.connections_waiting, {"waiting"})
                prometheus:collect()
```

```
            }
        }
    }
    include /etc/nginx/sites-enabled/*;
}
# 创建目录用于lua库的存放
$ sudo mkdir /etc/nginx/conf.d/lua
# 复制Prometheus脚本
$ git clone https://github.com/knyar/nginx-lua-prometheus.git
$ sudo cp nginx-lua-prometheus/prometheus.lua /etc/nginx/conf.d/lua/
# 重启Nginx
$ sudo service nginx restart
```

在上面的配置中，配置 9145 端口用于暴露采集数据的接口。下面先构造一些对 Nginx
的请求，然后采集监控数据。

```
# 安装Apache2
$ sudo apt-get install apache2
# 构造会返回200的请求
$ ab -n 100 -c 10 http://127.0.0.1/
# 构造会返回404的请求
$ ab -n 100 -c 10 http://127.0.0.1/404
# 采集监控数据,数据比较多,这里只展示任意状态码的请求数量
$ curl http://127.0.0.1:9145/metrics
......
nginx_http_requests_total{host="",status="200"} 102
nginx_http_requests_total{host="",status="404"} 100
......
```

15.3.4　抓取MySQL监控数据

mysqld_exporter 用来采集 MySQL 服务的指标数据，它工作的方式是连接到 MySQL
服务器，执行查询来获取 MySQL 服务的数据，因此需要 mysqld_exporter 进程拥有访问
MySQL 的权限。下面将演示如何使用 mysqld_exporter 来抓取数据。

首先需要安装 MySQL，并且配置账户用于 mysqld_exporter 的请求。在命令行软件中
执行下面的命令：

```
# 安装MySQL服务并设置用户和密码
$ sudo apt-get install mysql-server
# 登录MySQL
$ mysql -uroot -p
# 创建exporter用户并赋予权限
```

```
mysql> CREATE USER 'exporter'@'localhost' IDENTIFIED BY 'XXXXXXXX' WITH
MAX_USER_CONNECTIONS 3;
Query OK, 0 rows affected (0.00 sec)
mysql> GRANT PROCESS, REPLICATION CLIENT, SELECT ON *.* TO
'exporter'@'localhost';
Query OK, 0 rows affected (0.00 sec)
mysql> ^DBye
```

接下来使用 Docker 安装和运行 mysqld_exporter，执行命令如下：

```
$ sudo docker pull prom/mysqld-exporter
# 运行mysqld_exporter
$ docker run -d -p 9104:9104 --network my-mysql-network -e DATA_SOURCE_
NAME="user:password@(machine_ip:3306)/" prom/mysqld-exporter
# 抓取数据
$ curl http://localhost:9104/metrics
# 数据比较多,这里列出连接数和查询数据
......
mysql_global_status_connections 9
mysql_global_status_queries 59
mysql_global_status_questions 53
......
```

15.3.5　数据存储

Prometheus 默认将指标数据存储在本地，同时支持将数据存储在远程存储系统中。

每两小时，Prometheus 会根据这段时间采集的数据生成一个块。每个块都是一个文件夹，文件夹包含多个块文件，文件中存储了两小时内所有的样本数据；文件夹中还存在元文件和索引文件，索引的指标名和标签就存在这些文件中。当通过 Prometheus 提供的 API 删除数据时，删除的记录会存储在单独的逻辑删除文件中，而不是立即从块文件中删除数据。

还没有存储到块的数据会保存在内存中。为了防止 Prometheus 崩溃时没有存储的数据丢失，并在服务恢复时找回数据，Prometheus 采用了预写日志（Write-Ahead-Log，WAL）的策略，即在数据计入内存之前先将日志写入磁盘，日志存储在 wal 文件夹中。

Prometheus 的每个样本平均使用 1B 至 2B。因此，可以大致计算 Prometheus 服务器的磁盘容量，计算公式为每秒的样本数 × 每个样本的空间 × 服务运行的时间。

单点存储数据会限制数据的可用性。Prometheus 本身支持远程存储，而且提供了一组允许与远程存储系统集成的接口。Promethues 提供两种与远程存储集成的方式：

● Prometheus 以标准格式将样本数据写入远程系统。

● Prometheus 以标准格式读取远程系统。

Prometheus 远程存储的集成方式如图 15.2 所示。

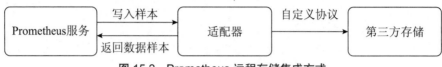

图 15.2　Prometheus 远程存储集成方式

15.3.6　告警

Prometheus 将告警拆分为两部分：Prometheus 负责定义告警规则并将警报发送到 Alertmanager；Alertmanager 负责管理这些警报，并将警报通过电子邮件、通知系统和聊天等方式发送。

Prometheus 的告警规则定义了触发告警的条件。下面是一个简单的警报配置：

```
groups:
- name: example
  rules:
  - alert: HighRequestLatency
    # 表达式定义了触发告警的条件
    expr: job:request_latency_seconds:mean5m{job="myjob"} > 0.5
    # 定义告警10分
    for: 10m
    # 定义告警的标签
    labels:
      # 定义严重程度
      severity: page
    annotations:
      summary: High request latency
```

Alertmanager 会将类似性质的警报收敛成单个通知，这在许多系统同时失败，大量告警被触发的时候是很有用的。接收警报的人只想接受关键而不重复的告警信息，可以将 Alertmanager 配置为对警报进行分组，只发送单个紧凑的通知。

Alertmanager 还能配置重要警报触发时，不再发送其他警报。例如，当整个数据中心不可访问时，提醒"数据中心整体不可访问"的告警已经发送，那么"数据中心某台机器不能访问"的告警就不会再触发。

总　　结

　　对软件系统进行持续的监控是非常重要的。持续的监控可以在产生不利影响之前检测到潜在问题，当问题首次出现的时候采集数据，并提供数据基准线用于和后续改动的比较。

　　本章首先介绍了监控指标的采集和告警的框架性实践。理想的监控系统应该明确定义需要采集的指标，定期从软件系统中采集数据并持久化存储有用的数据。告警系统应该考虑告警的级别和警报的收敛，并将关键的信息传递给负责人。

　　开源社区提供了优秀的开源工具，Prometheus 是这些工具中非常流行的软件。本章最后介绍了如何围绕 Prometheus 构建一个完整的监控系统。

 练　　习

　　问题一：本章介绍了哪几类工作指标和资源指标？

　　问题二：本章介绍的围绕 Prometheus 建立的监控系统包括哪些组件？

第16章 常用工具

在开发应用软件的过程中，软件开发者要做的不仅仅是实现业务逻辑。面对复杂、多变的需求，优秀的软件工程师不仅需要提升设计能力，而且需要学会使用各种工具来提升效率并减少错误，有时甚至还要以刨根问底的态度深入系统的底层调查问题。

本章主要涉及的知识点：

- Git 的使用：学习使用 Git 对代码进行版本控制。
- Linux 常用软件：学习使用 Linux 的软件进行日常的开发。
- 性能分析：学习使用火焰图等工具对软件做性能分析。

 ## 16.1 Git 版本控制系统

Git 是一个开源的、用于版本控制的软件。它支持分支，是一种去中心化的版本控制系统。它已经改变了团队开发软件的方式，越来越多的 IT 企业和组织将版本控制系统从集中式切换为 Git。

16.1.1 Git工作方式

在 Git 版本控制系统中，文件会有 3 个状态：commited 状态、modified 状态和 staged 状态。当文件处于 commited 状态时，数据已经安全地存储在本地版本库中；当文件处于 modified 状态时，说明它已经被修改，但还没有存储在本地版本库；当文件处于 staged 状态时，说明它已经标记为已修改，会在下一次提交时进入版本库。

在一个用 Git 进行版本控制的项目中，项目分为 3 个主要部分：Git 目录、工作区和暂存区。Git 目录是存储项目元数据和对象数据库的地方。工作区是当前的工作目录，当执行 clone 或 checkout 命令时，Git 会把数据库中的某个项目版本解压到工作区中，使用者可以查看和编辑这些文件。暂存区是一个包含在 Git 目录中的文件，用于存储有关下一次提交的信息，这个文件有时又被称为索引文件。

Git 基本使用方式如下。

（1）本地新建或者远程拉取 Git 项目。

（2）修改工作区的文件。

（3）暂存文件，将它们的快照添加到暂存区。

（4）提交文件，将暂存区的文件永久添加到 Git 目录中，即保存在 Git 版本库中。

（5）如果多人协作并存在远程版本库，则将本地版本推到远程版本库中。

Git 工作方式如图 16.1 所示。

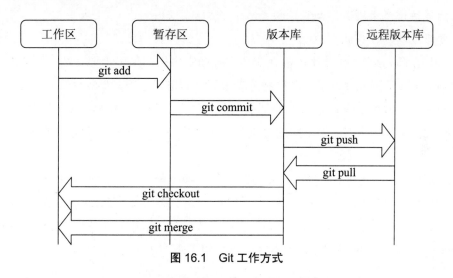

图 16.1　Git 工作方式

Git 的优势之一是它的分支功能。和集中式版本控制系统不同，Git 的分支功能强大且使用起来非常方便。功能分支为代码库的每次更改提供隔离的环境，开发者会新建一个分支，然后开始编写新的功能。这一切行为都不会影响用于生产环境的分支。

在集中式版本控制系统中，每个开发者都会获得一个指向单一中央存储库的工作副本。而在 Git 中，每个开发人员都在自己本地保存具有完整提交历史的版本库。将所有文件都保存在本地能让 Git 变得更快，因为大部分操作（如检查文件之前的版本或在提交之前比较差异）不需要连接网络。

使用这种分布式开发方式能让团队合作更轻松。在集中式版本控制系统中，如果有人引入了缺陷，则其他人在缺陷被修复之前都不能提交他们的更改；使用 Git，就不存在这个问题，因为每个人都能在本地继续开发。

和分支功能类似，分布式开发提供了可靠的环境。如果有人把本地的代码库弄坏了，则他只需要从其他人那里复制一份代码库，就能重新开始开发。

16.1.2　Gitflow工作流

Git 是一个非常灵活的工具，它没有一个标准的使用方式。在使用 Git 对代码进行版本控制的团队中，确定团队成员以一致的方式使用 Git 是非常重要的。在评估 Git 工作流时，首先应该考虑团队文化。下面是评估 Git 工作流时需要考虑的事项：

● 能否适应团队规模的扩大。

● 能否快速消除错误。

● 学习成本是否够低。

已经有几个成熟的 Git 使用流程在实践中被摸索出来，这里主要介绍一下 Gitflow 工作流。Gitflow 定义了围绕项目发布的严格分支模型，常用于管理大型软件项目。

Gitflow 非常适用于有计划发布周期的项目。这个工作流只用到了 Git 提供的概念和命令，因此学习成本很低。它为不同的分支分配了非常具体的角色，并定义它们应该在什么时候以何种方式进行交互。

默认情况下，在创建 Git 项目时会创建一个 master 分支。除了 master 分支，Gitflow 还定义了一个 develop 分支。master 分支用于保存正式发布历史，develop 分支用作工作的集成分支。发布的版本将基于 master 分支，并在发布时打上版本号。使用 Gitflow 的第一步是创建 develop 分支，并推送到远程版本库。命令如下：

```
# 创建develop分支
$ git branch develop
$ git push -u origin develop
```

每次开发新功能的时候，都应该新建一个分支，可以将这个新建分支推送到中央版本库以进行备份和协作。新的功能分支应该从 develop 分支切出，当开发完成时，功能分支将被合并到 develop 分支。示例代码如下：

```
# 基于develop分支创建新的功能分支
$ git checkout develop
$ git checkout -b feature_branch
# 开发完成后,合并到develop分支
$ git checkout develop
$ git merge feature_branch
```

当需要发布的功能都开发完成后，从 develop 分支切出 release 分支，创建 release 分支意味着开始了下一轮的发布。只有修复 Bug 的代码、文档和发布相关的代码会进入 release

分支，新功能的代码将不会加入 release 分支。在经过足够测试确认 release 分支的代码可以
发布后，将 release 分支合并到 master 并打上版本号。另外，需要将 release 合并到 develop
分支。

　　专门用于发布的分支能让完善当前版本和开发新版本的团队互不影响。release 分支的
使用示例如下：

```
# 创建release分支
$ git checkout develop
$ git checkout -b release/1.0
# 准备正式发布时,将release分支合并到master分支
$ git checkout master
$ git merge release/1.0
```

　　hotfix 分支用于快速修补生产版本，它基于 master 分支创建。当开发完修复代码后，
master 分支和 develop 分支应该分别合并 hotfix 分支，并基于 master 分支打上版本号用于
发布。

　　专门用于修复生产环境 Bug 的分支能让团队解决问题的同时不干扰新功能的开发和发
布。hotfix 的使用示例如下：

```
# 创建hotfix
$ git checkout master
$ git checkout -b hotfix_some_bug
# 在修复完成后,master分支和develop分支分别合并hotfix分支
$ git checkout master
$ git merge hotfix_branch
$ git checkout develop
$ git merge hotfix_branch
$ git branch -D hotfix_branch
```

　　分步演示了如何使用 Gitflow 后，我们对 Gitflow 的完整流程做一个梳理：

　　（1）从 master 分支创建 develop 分支。

　　（2）从 develop 分支创建 feature 分支用于开发新功能。

　　（3）当功能开发完成后，deveop 分支合并 feature 分支。

　　（4）从 deveop 分支创建 release 分支用于发布。

　　（5）确认代码可发布后，develop 和 master 合并 release 分支。

　　（6）从 master 分支创建 hotfix 分支用于快速解决线上问题。

　　（7）master 分支和 develop 分支合并 hotfix 分支。

16.1.3　Git日志用法

在使用 Git 时，查看日志是常用的操作之一。通过 git log 命令，我们可以在项目中找到提交代码的人、Bug 引入的时间等信息。为了能够快速和直观地得到想要的信息，学习 Git 日志输出格式和过滤部分日志内容是很有必要的。

Git 支持多个参数来满足不同格式化的需求。--online 参数用于将每次提交的记录汇总成一行，这有助于我们快速掌握项目的大概情况。示例代码如下：

```
$ git log --online
0e25143 Merge branch 'feature'
ad8621a 修复一个Bug
16b36c6 增加一个功能
23ad9ad Add the initial code base
```

Git 的 -p 参数支持显示每次提交的详细信息，包括提交人、提交时间、新增和删减的代码。示例代码如下：

```
$ git log -p
commit 16b36c697eb2d24302f89aa22d9170dfe609855b
Author: Tom <tom@example.com>
Date: Fri Jun 25 17:31:57 2014 -0500
Fix a bug in the feature
diff --git a/hello.py b/hello.py
index 18ca709..c673b40 100644
--- a/hello.py
+++ b/hello.py
@@ -13,14 +13,14 @@ B
-print("Hello, World!")
+print("Hello, Git!")
```

Git 的 --graph 参数用于根据提交历史绘制图像，这个参数通常和 --oneline、--decorate 参数一起使用。示例代码如下：

```
$ git log -p
$ git log --graph --oneline --decorate
* 0e25143 (HEAD, master) Merge branch 'feature'
|\
| * 16b36c6 新增一个功能
| * 23ad9ad 修复一个Bug
* | ad8621a 修复一个安全问题
|/
* 23ad9ad Add the initial code base
```

Git 还可以根据参数筛选提交信息，如限定提交的数量、限定输出的时间、限定提交者等。示例代码如下：

```
# 筛选最近的3条提交记录
$ git log -3
# 筛选2014年7月1日和2014年7月4日之间的提交
$ git log --after="2014-7-1" --before="2014-7-4"
# 筛选Tom的提交记录
$ git log --author="Tom"
# 按commit信息过滤提交记录
$ git log --grep="MISSIOn-2147"
# 不显示merge提交记录
$ git log --no-merges
```

筛选 Git 日志并进行格式化输出是非常有用的，有助于我们快速定位和解决问题。找到想要的提交历史后，使用 Git 的其他命令来控制项目也会更有信心。

 16.2 Linux 常用软件

Linux 提供了很多有用的工具，这些工具能够帮助软件开发人员有效地管理系统、配置软件和调查问题。这些工具通常以命令行的方式被使用。对于软件开发者来说，熟练掌握这些工具是必需的。

16.2.1 安全Shell

传统的网络协议（如 FTP、POP、Telnet）本质上都是不安全的，因为它们在网络上用明文传送数据、用户账号和密码。这种传输方式很容易受到中间人攻击，攻击者会冒充真正的服务器接收用户传给服务器的数据，然后冒充用户把数据传给真正的服务器。

为了满足安全需求，IETF 网络工作小组制定了安全 Shell 协议（缩写为 SSH），这是一项创建在应用层和传输层基础上的安全协议，为计算机上的 Shell 提供安全的传输和使用环境。

SSH 是目前较可靠的专为远程登录会话和其他网络服务提供安全的协议。利用 SSH 协议可以有效防止远程管理过程中的信息泄露问题，可以对所有传输的数据进行加密，也能够防止 DNS 欺骗和 IP 欺骗。

SSH 最常用的方式是登录远程服务器。常用的登录方式有两种：一种是通过账户 / 密码方式登录；另一种是通过配置密钥对的方式登录。这两种方式都需要在远程服务器中运行 SSH 服务，并创建用户。登录的命令行示例如下（host 可以是 IP 或者是域名）：

```
$ ssh user_name@host
```

在管理大规模的 Linux 集群时，通常 SSH 密钥用来创建"免登"账户。实现"免登"的过程为先在客户机上使用 ssh-keygen 命令生成密钥对，然后将生成的公钥内容复制到服务器的 ~/.ssh/authorized_keys 中。

SSH 隧道是一种通过加密的 SSH 连接传输任意网络数据的方法。它可以用来为任何应用程序添加加密通道，也可以用来实现 VPN 和跨防火墙访问局域网的服务。

在 SSH 隧道中，不可信网络的安全连接建立在 SSH 客户端和 SSH 服务器之间。这个连接是加密的，可用于保护信息的机密性和完整性，并且可以对通信方进行身份验证。客户端应用使用 SSH 来连接服务端应用。隧道的工作过程如下所述。

（1）应用程序连接到 SSH 客户端所在主机的端口。

（2）SSH 客户端通过加密隧道将数据转发到 SSH 服务端。

（3）SSH 服务端连接到应用程序服务器，SSH 服务器需要能够访问应用程序服务器。

SSH 隧道有本地转发和远程转发两种方式。本地转发用于将端口从客户端计算机转发到服务端计算机。SSH 客户端监听来自某个端口的连接，当它收到连接时，将请求通过隧道转发到 SSH 服务器；然后 SSH 服务器将请求转到目标端口。

SSH 本地转发工作方式如图 16.2 所示。

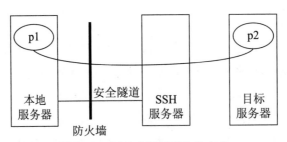

图 16.2　SSH 本地转发工作方式

本地转发比较常见的场景如下：

（1）通过跳板机登录远程服务器或传输文件。

（2）从外部连接内部网络的服务。

（3）远程文件共享。

在 OpenSSH 中，ssh 命令带上 "-L" 参数可以开启本地转发。示例代码如下：

```
# server为目标服务器IP,remote为SSH服务器IP
$ ssh -L p1:server:p2 remote
```

执行上面的命令开启本地转发功能后，其他机器都能够连接到本地 SSH 客户端指定的端口。安全起见，在开启本地转发功能后，往往会限制请求的来源 IP，如只允许来源 IP 为127.0.0.1 的请求通过转发。示例代码如下：

```
# server为目标服务器IP,remote为SSH服务器IP
$ ssh -L 127.0.0.1:p1:server:p2 remote
```

如果希望通过本地计算机，让远程服务器可以连接到和本地计算机在相同内网机器上的服务，则可以使用 SSH 远程转发。

使用 SSH 远程转发的一个典型场景是，在企业内部开一个 "后门"，让公网的计算机可以访问企业的某个内部服务。需要注意的是，这样做是有一定风险的，使用的时候需要特别小心。SSH 远程转发的工作方式如图 16.3 所示。

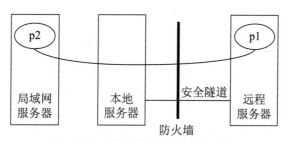

图 16.3　SSH 远程转发的工作方式

在 OpenSSH 中，远程转发通过 "-R" 参数开启，在本地计算机上输入下面的命令：

```
# server为局域网服务器IP,remote为远程服务器IP
$ ssh -R p1:server:p2 remote
```

16.2.2　进程状态

在操作系统中，进程可以处于多种状态。当进程被创建时，它处于 "创建" 状态，并等待进入 "等待" 状态。进入 "等待" 状态的进程已经被加载到主内存，并等待 CPU 的调度。

进程被选择执行就进入了"运行"状态。在没有外部状态改变或事件发生的情况下，进程无法继续，则进程进入"阻塞状态"。当进程完成执行或被管理员"杀死"时，进程处于"终止"状态。

在支持虚拟内存的操作系统中，进程还有另外两种状态：一种是"换出并等待"状态，在这种状态下，处于"等待"状态的进程被调度器从主内存中移出，存入另外的存储空间；另一种是"换出并阻塞"状态，在这种状态下，处于"阻塞"状态的进程被调度器从主内存中移出，并存入另外的存储空间。

进程各个状态的转换过程如图 16.4 所示。

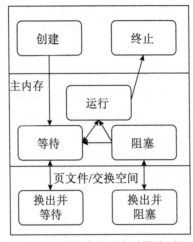

图 16.4　进程各个状态的转换过程

在 Linux 中，进程的状态由状态代码表示。状态代码如下。

● R：表示运行状态。

● D：表示不可中断等待状态，一般说明进程正在执行 I/O 任务。

● S：表示可中断等待状态，处于该状态的任务正在等待外部事件的完成。

● Z：表示僵尸状态，处于该状态的进程已经终止但没有被父进程回收。

● T：表示停止状态，进程收到了任务控制信号或者正在被追踪。

进程状态（process status，ps）是 Linux 的一个非常有用的程序，用来查看系统正在运行的进程的信息，是管理系统的重要工具之一。

ps 从 /proc 文件夹下的文件中读取进程信息，这些信息包括进程的 PID、父进程的 PID（PPID）、运行进程的用户、进程运行时间、进程运行的命令、进程占用的 CPU 和内存资源、执行进程的 TTY（Teletypewriter，电传打字机）。它有大量的选项用于输出不同的信息，下面列举了一些常用的选项。

```
# 显示运行在当前Shell的进程
$ ps
# 显示以tom用户运行的进程
$ ps -fu tom
# 显示PID为1178的进程
$ ps -fp 1178
# 显示父进程PID为1178的进程
$ ps -f --ppid 1178
# 输出进程树
$ ps -e --forest
# 按照CPU的使用率为进程排序
$ ps -eo pid,ppid,cmd,%mem,%cpu --sort=-%cpu | head
```

kill 是 Linux 系统中用于手动终止进程的程序，它通过向指定的进程发送信号来终止进程，如果用户没有指定信号，则默认发送 SIGTERM 信号。kill 命令的使用示例如下：

```
# 向PID为1898的进程发送终止信号
$ kill -9 1898
```

每个信号都有一个数字代码，大多数信号供系统内部或者程序员使用。对于系统用户来说，常见的信号如下。

- SIGHUP（代码1）：当控制终端关闭时，发送给进程。
- SIGINT（代码2）：用户输入【Ctrl+C】时，由控制终端发送给进程。
- SIGQUIT（代码3）：用户输入【Ctrl+D】时，进程接到退出信号。
- SIGKILL（代码9）：这个信号表示立刻终止进程，收到该信号后，进程不会执行任何清理操作。
- SIGTERM（代码15）：进程终止信号。
- SIGTSTP（代码20）：用户输入【Ctrl+Z】时，控制终端发送给进程，令其停止。

16.2.3　系统性能

应用程序的运行和系统的状态密切相关。了解如何监控系统性能是非常重要的。本节将介绍几种常用于 Linux 系统性能监控的工具。

top 命令是常用的性能监控程序，用于实时显示所有正在运行的进程，并定期更新输出信息，如 CPU 使用率、内存使用率、交换内存使用率、进程 PID、运行的用户等。使用示例如下：

```
$ top
top - 14:20:49 up 53 days, 21:39,  1 user,  load average: 0.10, 0.20, 0.18
Tasks: 160 total,   1 running, 158 sleeping,   1 stopped,   0 zombie
%Cpu(s):  0.2 us,  0.2 sy,  0.0 ni, 99.1 id,  0.4 wa,  0.0 hi,  0.1 si,  0.1 st
KiB Mem:   7917292 total,  7536936 used,   380356 free,   270884 buffers
KiB Swap:        0 total,        0 used,        0 free.  6029816 cached Mem

   PID USER      PR  NI    VIRT    RES    SHR S  %CPU %MEM    TIME+    COMMAND
  1331 _lldpd    20   0   49228   3016   2456 S   0.3  0.0 132:18.06   lldpd
2538327 huangsu+ 20   0   17328   2680   2220 R   0.3  0.0   0:00.02   top
     1 root      20   0   37740   5456   3208 S   0.0  0.1  14:22.30   systemd
     2 root      20   0       0      0      0 S   0.0  0.0   0:01.24   kthreadd
     3 root      20   0       0      0      0 S   0.0  0.0   0:55.08   ksoftirqd/0
```

vmstat 命令用于显示虚拟内存、内核线程、磁盘、系统进程、中断、CPU 活动等统计信息。默认情况下，系统中没有 vmstat 命令，需要安装 sysstat 包。使用示例如下：

```
$ vmstat
procs -----------memory---------- ---swap-- -----io---- -system-- ------cpu-----
 r  b   swpd   free   buff  cache   si   so    bi    bo   in   cs us sy id wa st
 0  0      0 379668 270884 6031160   0    0     1    18    2    0  1  1 97  2  0
```

lsof 命令用于显示系统中所有的打开文件和进程。打开的文件包括磁盘文件、网络套接字、管道、设备和进程。这个命令能让用户快速知道哪个文件正在被使用。使用示例如下：

```
$ lsof
COMMAND     PID      TID      USER      FD      TYPE      DEVICE
SIZE/OFF    NODE NAME
systemd     1        root     cwd       DIR     8,1       4096
2/
systemd     1        root     rtd       DIR     8,1       4096
2 /
systemd     1        root     txt       REG     8,1       1425488
44277 /lib/systemd/systemd
systemd     1        root     mem       REG     8,1       18904
3499 /lib/x86_64-linux-gnu/libuuid.so.1.3.0
systemd     1        root     mem       REG     8,1       258688
2185 /lib/x86_64-linux-gnu/libblkid.so.1.1.0
systemd     1        root     mem       REG     8,1       18640
599 /lib/x86_64-linux-gnu/libattr.so
```

tcpdump 是广泛使用的数据包嗅探程序之一，主要用于在网络特定接口上接收或传输

TCP/IP 数据包。使用示例如下：

```
$ sudo tcpdump -i en0
tcpdump: verbose output suppressed, use -v or -vv for full protocol decode
listening on en0, link-type EN10MB (Ethernet), capture size 262144 bytes
14:31:46.780162 IP 223.252.199.69.6003 > 10.90.176.19.61806: Flags
[.], ack 3998498348, win 1452, options [nop,nop,TS val 4128097649 ecr
699443512], length 0
14:31:46.783277 IP 10.90.176.19.49234 > 10.91.0.1.domain: 28881+ PTR?
69.199.252.223.in-addr.arpa. (45)
14:31:46.812760 IP 10.91.0.1.domain > 10.90.176.19.49234: 28881
NXDomain 0/1/0 (133)
14:31:46.815003 IP 10.90.176.19.51035 > 10.91.0.1.domain: 40398+ PTR?
1.0.91.10.in-addr.arpa. (40)
14:31:46.843393 IP 10.91.0.1.domain > 10.90.176.19.51035: 40398
NXDomain* 0/1/0 (75)
14:31:47.775597 IP 128.1.137.50.https > 10.90.176.19.62262: Flags [P.],
seq 1569667716:1569667775, ack 494876758, win 277, options [nop,nop,TS
val 562035002 ecr 699441603], length 59
14:31:47.775711 IP 10.90.176.19.62262 > 128.1.137.50.https: Flags [.],
ack 59, win 2047, options [nop,nop,TS val 699444532 ecr 562035002],
length 0
```

　　netstat 用于监视传入和传出的网络数据包统计信息及接口统计信息，在调查网络相关
的数据时非常有用。使用示例如下：

```
$ netstat -a
Active Internet connections (servers and established)
Proto Recv-Q Send-Q Local Address          Foreign Address        State
tcp        0      0 *:2280                 *:*                    LISTEN
tcp        0      0 *:http                 *:*                    LISTEN
tcp        0      0 *:ssh                  *:*                    LISTEN
tcp        0      0 localhost:smtp         *:*                    LISTEN
tcp        0      0 *:8223                 *:*                    LISTEN
tcp        0      0 *:29503                *:*                    LISTEN
tcp        0      0 localhost:45098        localhost:2280         ESTABLISHED
```

 性能剖析

　　在使用 Django 开发业务网站时，首先要关注的是编写有效的代码，让业务逻辑可以生
成预期的输出。但随着业务规模的扩大，应用的一些性能问题可能会暴露，并影响用户的
体验。在这样的情况下，我们需要在不影响应用行为的情况下改善代码性能。

在之前的章节中，我们介绍了如何采集监控数据，以监控数据作为基准，可以很容易定位应用的哪些部分正在影响整体性能。本章将介绍几种剖析代码、定位性能瓶颈的常用工具。

16.3.1 调用路径图

在实际开发过程中，要想确定应用的性能瓶颈，首先需要了解代码的执行路径。项目越大，代码的执行路径越复杂。我们希望能够尽快得到代码的调用图。

调用图是一个控制流图，用于表示计算机程序中子程序之间的调用关系。调用图不仅可以作为程序的文档，还可以用于分析不同代码块之间的关系。图 16.5 展示了 Python 的 logging.info（）方法的调用图。

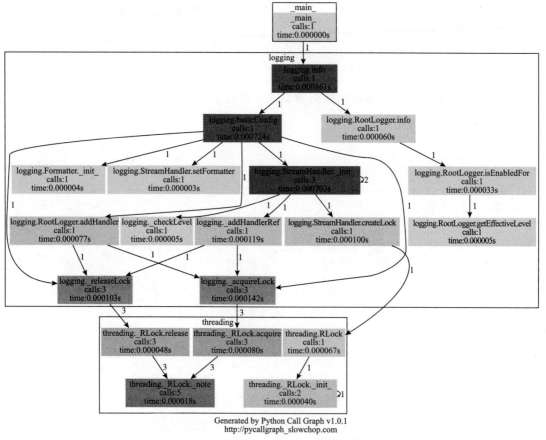

Generated by Python Call Graph v1.0.1
http://pycallgraph_slowchop.com

图 16.5 Python 的 logging.info( ) 方法的调用图

pycallgraph 是绘制 Python 调用图的常用工具。使用这个工具前需要安装 graphviz 包和
pycallgraph 包。MacOS 的安装命令如下：

```
$ sudo brew install graphviz
$ sudo pip install pycallgraph
```

下面来演示如何使用 pycallgraph 绘制 Django 处理请求的调用图，实现方式是添加一个
中间件，用于记录从接收请求开始到结束的完整调用路径，并绘制图形。需要注意的是，
pycallgraph 需要消耗大量的计算，最好在调试环境中使用，并限制记录调用的范围。实现
此功能的中间件的代码如下：

```python
from pycallgraph import PyCallGraph
from pycallgraph import Config
from pycallgraph import GlobbingFilter
from pycallgraph.output import GraphvizOutput
class ProfilerMiddleware(object):
    # 限定记录的范围
    includes = []
    def can(self, request):
        # 只在调试模式下使用
        return settings.DEBUG and 'prof' in request.GET
    def process_request(self, request, *args, **kwargs):
        if self.can(request):
            # 调用图配置
            config = Config()
            config.trace_filter = GlobbingFilter(include=self.includes)
            graphviz = GraphvizOutput(output_file='callgraph.png')
            self.profiler = PyCallGraph(output=graphviz, config=config)
            # 在接收请求的时候开始记录
            self.profiler.start()
    def process_response(self, request, response):
        if self.can(request):
            #返回
            self.profiler.done()
        return response
```

可以考虑将该中间件置于 MIDDLEWARE_CLASS 的头部位置，这样下面中间件的执
行过程也会被记录；也可以将该中间件置于 MIDDLEWARE_CLASS 的尾部，这样就不会
记录其他中间件的调用记录。

16.3.2 性能测试

知道在特定环境下代码的执行时间和占用的资源，有助于快捷地找到性能瓶颈所在。Python 有许多用于测量代码执行的工具，如 cProfile、line_profiler、timeit、memory_profiler。Django 支持与 IPython 的集成，可以非常方便地测量代码。

下面将演示如何在 Django 的 IPython 环境下使用这些性能测试工具。首先安装它们，执行命令如下：

```
# 安装IPython
$ pip install ipython
# 安装line_profiler
$ pip install line_profiler
# 安装memory_profiler
$ pip install memory_profiler
# 通过Django命令行启动IPython
$ python manage.py shell -i ipython
```

IPython 默认集成了 timeit 作为内置的魔法命令，使用该魔法命令能够自动测量系统运行的时间。代码如下：

```
In [1]: import random; L = [random.random() for i in range(100000)];
In [2]: %time L.sort()
CPU times: user 40 ms, sys: 0 ns, total: 40 ms
Wall time: 42.4 ms
```

一般来说，一个函数会由多条单个语句组成，有时候我们除了需要知道这些语句的整体耗时外，还要知道这些语句在上下文中的单独执行耗时。这种情况下可以采用 line_profiler。我们先定义一个函数用于测试，该函数功能很简单，即计算数组的和。示例代码如下：

```
In [1]: %load_ext line_profiler
In [2]: def sum_of_lists(N):
   ...:     total = 0
   ...:     for i in range(5):
   ...:         L = [j ^ (j >> i) for j in range(N)]
   ...:         total += sum(L)
   ...:     return total
   ...:
In [3]: %lprun -f sum_of_lists sum_of_lists(5000)
Timer unit: 1e-06 s
```

```
Total time: 0.013199 s
File: <ipython-input-2-f105717832a2>
Function: sum_of_lists at line 1

Line #      Hits        Time  Per Hit  % Time  Line Contents
==============================================================
     1                                          def sum_of_lists(N):
     2          1         2.0      2.0     0.0  total = 0
     3          6         7.0      1.2     0.1  for i in range(5):
     4      25005     13002.0      0.5    98.5      L = [j ^ (j >> i) for j in range(N)]
     5          5       187.0     37.4     1.4      total += sum(L)
     6          1         1.0      1.0     0.0  return total
```

可以看到，每一行命令的执行次数和耗时都被测量出来了。有了这些数据，我们就可以很快地定位性能问题并以此为基准对其进行优化。

除了分析程序的执行时间外，还需要分析程序的内存使用量，memory_profiler 可以用来测量内存使用量。IPython 提供了与 memory_profiler 有关的魔法方法：memit 和 mprun。memit 用于测量整体的内存使用量，mprun 用于测量每行新增的内存使用量。使用示例如下：

```
In [4]: %load_ext memory_profiler
In [5]: %memit sum_of_lists(1000000)
peak memory: 147.01 MiB, increment: 95.02 MiB
In [7]: %%file mprun_demo.py
   ...: def sum_of_lists(N):
   ...:     total = 0
   ...:     for i in range(5):
   ...:         L = [j ^ (j >> i) for j in range(N)]
   ...:         total += sum(L)
   ...:         del L
   ...:     return total
In [8]: from mprun_demo import sum_of_lists
In [9]: %mprun -f sum_of_lists sum_of_lists(1000)
Filename: mprun_demo.py
Line #    Mem usage    Increment  Line Contents
================================================
     1    147.4 MiB    147.4 MiB  def sum_of_lists(N):
     2    147.4 MiB      0.0 MiB  total = 0
     3    147.4 MiB      0.0 MiB  for i in range(5):
     4    147.4 MiB      0.0 MiB      L = [j ^ (j >> i) for j in range(N)]
     5    147.4 MiB      0.0 MiB      total += sum(L)
     6    147.4 MiB      0.0 MiB      del L
     7    147.4 MiB      0.0 MiB  return total
```

16.3.3 使用Pyflame生成火焰图

Python 内置的 cProfile 模块和 profile 模块工作方式是类似的：调用 sys.settrace( ) 方法可以在设置的代码点安装跟踪函数。这种方法能够输出有用的信息，但存在一些缺点。

- 这种方式本身需要占用大量的 CPU，导致采集的数据不够准确。
- 这种方式不记录完整的堆栈调用信息。
- 需要代码配合，如果代码没有按照可分析的方式编写，则无法进行性能分析。

Uber 公司开源的 Pyflame 很好地解决了上面的问题。使用这个模块采集程序运行数据本身占用资源小，能完整收集 Python 堆栈信息，还可以使用采集的数据生成火焰图。

Pyflame 使用 ptrace 系统调用。ptrace 并不在 POSIX 标准中，但是大多数类 UNIX 系统都实现了它。基于 ptrace 的进程可以读写任意虚拟内存地址、读写 CPU 寄存器、传递信号等。

下面来演示如何在 Ubuntu 中使用 Pyflame。首先下载 Pyflame 源码，编译并安装，然后采集数据并保存到文件中。示例代码如下：

```
# 编译并安装Pyflame
$ sudo apt-get install autoconf automake autotools-dev g++ pkg-config
python-dev python3-dev libtool make
$ git clone https://github.com/uber/pyflame
$ cd pyflame
$ ./autogen.sh
$ ./configure
$ make
# 连接到PID为2628058进程,采集5s,每0.01s采集一次,输出结果到prof.txt中
$ ./src/pyflame -s 5 -r 0.01 -p 2628058 -x -o prof.txt
```

采集到的数据可能会有上千行，非常不直观且难以理解，可以将采集的数据绘制成火焰图，通过火焰图能够快速定位到热点代码。执行下面的代码绘制火焰图：

```
$ cd ..
$ git clone https://github.com/brendangregg/FlameGraph.git
$ cd FlameGraph
# 绘出火焰图
$ ./flamegraph.pl ../pyflame/prof.txt > flame.png
```

生成的火焰图如图 16.6 所示。

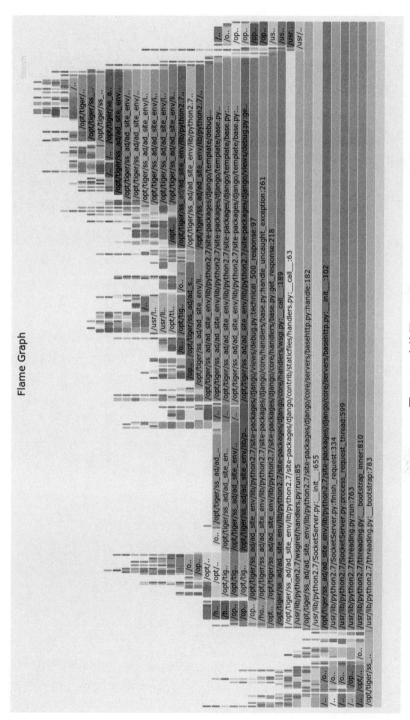

图16.6 火焰图

16.4 总 结

不使用版本控制系统来开发软件，代码随时有丢失的风险。本章首先介绍了现在流行的版本控制系统——Git。采用 Git 和合理 Git 工作流能帮助团队管理代码，并允许软件团队在人员扩大时保持效率和敏捷性。

作为后端程序员，无论是排查线上问题，还是开发功能，都不可避免地要和 Linux 打交道，本章接着介绍了常用的 Linux 命令，熟练使用这些命令能迅速解决相关的问题。

性能优化是软件开发者日常工作中重要的部分。本章介绍了几个常用的剖析 Python 进程性能的工具，有助于更迅速地定位性能瓶颈。

16.5 练 习

练习一：在 Git 项目中，文件有哪几种状态？

练习二：SSH 隧道有哪几种转发模式？